INTRODUÇÃO À
GEOMETRIA DIFERENCIAL

Blucher

Keti Tenenblat

INTRODUÇÃO À
GEOMETRIA DIFERENCIAL

2ª edição revisada

Introdução à geometria diferencial
© 2008 Keti Tenenblat
2ª edição – 2008
4ª reimpressão – 2020
Editora Edgard Blücher Ltda.

Ilustração da capa: Foram obtidas com o
software ACEGEO e cedidas pela autora
das obras.

Blucher

Rua Pedroso Alvarenga, 1245, 4º andar
04531-012 – São Paulo – SP – Brasil
Tel 55 11 3078-5366
contato@blucher.com.br
www.blucher.com.br

É proibida a reprodução total ou parcial por quaisquer
meios, sem autorização escrita da Editora.

Todos os direitos reservados pela Editora
Edgard Blücher Ltda.

FICHA CATALOGRÁFICA

Tenenblat, Keti
    Introdução à geometria diferencial / Keti Tenenblat
– 2ª ed. revisada – São Paulo: Blucher, 2008.

    Bibliografia.
    ISBN 978-85-212-0467-1

    1. Geometria diferencial I. Título.

08-06319   CDD-516.7

Índices para catálogo sistemático:
1. Geometria diferencial   516.7

A S. S. Chern *(in memoriam)*

Prefácio

Esta é a segunda edição revisada deste livro, que tem o objetivo de servir como texto para um curso introdutório de Geometria Diferencial em nível de graduação. Apresentamos a teoria local de curvas e superfícies, no espaço euclidiano, admitindo como pré-requisitos os cursos básicos de cálculo avançado e equações diferenciais.

No capítulo 0 relacionamos os principais resultados do cálculo vetorial e do cálculo diferencial para funções de várias variáveis, que serão utilizados, frequentemente, nos capítulos seguintes.

Sugerimos que a leitura do texto seja iniciada com o estudo de curvas planas, Capítulo I, recordando os conceitos do Capítulo 0, à medida que se tornarem necessários.

A teoria local clássica de curvas no espaço é introduzida no Capítulo II e a de superfícies, no Capítulo III. Tendo em vista o caráter introdutório do curso, o estudo das superfícies é desenvolvido para superfícies parametrizadas regulares. Estas surgem naturalmente como uma extensão do conceito de curva parametrizada regular.

No Capítulo IV, julgamos conveniente incluir o método do triedro móvel, como um método alternativo ao clássico, para o estudo local das superfícies.

Procuramos ilustrar os conceitos e os resultados da teoria apresentados no texto, por meio de vários exemplos e figuras. No final de cada seção incluímos uma série de exercícios.

Agradecimentos especiais são devidos a Manfredo P. do Carmo pelas sugestões e a José Anchieta Delgado por suas contribuições na primeira edição deste livro. Na segunda edição foi introduzida uma seção ao final do Capítulo III, indicando algumas aplicações da computação gráfica, usando o programa "ACOGEO". Este programa permitia visualizar os principais resultados da teoria de geometria diferencial apresentados no livro. Entretanto, encontra-se indisponível por falta de suporte técnico. Essa edição difere muito pouco da segunda.

Finalmente, agradecemos a Rosângela Maria da Silva e Lucas Lavoyer de Miranda pela cuidadosa revisão da segunda edição e a Patrícia Fernandes do Nascimento por algumas figuras.

Conteúdo

Capítulo 0 - CÁLCULO NO ESPAÇO EUCLIDIANO

1. Cálculo Vetorial no Espaço Euclidiano 1

2. Cálculo Diferencial no Espaço Euclidiano 12

Capítulo I - CURVAS PLANAS

1. Curva Parametrizada Diferenciável 28

2. Vetor Tangente; Curva Regular 32

3. Mudança de Parâmetro; Comprimento de Arco 36

4. Teoria Local das Curvas Planas; Fórmulas de Frenet 42

5. Teorema Fundamental das Curvas Planas 52

Capítulo II - CURVAS NO ESPAÇO

1. Curva Parametrizada Diferenciável 55

2. Vetor Tangente; Curva Regular; Mudança de Parâmetro 57

3. Teoria Local das Curvas; Fórmulas de Frenet 61

4. Aplicações 71

5. Representação Canônica das Curvas 78

6. Isometrias do $\mathbb{R}^3$; Teorema Fundamental das Curvas 81

7. Teoria do Contato 97

8. Involutas e Evolutas 104

Capítulo III - TEORIA LOCAL DE SUPERFÍCIES

1. Superfície Parametrizada Regular 109

2. Mudança de Parâmetros 125

3. Plano Tangente; Vetor Normal 131

4. Primeira Forma Quadrática 138

5. Segunda Forma Quadrática; Curvatura Normal 152

6. Curvaturas Principais; Curvatura de Gauss; Curvatura Média 160

7. Classificação dos Pontos de uma Superfície 174

8. Linhas de Curvatura; Linhas Assintóticas; Geodésicas 187

9. Teorema Egregium de Gauss; Equações de Compatibilidade;
   Teorema Fundamental das Superfícies 207

10. Aplicações Computacionais 212

Capítulo IV - MÉTODO DO TRIEDRO MÓVEL

1. Formas Diferenciais em $\mathbb{R}^2$ 217

2. Triedro Móvel; Equações de Estrutura 233

3. Aplicações: Teorema de Bonnet; Teorema de Bäcklund 254

Referências Bibliográficas 266

Índice Alfabético Remissivo 268

Capítulo 0

CÁLCULO NO ESPAÇO EUCLIDIANO

No estudo de curvas e superfícies, serão utilizados os conceitos fundamentais do cálculo vetorial e do cálculo diferencial de funções de uma ou mais variáveis. Por esse motivo, julgamos conveniente reunir neste capítulo inicial as noções necessárias, muito embora admitindo que são do conhecimento do leitor.

1. Cálculo Vetorial no Espaço Euclidiano

Denotamos por $\mathbb{R}^3$ o espaço euclidiano de dimensão três, isto é, o conjunto de termos ordenados de números reais $p = (x, y, z)$, chamados pontos de $\mathbb{R}^3$. A *distância* entre dois pontos $p_1 = (x_1, y_1, z_1)$ e $p_2 = (x_2, y_2, z_2)$ é dada por

$$d(p_1, p_2) = \sqrt{(x_1 - x_2)^2 + (y_1 - y_2)^2 + (z_1 - z_2)^2}.$$

Dados dois pontos distintos p_1 e p_2 de $\mathbb{R}^3$, o segmento orientado de p_1 a p_2 é chamado *vetor*. O comprimento do segmento é dito módulo do vetor. Portanto, a cada vetor podemos associar uma direção, um sentido e o módulo. Se w é o vetor determinado pelo segmento orientado de p_1 a p_2, então $(x_2 - x_1, y_2 - y_1, z_2 - z_1)$ são as componentes do vetor w.

Dizemos que dois vetores são iguais se têm o mesmo módulo, direção e sentido. Portanto, dois vetores são iguais se, e só se, têm as mesmas componentes. Vamos incluir o *vetor nulo* de componentes nulas, que denotamos por 0. Observamos que existe uma correspondência bijetora entre os pontos e os vetores de $\mathbb{R}^3$. Daqui por diante, vamos nos referir aos pontos ou vetores de $\mathbb{R}^3$ indistintamente.

Dados dois vetores w_1 e w_2 de componentes $w_1 = (x_1, y_1, z_1)$ e $w_2 = (x_2, y_2, z_2)$, definimos a *soma* $w_1 + w_2$ como sendo o vetor de componentes $w_1 + w_2 = (x_1 + x_2, y_1 + y_2, z_1 + z_2)$. Se λ é um número real, definimos o *produto* λw como sendo o vetor de componentes $\lambda w = (\lambda x, \lambda y, \lambda z)$.

O conjunto de vetores de $\mathbb{R}^3$ com essas operações é um espaço vetorial, isto é, são satisfeitas as oito propriedades seguintes:

$$w_1 + w_2 = w_2 + w_1,$$
$$(w_1 + w_2) + w_3 = w_1 + (w_2 + w_3),$$
$$0 + w_1 = w_1,$$
$$w_1 + (-w_1) = 0,$$

onde w_1, w_2, w_3 são vetores, e se $w_1 = (x_1, y_1, z_1)$, então $-w_1$ indica o vetor de componentes $-w_1 = (-x_1, -y_1, -z_1)$. Além disso, se λ_1 e λ_2 são números reais,

$$\lambda_1 (\lambda_2 w_1) = (\lambda_1 \lambda_2) w_1,$$
$$(\lambda_1 + \lambda_2) w_1 = \lambda_1 w_1 + \lambda_2 w_1,$$
$$\lambda_1 (w_1 + w_2) = \lambda_1 w_1 + \lambda_1 w_2,$$
$$1 w_1 = w_1.$$

O módulo de um vetor $w = (x, y, z)$ é dado por

$$|w| = \sqrt{x^2 + y^2 + z^2}.$$

Um vetor w é dito *unitário* se $|w| = 1$.

Os vetores w_1, w_2, $\cdots$, w_n são ditos *linearmente dependentes* se existem números reais λ_1, λ_2, $\cdots$, λ_n nem todos nulos, tais que

$$\lambda_1 w_1 + \lambda_2 w_2 + \cdots + \lambda_n w_n = 0.$$

1. Cálculo Vetorial no Espaço Euclidiano 3

Os vetores w_1, w_2, $\cdots$, w_n são ditos *linearmente independentes* se não são linearmente dependentes, isto é, para toda combinação linear desses vetores da forma

$$\lambda_1\, w_1 + \lambda_2\, w_2 + \cdots + \lambda_n\, w_n = 0,$$

tem-se $\lambda_1 = \lambda_2 = \cdots = \lambda_n = 0$.

1.1 Exemplos

a) Os vetores $w_1 = (1,\, 2,\, 0)$, $w_2 = (0,\, 1,\, 1)$ e $w_3 = (2,\, 5,\, 1)$ são linearmente dependentes, pois $2w_1 + w_2 - w_3 = 0$.

b) Todo conjunto de vetores que contém o vetor nulo é linearmente dependente.

c) Os vetores $e_1 = (1,\, 0,\, 0)$, $e_2 = (0,\, 1,\, 0)$ e $e_3 = (0,\, 0,\, 1)$ são linearmente independentes.

d) Os vetores $w_1 = (1,\, 2,\, 0)$, $w_2 = (0,\, 1,\, 1)$ e $w_3 = (4,\, 5,\, 2)$ são linearmente independentes.

e) Qualquer subconjunto de vetores linearmente independentes é linearmente independente.

Se $w_1, w_2, \cdots, w_n$ são vetores linearmente independentes e w é um vetor que pode ser expresso como combinação linear de w_1, w_2, $\cdots$, w_n, então decorre da definição de vetores linearmente independentes que esta combinação linear é única, isto é, se

$$w = \lambda_1\, w_1 + \cdots + \lambda_n\, w_n = \bar{\lambda}_1\, w_1 + \cdots + \bar{\lambda}_n\, w_n,$$

então $\lambda_1 = \bar{\lambda}_1$, $\lambda_2 = \bar{\lambda}_2$, $\cdots$, $\lambda_n = \bar{\lambda}_n$.

Os vetores $e_1 = (1,\, 0,\, 0)$, $e_2 = (0,\, 1,\, 0)$, $e_3 = (0,\, 0,\, 1)$ são linearmente independentes e, além disso, todo vetor $w = (x,\, y,\, z)$ de $\mathbb{R}^3$ pode ser expresso, de modo único, como combinação linear de e_1, e_2 e e_3 na forma

$$w = x\, e_1 + y\, e_2 + z\, e_3.$$

0. CÁLCULO NO ESPAÇO EUCLIDIANO

Um conjunto de vetores B é dito uma *base* de $\mathbb{R}^3$ se todo vetor de $\mathbb{R}^3$ pode ser expresso como combinação linear dos vetores de B e B é um conjunto de vetores linearmente independentes. O conjunto $B = \{e_1, e_2, e_3\}$ do Exemplo 1.1 c) é denominado *base canônica* de $\mathbb{R}^3$.

Observamos que quaisquer três vetores linearmente independentes de $\mathbb{R}^3$ formam uma base de $\mathbb{R}^3$. Reciprocamente, toda base de $\mathbb{R}^3$ é formada por três vetores linearmente independentes.

Se $\{u_1, u_2, u_3\}$ é uma base de $\mathbb{R}^3$, e se $w = au_1 + bu_2 + cu_3$, então os números reais a, b, c são ditos *coordenadas* do vetor w na base $\{u_1, u_2, u_3\}$.

1.2 Exemplo. O vetor $w = (6, 10, 3)$ tem coordenadas 6, 10, 3 na base canônica de $\mathbb{R}^3$. Se considerarmos a base $u_1 = (1, 2, 0)$, $u_2 = (0, 1, 1)$, $u_3 = (4, 5, 2)$, então as coordenadas de w nesta base são 2, 1, 1, pois $w = 2u_1 + u_2 + u_3$.

As coordenadas de um vetor dependem da base escolhida. De modo geral, as coordenadas de um vetor variam quando varia a base. Porém, o vetor nulo tem coordenadas todas nulas em qualquer base.

Seja $\{u_1, u_2, u_3\}$ uma base de $\mathbb{R}^3$ e

$$
\begin{aligned}
w_1 &= a_{11}\,u_1 + a_{21}\,u_2 + a_{31}\,u_3, \\
w_2 &= a_{12}\,u_1 + a_{22}\,u_2 + a_{32}\,u_3, \\
w_3 &= a_{13}\,u_1 + a_{23}\,u_2 + a_{33}\,u_3,
\end{aligned}
$$

então $\{w_1, w_2, w_3\}$ é uma base se, e só se, o determinante

$$
\begin{vmatrix}
a_{11} & a_{12} & a_{13} \\
a_{21} & a_{22} & a_{23} \\
a_{31} & a_{32} & a_{33}
\end{vmatrix} \neq 0.
$$

Neste caso, o determinante é dito *determinante de mudança de base*.

Dados dois vetores w_1 e w_2 de componentes (isto é, de coordenadas na base canônica de $\mathbb{R}^3$) $w_1 = (x_1, y_1, z_1)$ e $w_2 = (x_2, y_2, z_2)$, o *produto*

1. Cálculo Vetorial no Espaço Euclidiano 5

interno (ou *produto escalar*) de w_1 e w_2 é definido como sendo o número real dado por

$$\langle w_1, w_2 \rangle = x_1 x_2 + y_1 y_2 + z_1 z_2.$$

Em particular, temos que $\langle w, w \rangle = |w|^2$ para todo vetor w. É fácil verificar que o produto interno satisfaz as seguintes propriedades:

$$\langle w_1, w_2 \rangle = \langle w_2, w_1 \rangle,$$
$$\langle \lambda w_1, w_2 \rangle = \langle w_1, \lambda w_2 \rangle = \lambda \langle w_1, w_2 \rangle,$$
$$\langle w_1, w_2 + w_3 \rangle = \langle w_1, w_2 \rangle + \langle w_1, w_3 \rangle,$$
$$\langle w_1, w_1 \rangle \geq 0,$$
$$\langle w_1, w_1 \rangle = 0 \text{ se, e só se, } w_1 = 0,$$

onde w_1, w_2, w_3 são vetores de $\mathbb{R}^3$ e λ é um número real.

Uma outra propriedade importante é a *desigualdade de Cauchy-Schwarz*: se w_1 e w_2 são vetores de $\mathbb{R}^3$, então

$$|\langle w_1, w_2 \rangle| \leq |w_1||w_2|.$$

A igualdade se verifica se, e só se, w_1 e w_2 são linearmente dependentes.

Se w_1 e w_2 são vetores não nulos, o *ângulo* θ entre w_1 e w_2 é a solução da equação

$$\langle w_1, w_2 \rangle = |w_1||w_2| \cos \theta,$$

satisfazendo $0 \leq \theta \leq \pi$.

Dois vetores w_1 e w_2 são ditos *ortogonais* se $\langle w_1, w_2 \rangle = 0$. Segue-se dessa definição que w_1 e w_2 são ortogonais se, e só se, $w_1 = 0$ ou $w_2 = 0$ ou o ângulo θ entre w_1 e w_2 é $\pi/2$.

A base canônica $e_1 = (1, 0, 0)$, $e_2 = (0, 1, 0)$, $e_3 = (0, 0, 1)$ de $\mathbb{R}^3$ é formada por vetores unitários e dois a dois ortogonais. Uma base formada por vetores unitários e dois a dois ortogonais é dita uma *base ortonormal* (ou *referencial ortonormal*).

6 *0. CÁLCULO NO ESPAÇO EUCLIDIANO*

Sejam $\{u_1, u_2, u_3\}$ e $\{w_1, w_2, w_3\}$ duas bases ordenadas de $\mathbb{R}^3$, e

$$
\begin{aligned}
w_1 &= a_{11} u_1 + a_{21} u_2 + a_{31} u_3, \\
w_2 &= a_{12} u_1 + a_{22} u_2 + a_{32} u_3, \\
w_3 &= a_{13} u_1 + a_{23} u_2 + a_{33} u_3.
\end{aligned}
$$

Dizemos que as bases $\{u_1, u_2, u_3\}$ e $\{w_1, w_2, w_3\}$ têm a mesma orientação se o determinante de mudança de base é positivo, isto é,

$$
\begin{vmatrix}
a_{11} & a_{12} & a_{13} \\
a_{21} & a_{22} & a_{23} \\
a_{31} & a_{32} & a_{33}
\end{vmatrix} > 0.
$$

Duas bases ordenadas têm *orientação oposta* quando o determinante de mudança de base é negativo. No caso particular de duas bases ortonormais, observamos que o determinante de mudança de base é igual a ± 1.

1.3 Exemplo. Consideremos as bases $\{e_1, e_2, e_3\}$ e $\{w_1, w_2, w_3\}$ de $\mathbb{R}^3$, onde $\{e_1, e_2, e_3\}$ é base canônica e $w_1 = \frac{1}{3}(2, -2, 1)$, $w_2 = \frac{1}{3}(2, 1, -2)$, $w_3 = \frac{1}{3}(1, 2, 2)$. Estas bases ortonormais têm a mesma orientação, já que o determinante de mudança de base é igual a 1.

Dados dois vetores w_1 e w_2 de componentes $w_1 = (x_1, y_1, z_1)$ e $w_2 = (x_2, y_2, z_2)$, o *produto vetorial* de w_1 e w_2, denotado por $w_1 \times w_2$, é definido como sendo o vetor de componentes

$$
w_1 \times w_2 = (y_1 z_2 - y_2 z_1, -x_1 z_2 + x_2 z_1, x_1 y_2 - x_2 y_1).
$$

O produto vetorial satisfaz as seguintes propriedades:

a) $|w_1 \times w_2| = |w_1| \, |w_2| \, \operatorname{sen} \theta$, onde θ é o ângulo entre w_1 e w_2;

b) $\langle w_1 \times w_2, w_1 \rangle = \langle w_1 \times w_2, w_2 \rangle = 0$;

c) $w_1 \times w_2 = 0$ se, e só se, w_1 e w_2 são linearmente dependentes;

1. Cálculo Vetorial no Espaço Euclidiano 7

d) $w_1 \times w_2 = -(w_2 \times w_1)$;

e) $w_1 \times (w_2 + w_3) = w_1 \times w_2 + w_1 \times w_3$;

f) $(\lambda\, w_1) \times w_2 = \lambda\, (w_1 \times w_2)$;

g) $w_1 \times (w_2 \times w_3) = \langle w_1,\, w_3 \rangle\, w_2 - \langle w_1,\, w_2 \rangle\, w_3$,

onde w_1, w_2, w_3 são vetores e λ é um número real.

De um modo geral, o produto vetorial não é associativo, isto é, $w_1 \times (w_2 \times w_3) \neq (w_1 \times w_2) \times w_3$. Segue-se da propriedade a) que $|w_1 \times w_2|$ é a área do paralelogramo determinado por w_1 e w_2.

Dados três vetores w_1, w_2, w_3, o número real $\langle w_1,\, w_2 \times w_3 \rangle$ é denominado *produto misto* de w_1, w_2, w_3. Se os vetores têm componentes

$$w_1 = (x_1,\, y_1,\, z_1), \quad w_2 = (x_2,\, y_2,\, z_2), \quad w_3 = (x_3,\, y_3,\, z_3),$$

então

$$\langle w_1,\, w_2 \times w_3 \rangle = \begin{vmatrix} x_1 & x_2 & x_3 \\ y_1 & y_2 & y_3 \\ z_1 & z_2 & z_3 \end{vmatrix}.$$

Como consequência das propriedades do determinante, temos que

$$\langle w_1,\, w_2 \times w_3 \rangle = \langle w_2,\, w_3 \times w_1 \rangle = \langle w_3,\, w_1 \times w_2 \rangle =$$

$$= -\langle w_3,\, w_2 \times w_1 \rangle = -\langle w_2,\, w_1 \times w_3 \rangle = -\langle w_1,\, w_3 \times w_2 \rangle.$$

Em particular,

$$\langle w_1,\, w_2 \times w_3 \rangle = \langle w_1 \times w_2,\, w_3 \rangle.$$

Além disso, $\langle w_1,\, w_2 \times w_3 \rangle = 0$ se, e só se, w_1, w_2, w_3 são linearmente dependentes.

Se $\langle u_1,\, u_2 \times u_3 \rangle$ é uma base ortonormal, então

$$\langle u_1,\, u_2 \times u_3 \rangle = \pm 1.$$

8   *0. CÁLCULO NO ESPAÇO EUCLIDIANO*

Não é difícil verificar que duas bases ordenadas e ortonormais de $\mathbb{R}^3$ $\{u_1, u_2, u_3\}$ e $\{w_1, w_2, w_3\}$ têm a mesma orientação se, e só se,

$$\langle u_1, u_2 \times u_3 \rangle = \langle w_1, w_2 \times w_3 \rangle$$

e têm orientações opostas se, e só se,

$$\langle u_1, u_2 \times u_3 \rangle = - \langle w_1, w_2 \times w_3 \rangle .$$

Dados um ponto $p_0 = (x_0, y_0, z_0)$ de $\mathbb{R}^3$ e um vetor não nulo $w = (a, b, c)$, a *reta que passa pelo ponto* p_0 *paralela ao vetor* w é o conjunto de pontos p de $\mathbb{R}^3$, tais que

$$p = p_0 + tw, \quad -\infty < t < \infty,$$

isto é, o conjunto dos pontos (x, y, z) de $\mathbb{R}^3$ tais que

$$(x, y, z) = (x_0 + ta, y_0 + tb, z_0 + tc), \quad -\infty < t < \infty.$$

Dados um ponto $p_0 = (x_0, y_0, z_0)$ de $\mathbb{R}^3$ e dois vetores linearmente independentes $w_1 = (a_1, b_1, c_1)$ e $w_2 = (a_2, b_2, c_2)$, o *plano ortogonal ao vetor* $w_1 \times w_2$ *que passa* por p_0 é o conjunto de pontos p de $\mathbb{R}^3$ tais que

$$\langle p - p_0, w_1 \times w_2 \rangle = 0.$$

Equivalentemente, o plano gerado pelos vetores w_1 e w_2 é o conjunto dos pontos $p = (x, y, z)$ de $\mathbb{R}^3$, tais que

$$p - p_0 = uw_1 + vw_2,$$

$-\infty < u < \infty, \ -\infty < v < \infty$, ou seja,

$$(x, y, z) = (x_0 + ua_1 + va_2, y_0 + ub_1 + vb_2, z_0 + uc_1 + vc_2).$$

Se p_0, p_1 e p_2 são três pontos não colineares de $\mathbb{R}^3$, então o plano que passa por esses pontos é o conjunto dos pontos $p \in \mathbb{R}^3$ tais que

$$\langle p - p_0, (p_1 - p_0) \times (p_2 - p_0) \rangle = 0.$$

1. Cálculo Vetorial no Espaço Euclidiano　　　　9

Dizemos que um subconjunto não vazio W de $\mathbb{R}^3$ é um *subespaço vetorial* de $\mathbb{R}^3$ se, para cada par de vetores $w_1, w_2 \in W$ e λ número real, os vetores $w_1 + w_2$ e λw_1 pertencem a W. Pode-se verificar facilmente que todo plano de $\mathbb{R}^3$ que contém a origem é um subespaço vetorial de $\mathbb{R}^3$. Analogamente, toda reta que passa pela origem é um subespaço vetorial de $\mathbb{R}^3$.

Uma base de um subespaço vetorial W de $\mathbb{R}^3$ é um conjunto de vetores linearmente independentes de W tal que todo vetor de W é uma combinação linear desses vetores. Se W é um plano de $\mathbb{R}^3$ passando na origem, então dois vetores linearmente independentes de W formam uma base do plano. No caso de uma reta em $\mathbb{R}^3$, passando na origem, qualquer vetor não nulo da reta é uma base.

Concluímos esta seção observando que, com um tratamento inteiramente análogo, podemos introduzir os conceitos apresentados em $\mathbb{R}^3$ para um espaço euclidiano $\mathbb{R}^n$ de dimensão n. Entretanto, para o estudo da teoria local de curvas e superfícies, utilizaremos apenas os espaços euclidianos $\mathbb{R}^2$ e $\mathbb{R}^3$.

1.4 Exercícios

1. Considere os vetores $u_1 = (2, 1)$ e $u_2 = (1, 3)$ de $\mathbb{R}^2$. Verifique que:

   a) u_1 e u_2 são vetores linearmente independentes;

   b) para todo vetor $v = (a, b)$ de $\mathbb{R}^2$, existem números reais x, y tais que $v = xu_1 + yu_2$. Obtenha x e y em termos de a e b.

2. Verifique que os vetores $u_1 = (1, 2, -2)$, $u_2 = (2, 1, 2)$ e $u_3 = (2, -2, -1)$ são dois a dois ortogonais.

3. Verifique que o ângulo entre os vetores $(1, 2, 1)$ e $(2, 1, -1)$ é o dobro do ângulo entre os vetores $(1, 4, 1)$, $(2, 5, 5)$.

4. Obtenha um vetor não nulo de $\mathbb{R}^3$, ortogonal aos vetores $(2, 1, -1)$ e $(1, -1, 2)$.

10   *0. CÁLCULO NO ESPAÇO EUCLIDIANO*

5. Considere o vetor $u_1 = (1, 2, -1)$.

   a) Obtenha dois vetores não nulos de $\mathbb{R}^3$ u_2, u_3, ortogonais a u_1 e ortogonais entre si.

   b) Seja v um vetor ortogonal a u_1. Prove que v é uma combinação linear dos vetores u_2, u_3 obtidos no item anterior.

6. Sejam w_1 e w_2 dois vetores de $\mathbb{R}^3$. Verifique que:

   a) $|w_1 + w_2|^2 = |w_1|^2 + 2\langle w_1, w_2 \rangle + |w_2|^2$;

   b) $|w_1 - w_2|^2 = |w_1|^2 - 2\langle w_1, w_2 \rangle + |w_2|^2$;

   c) $|w_1 + w_2|^2 - |w_1 - w_2|^2 = 4\langle w_1, w_2 \rangle$;

   d) w_1 e w_2 são ortogonais se, e só se, $|w_1 + w_2| = |w_1 - w_2|$.

7. Sejam w_1, w_2, w_3 vetores linearmente independentes de $\mathbb{R}^3$. Prove que todo vetor de $\mathbb{R}^3$ pode ser expresso de uma única forma como combinação linear de w_1, w_2, w_3.

8. Considere uma base ortonormal $\{u_1, u_2, u_3\}$ de $\mathbb{R}^3$. Se $w = \alpha_1 u_1 + \alpha_2 u_2 + \alpha_3 u_3$ é um vetor unitário, prove que as constantes α_i, $i = 1, 2, 3$ são os cossenos dos ângulos θ_i formados por w e u_i.

9. Considere o vetor $v_1 = (1, 2)$ de $\mathbb{R}^2$. Obtenha um vetor v_2 de $\mathbb{R}^2$ ortogonal a v_1, de modo que a base $\{v_1 \; v_2\}$ tenha a mesma orientação que a base canônica de $\mathbb{R}^2$.

10. Seja $v_1 = (x, y)$ um vetor unitário de $\mathbb{R}^2$. Prove que uma base ortonormal v_1, v_2 de $\mathbb{R}^2$ tem a mesma orientação que a base canônica se, e só se, $v_2 = (-y, x)$.

11. Obtenha a equação do plano que passa pelo ponto $(1, 2, -3)$ e é paralelo ao plano determinado por $3x - y + 2z = 4$.

1. Cálculo Vetorial no Espaço Euclidiano

12. Dois planos de $\mathbb{R}^3$ que se intersectam determinam dois ângulos que são os mesmos formados pelas retas normais aos planos. Obtenha esses ângulos para os planos determinados pelas equações $x+y=1$ e $y+z=2$.

13. Obtenha a equação do plano que contém os pontos $(1, 1, -1)$, $(3, 3, 2)$ e $(3, -1, -2)$. Obtenha um vetor normal ao plano.

14. Considere os vetores $w_1 = (2, 3, -4)$ e $w_2 = (0, 1, 1)$.

    a) Obtenha a equação do plano determinado por w_1 e w_2, isto é, o plano que contém a origem e os pontos w_1 e w_2.

    b) Seja $v = sw_1 + tw_2$, onde s e t são escalares. Verifique que, para cada escolha de s e t, v é um ponto do plano obtido no item anterior.

    c) Reciprocamente, prove que todo ponto do plano é da forma $sw_1 + tw_2$. Obtenha os escalares s e t para o ponto $(-4, -3, 11)$.

15. Determine uma equação da reta no plano $\mathbb{R}^2$ que:

    a) contém o ponto $(1, 2)$ e é paralela ao vetor $(3, 4)$;

    b) contém o ponto $(-1, 0)$ e é ortogonal ao vetor $(2, 3)$;

    c) contém os pontos $(0, 2)$ e $(1, -1)$.

16. Obtenha uma equação da reta em $\mathbb{R}^3$ que contém o ponto $(2, 1, -3)$ e é ortogonal ao plano determinado pela equação $4x - 3y + z = 5$.

17. a) Prove que se w_1 e w_2 são vetores não nulos de $\mathbb{R}^3$ e $w_1 \times w_2 = 0$, então $w_1 = \lambda w_2$ para algum número real λ não nulo.

    b) Se $w_1 \times w_2 \neq 0$, prove que w_1 e w_2 são vetores não nulos que não são paralelos.

12   0. CÁLCULO NO ESPAÇO EUCLIDIANO

18. Verifique a identidade de Lagrange

$$\langle w_1 \times w_2, w_3 \times w_4 \rangle = \begin{vmatrix} \langle w_1, w_3 \rangle & \langle w_2, w_3 \rangle \\ \langle w_1, w_4 \rangle & \langle w_2, w_4 \rangle \end{vmatrix}.$$

19. Sejam w_1 e w_2 dois vetores de $\mathbb{R}^3$ linearmente independentes. Prove que:

a) w_1, w_2, $w_1 \times w_2$ formam uma base de $\mathbb{R}^3$;

b) se $\langle w, w_1 \rangle = 0$ e $\langle w, w_2 \rangle = 0$, então $w = \lambda w_1 \times w_2$ para algum número real λ.

20. Considere os planos de $\mathbb{R}^3$ determinados pelas equações $\langle p - p_0, w_1 \rangle = 0$ e $\langle p - p_0, w_2 \rangle = 0$, onde w_1 e w_2 são vetores linearmente independentes. Seja $w = w_1 \times w_2$.

a) Verifique que a reta determinada por $p = p_0 + tw$ está contida nos dois planos.

b) Prove que se p é um ponto que pertence a ambos os planos, então $p = p_0 + t_0 w$.

2. Cálculo Diferencial no Espaço Euclidiano

Nesta seção, vamos rever os conceitos básicos do cálculo diferencial em espaços euclidianos e enunciar os resultados relevantes para o estudo de curvas e superfícies em $\mathbb{R}^3$.

Uma *função vetorial* α de um subconjunto I de $\mathbb{R}$ em $\mathbb{R}^3$, denotada por $\alpha : I \subset \mathbb{R} \to \mathbb{R}^3$, é uma correspondência qupara cada $t \in I$, associa $\alpha(t) \in \mathbb{R}^3$.

Uma função vetorial $\alpha : I \subset \mathbb{R} \to \mathbb{R}^3$ pode ser representada por

$$\alpha(t) = (x(t),\, y(t),\, z(t)),$$

2. Cálculo Diferencial no Espaço Euclidiano

onde as funções reais x, y, $z : I \to \mathbb{R}$ são denominadas *funções coordenadas* de α.

Daqui por diante vamos considerar as funções vetoriais definidas em um intervalo aberto I de $\mathbb{R}$.

Se f é uma função real e α e β são funções vetoriais definidas em I, então as funções $\alpha + \beta$, $f\alpha$, $\langle \alpha, \beta \rangle$, $\alpha \times \beta$ são definidas da forma usual, isto é, para todo $t \in I$,

$$(\alpha + \beta)(t) = \alpha(t) + \beta(t),$$
$$(f\alpha)(t) = f(t)\alpha(t),$$
$$\langle \alpha, \beta \rangle (t) = \langle \alpha(t), \beta(t) \rangle,$$
$$(\alpha \times \beta)(t) = \alpha(t) \times \beta(t).$$

Dizemos que o *limite* de uma função vetorial $\alpha(t)$ é L quando t se aproxima de t_0, e denotamos por

$$\lim_{t \to t_0} \alpha(t) = L$$

quando, dado qualquer $\varepsilon > 0$, existe $\delta > 0$ tal que, se $0 < |t - t_0| < \delta$, então $|\alpha(t) - L| < \varepsilon$. Se $\alpha(t) = (x(t), y(t), z(t))$ e $L = (\ell_1, \ell_2, \ell_3)$, então $\lim_{t \to t_0} \alpha(t) = L$ se, e só se, $\lim_{t \to t_0} x(t) = \ell_1$, $\lim_{t \to t_0} y(t) = \ell_2$, $\lim_{t \to t_0} z(t) = \ell_3$. Lembramos que as propriedades usuais de limite para funções reais verificam-se para funções vetoriais.

Uma função vetorial $\alpha : I \subset \mathbb{R} \to \mathbb{R}^3$ é *contínua* em $t_0 \in I$ se $\lim_{t \to t_0} \alpha(t) = \alpha(t_0)$. Dizemos que α é contínua se α é contínua em t, para todo $t \in I$. Uma função vetorial α é contínua em t_0 se, e só se, as funções coordenadas de α são contínuas em t_0. Se α e β são funções vetoriais contínuas em I e f é uma função real contínua, então as funções $\alpha + \beta$, $f\alpha$, $\langle \alpha, \beta \rangle$ e $\alpha \times \beta$ são contínuas.

Uma função vetorial $\alpha : I \to \mathbb{R}^3$ é dita *diferenciável* em $t_0 \in I$ se existe

$$\lim_{t \to t_0} \frac{\alpha(t) - \alpha(t_0)}{t - t_0},$$

que denotamos por $\alpha'(t_0)$. Dizemos que α é diferenciável se α é diferenciável para todo $t \in I$. Uma função $\alpha(t) = (x(t), y(t), z(t))$ é diferenciável em t_0 se, e só se, as funções coordenadas de α são diferenciáveis em t_0. Neste caso,

$$\alpha'(t_0) = (x'(t_0), y'(t_0), z'(t_0)).$$

Se $\alpha : I \to \mathbb{R}^3$ é diferenciável, então a função $\alpha' : I \to \mathbb{R}^3$ que, para cada $t \in I$, associa $\alpha'(t)$ é também uma função vetorial chamada *derivada de primeira ordem* de α. Se a função α' é também diferenciável, temos uma nova função vetorial, chamada *derivada de segunda ordem* de α, que denotaremos por α''. De modo análogo, definimos as derivadas de ordem superior. Usaremos também a seguinte notação para as derivadas de α:

$$\alpha'(t) = \frac{d\alpha}{dt}, \qquad \alpha''(t) = \frac{d}{dt}\left(\frac{d\alpha}{dt}\right) = \frac{d^2\alpha}{dt^2} \qquad \text{etc.}$$

Uma função vetorial α é dita diferenciável de classe C^∞ se existem as derivadas de todas as ordens de α.

Observamos que, se α é diferenciável em t_0, então α é contínua em t_0. Além disso, as seguintes propriedades se verificam:

Se α e β são funções vetoriais diferenciáveis em I e f é uma função real diferenciável em I, então $\alpha + \beta$, $f\alpha$, $\langle \alpha, \beta \rangle$ e $\alpha \times \beta$ são diferenciáveis e

$$\frac{d(\alpha + \beta)}{dt} = \frac{d\alpha}{dt} + \frac{d\beta}{dt},$$

$$\frac{d(f\alpha)}{dt} = f\frac{d\alpha}{dt} + \frac{df}{dt}\alpha,$$

$$\frac{d\langle \alpha, \beta \rangle}{dt} = \left\langle \frac{d\alpha}{dt}, \beta \right\rangle + \left\langle \alpha, \frac{d\beta}{dt} \right\rangle,$$

$$\frac{d(\alpha \times \beta)}{dt} = \frac{d\alpha}{dt} \times \beta + \alpha \times \frac{d\beta}{dt}.$$

Seja $\alpha(t)$ uma função vetorial diferenciável em I e $t = f(r)$, onde f é uma função real diferenciável em um intervalo aberto $J \subset \mathbb{R}$ tal que

2. Cálculo Diferencial no Espaço Euclidiano

$f(J) \subset I$. Então, a função composta $(\alpha \circ f)(r) = \alpha(f(r))$ é diferenciável em J e

$$\frac{d(\alpha \circ f)}{dr} = \frac{d\alpha}{dt}\frac{dt}{dr}.$$

Esta propriedade é denominada *regra de cadeia*.

Se α é uma função vetorial diferenciável (C^∞) em I, então, para todo inteiro $n > 0$ e $t_0 \in I$, temos que

$$\alpha(t) = \alpha(t_0) + \alpha'(t_0)(t - t_0) + \frac{\alpha''(t_0)}{2}(t - t_0)^2 + \cdots$$
$$+ \frac{\alpha^{(n)}(t_0)}{n!}(t - t_0)^n + R_n(t, t_0),$$

onde $\lim\limits_{t \to t_0} \dfrac{R_n(t, t_0)}{(t - t_0)^n} = 0$, $t \in I$. Esta expressão é denominada desenvolvimento de α na *fórmula de Taylor* em t_0.

A seguir, vamos considerar funções vetoriais de várias variáveis. Uma *função* (ou aplicação) F de um subconjunto A de $\mathbb{R}^n$ em $\mathbb{R}^m$, denotada por $F : A \subset \mathbb{R}^n \to \mathbb{R}^m$, é uma correspondência que, para cada $p \in A$, associa um único ponto $F(p) \in \mathbb{R}^m$. Uma tal função pode ser representada por

$$F(p) = (F_1(p), F_2(p), \cdots, F_m(p))$$

ou, considerando $p = (x_1, \cdots, x_n)$,

$$F(x_1, \cdots, x_n) = (F_1(x_1, \cdots, x_n), \cdots, F_m(x_1, \cdots, x_n)).$$

As funções $F_i : \mathbb{R}^n \to \mathbb{R}$, $i = 1, 2, \cdots, m$ são ditas funções coordenadas de F.

Embora o nosso interesse esteja apenas nos casos em que n e m assumem os valores 1, 2 ou 3, vamos enunciar os conceitos e resultados básicos para o caso geral.

Dadas duas funções F, $G : A \subset \mathbb{R}^n \to \mathbb{R}^m$ e $f : A \subset \mathbb{R}^n \to \mathbb{R}$, podemos definir as funções $F + G$, fG, $\langle F, G \rangle$ e $F \times G$ (esta última se $m = 3$) de forma análoga à das funções vetoriais de $\mathbb{R}$ em $\mathbb{R}^3$.

16　　　　　　　　*0. CÁLCULO NO ESPAÇO EUCLIDIANO*

Uma aplicação $F : \mathbb{R}^n \to \mathbb{R}^m$ é dita *linear* se, para todo par de pontos p e q em $\mathbb{R}^n$ e $\lambda \in \mathbb{R}$, temos

$$F(p+q) = F(p) + F(q),$$
$$F(\lambda p) = \lambda F(p).$$

Se F é linear, então $F(0) = 0$. Além disso, como consequência das propriedades acima, temos que F é determinada pelos seus valores em uma base de $\mathbb{R}^n$. Em particular, considerando a base canônica de $\mathbb{R}^n$, $e_1 = (1, 0, \cdots, 0)$, $e_2 = (0, 1, 0, \cdots, 0), \cdots, e_n = (0, 0, \cdots, 0, 1)$, se

$$
\begin{aligned}
F(e_1) &= (a_{11}, a_{21}, \cdots, a_{m1}), \\
F(e_2) &= (a_{12}, a_{22}, \cdots, a_{m2}), \\
&\vdots \qquad \qquad \vdots \\
F(e_n) &= (a_{1n}, a_{2n}, \cdots, a_{mn}),
\end{aligned}
$$

então $F(p) = (F_1(p), \cdots, F_m(p))$ é dada por

$$
\begin{aligned}
F_1(p) &= a_{11}x_1 + a_{12}x_2 + \cdots + a_{1n}x_n, \\
F_2(p) &= a_{21}x_1 + a_{22}x_2 + \cdots + a_{2n}x_n, \\
&\vdots \qquad \qquad \vdots \\
F_m(p) &= a_{m1}x_1 + a_{m2}x_2 + \cdots + a_{mn}x_n,
\end{aligned}
$$

onde $p = (x_1, x_2, \cdots, x_n) \in \mathbb{R}^n$. Reciprocamente, se as funções coordenadas de F são desta forma, então F é linear. Portanto, para cada função linear $F : \mathbb{R}^n \to \mathbb{R}^m$, podemos associar a matriz dos coeficientes

$$
\begin{bmatrix}
a_{11} & a_{12} & \cdots & a_{1n} \\
a_{21} & a_{22} & \cdots & a_{2n} \\
\vdots & & \vdots & \\
a_{m1} & a_{m2} & \cdots & a_{mn}
\end{bmatrix}
$$

2. Cálculo Diferencial no Espaço Euclidiano

chamada *matriz associada* à aplicação linear F, *relativamente às bases canônicas* de $\mathbb{R}^n$ e $\mathbb{R}^m$. Reciprocamente, toda matriz $m \times n$ determina uma aplicação linear de $\mathbb{R}^n$ em $\mathbb{R}^m$.

Seja A uma matriz (não nula) $m \times n$, isto é, com m linhas e n colunas. Consideremos um número inteiro r tal que $1 \le r \le \min\{m,n\}$. Uma submatriz $r \times r$ de A é uma matriz obtida, a partir de A, eliminando $m - r$ linhas e $n - r$ colunas de A. O *posto* de uma matriz A é o maior inteiro r para o qual existe uma submatriz $r \times r$ de A cujo determinante não se anula.

No caso particular de uma aplicação linear $F : \mathbb{R}^3 \to \mathbb{R}^3$, pode-se provar que F é bijetora, isto é, F é injetora (pontos distintos têm imagens distintas) e sobrejetora (todo ponto de $\mathbb{R}^3$ é imagem de algum ponto por F) se, e só se, a imagem da base canônica de $\mathbb{R}^3$ é uma base de $\mathbb{R}^3$, o que é equivalente a dizer que o determinante da matriz associada a F é não nulo ou que a matriz tem posto 3.

Se $F : \mathbb{R}^2 \to \mathbb{R}^3$ é uma aplicação linear, então F é injetora se, e só se, a imagem da base canônica de $\mathbb{R}^2$ forma um conjunto de vetores linearmente independentes de $\mathbb{R}^3$ ou, equivalentemente, se a matriz associada a F tem posto 2.

A seguir, vamos rever os conceitos de limite e continuidade para funções de várias variáveis. Inicialmente, vamos introduzir a noção de bola aberta em um espaço euclidiano $\mathbb{R}^n$.

Uma *bola aberta* em $\mathbb{R}^n$ de centro $p_0 \in \mathbb{R}^n$ e raio $\varepsilon > 0$ é o conjunto, denotado por $B_\varepsilon(p_0)$, dos pontos $p \in \mathbb{R}^n$ que distam de p_0 menos que ε, isto é,

$$B_\varepsilon(p_0) = \{p \in \mathbb{R}^n;\ |p - p_0| < \varepsilon\}.$$

Dizemos que um subconjunto A de $\mathbb{R}^n$ é *aberto* em $\mathbb{R}^n$ se para todo $p \in A$ existe uma bola aberta $B_\varepsilon(p) \subset A$. Um subconjunto aberto de $\mathbb{R}^n$ que contém um ponto $p_0 \in \mathbb{R}^n$ é denominado uma *vizinhança* de p_0 em $\mathbb{R}^n$. Um subconjunto D de $\mathbb{R}^n$ é dito *fechado* em $\mathbb{R}^n$ se o seu complemento, isto é,

0. CÁLCULO NO ESPAÇO EUCLIDIANO

$\mathbb{R}^n - D$, é aberto em $\mathbb{R}^n$.

Um ponto $p_0 \in \mathbb{R}^n$ é um *ponto de acumulação* de um subconjunto S de $\mathbb{R}^n$ se, para toda vizinhança V de p, $V \cap S$ contém pelo menos um ponto distinto de p. Pode-se verificar que um subconjunto de $\mathbb{R}^n$ é fechado em $\mathbb{R}^n$ se, e só se, contém todos os seus pontos de acumulação. O *fecho* de um conjunto $S \subset \mathbb{R}^n$ é a união de S com o conjunto de seus pontos de acumulação.

Um ponto p de um conjunto $S \subset \mathbb{R}^n$ é dito um *ponto interior* de S se existe uma bola aberta $B_\varepsilon(p)$ em $\mathbb{R}^n$, tal que $B_\varepsilon(p) \subset S$. O conjunto de todos os pontos interiores de S é denominado *interior* de S. A *fronteira* de um conjunto $S \subset \mathbb{R}^n$ é o fecho de S menos o interior de S.

Dizemos que um conjunto $S \subset \mathbb{R}^n$ é *limitado* se existe uma bola aberta $B_\varepsilon(p)$ de $\mathbb{R}^n$ tal que $S \subset B_\varepsilon(p)$.

Um conjunto $S \subset \mathbb{R}^n$ é dito *conexo* se não existem dois abertos A_1 e A_2 em $\mathbb{R}^n$, tais que $A_1 \cap A_2 = \emptyset$, $A_1 \cap S$, $A_2 \cap S$ são não vazios e $S \subset A_1 \cup A_2$. Isto é, $S \subset \mathbb{R}^n$ é conexo se, para quaisquer abertos A_1 e A_2 em $\mathbb{R}^n$ tais que $A_1 \cap A_2 = \emptyset$ e $S \subset A_1 \cup A_2$, tem-se que $S \subset A_1$ ou $S \subset A_2$. Pode-se provar que os únicos subconjuntos conexos de $\mathbb{R}$ são os intervalos.

Dizemos que um subconjunto S de $\mathbb{R}^n$ é *compacto* se é fechado e limitado.

Os conceitos de limite e continuidade de uma função de duas ou mais variáveis são introduzidos de maneira análoga ao caso de uma variável.

Uma função $F : A \subset \mathbb{R}^n \to \mathbb{R}^m$, onde A é aberto em $\mathbb{R}^n$, tem *limite* L quando $p \in A$ tende a p_0 se, dado qualquer $\varepsilon > 0$, existe $\delta > 0$ tal que, se $0 < |p - p_0| < \delta$, então $|F(p) - L| < \varepsilon$. Nesse caso, denotamos por

$$\lim_{p \to p_0} F(p) = L.$$

Dizemos que uma função $F : A \subset \mathbb{R}^n \to \mathbb{R}^m$, onde A é aberto em $\mathbb{R}^n$, é

2. Cálculo Diferencial no Espaço Euclidiano

contínua em $p_0 \in A$ se

$$\lim_{p \to p_0} F(p) = F(p_0).$$

F é dita contínua em A (ou simplesmente contínua) se F é contínua em p, para todo $p \in A$.

Uma função $F : A \subset \mathbb{R}^n \to B \subset \mathbb{R}^n$, onde A e B são abertos de $\mathbb{R}^n$, é dita um *homeomorfismo* se F é injetora, contínua, $F(A) = B$ e a função inversa $F^{-1} : B \to A$ é também contínua. Neste caso, A e B são ditos *homeomorfos.*

Pode-se provar as seguintes propriedades:

Seja $F : A \subset \mathbb{R}^n \to \mathbb{R}^m$ uma função definida em um aberto A de $\mathbb{R}^n$ e cujas funções coordenadas são $F_i, i = 1, \cdots, m$. Então, $\lim_{p \to p_0} F(p) = L$ se, e só se, para cada i, $\lim_{p \to p_0} F_i(p) = L_i$, onde L_i são as coordenadas de L. F é contínua em $p_0 \in A$ se, e só se, para cada $i = 1, \cdots, m$, F_i é contínua em p_0.

Sejam $F : A \subset \mathbb{R}^n \to \mathbb{R}^m$ e $G : B \subset \mathbb{R}^m \to \mathbb{R}^k$ funções tais que $F(A) \subset B$, onde A e B são abertos de $\mathbb{R}^n$ e $\mathbb{R}^m$, respectivamente. Se F é contínua em $p_0 \in A$ e G é contínua em $F(p_0)$, então a função composta $G \circ F : A \subset \mathbb{R}^n \to \mathbb{R}^k$ é contínua em p_0. Segue-se que se F é contínua em A e G é contínua em B, então $G \circ F$ é contínua em A.

Se F é uma função contínua definida em um conjunto conexo, então a imagem de F é um conjunto conexo.

Se F é uma função contínua definida em um conjunto compacto, então a imagem de F é um conjunto compacto.

No caso particular de uma função real contínua $F : A \subset \mathbb{R}^n \to \mathbb{R}$, as seguintes propriedades se verificam:

Se $p_0 \in A$ é tal que $F(p_0) > 0$, então existe uma vizinhança V de p_0 tal que, para todo $p \in V$, $F(p) > 0$.

20   *0. CÁLCULO NO ESPAÇO EUCLIDIANO*

Se A é compacto, então a função F tem um máximo e um mínimo, isto é, existem pontos p_1 e p_2 em A tais que, para todo $p \in A$, $F(p_1) \leq F(p) \leq F(p_2)$.

Se A é conexo e a imagem de F assume os valores $a, b \in \mathbb{R}$, $a < b$, então para todo $c \in \mathbb{R}$, tal que $a < c < b$, existe $p \in A$ satisfazendo $F(p) = c$.

Se A é conexo e F não se anula, então a função F não muda de sinal.

A seguir, vamos rever a noção de diferenciabilidade de funções vetoriais de várias variáveis.

Seja $F : A \subset \mathbb{R}^n \to \mathbb{R}^m$ uma função definida em um aberto $A \subset \mathbb{R}^n$. Fixemos $p_0 \in A$ e w um vetor não nulo de $\mathbb{R}^n$. A *derivada direcional de* F *em* p_0 *na direção de* w é o vetor

$$\lim_{t \to 0} \frac{F(p_0 + tw) - F(p_0)}{t},$$

quando esse limite existe.

Considerando a base canônica $\{e_1, \cdots, e_n\}$ de $\mathbb{R}^n$, as derivadas direcionais de F em p_0 nas direções dos vetores da base são denominadas *derivadas parciais* de F em p_0.

Se $F(x_1, \cdots, x_n) = (F_1(x_1, \cdots, x_n), \cdots, F_m(x_1, \cdots, x_n))$, então a derivada parcial de F em p_0 na direção de e_i é denotada por $\dfrac{\partial F}{\partial x_i}(p_0)$ ou $F_{x_i}(p_0)$ e é igual a

$$\frac{\partial F}{\partial x_i}(p_0) = \left(\frac{\partial F_1}{\partial x_i}(p_0), \cdots, \frac{\partial F_m}{\partial x_i}(p_0) \right).$$

Se $\dfrac{\partial F}{\partial x_i}(p)$ existe, para todo $p \in A$, então temos definida uma função $\dfrac{\partial F}{\partial x_i} : A \to \mathbb{R}^m$ que, para cada $p \in A$, associa $\dfrac{\partial F}{\partial x_i}(p)$. As derivadas parciais da função $\dfrac{\partial F}{\partial x_i}$ são denominadas *derivadas de segunda ordem* de F. Assim, sucessivamente, definimos as derivadas parciais de ordem superior. A notação

2. Cálculo Diferencial no Espaço Euclidiano

21

usada para as derivadas parciais de segunda ordem é

$$\frac{\partial}{\partial x_j} \left(\frac{\partial F}{\partial x_i} \right) = \frac{\partial^2 F}{\partial x_j \partial x_i} = F_{x_i x_j},$$

$$\frac{\partial}{\partial x_i} \left(\frac{\partial F}{\partial x_i} \right) = \frac{\partial^2 F}{\partial x_i^2} = F_{x_i x_i}.$$

Para as derivadas parciais de terceira ordem, usamos

$$\frac{\partial}{\partial x_k} \left(\frac{\partial^2 F}{\partial x_j \partial x_i} \right) = \frac{\partial^3 F}{\partial x_k \partial x_j \partial x_i} = F_{x_i x_j x_k} \text{ etc.}$$

Dizemos que uma função $F : A \subset \mathbb{R}^n \to \mathbb{R}^m$ é *diferenciável* em p_0 se existe uma aplicação linear de $\mathbb{R}^n$ em $\mathbb{R}^m$, denotada por $dF_{p_0} : \mathbb{R}^n \to \mathbb{R}^m$, tal que, para todo vetor $w \in \mathbb{R}^n$,

$$F(p_0 + w) = F(p_0) + dF_{p_0}(w) + R(w),$$

onde $\lim\limits_{w \to 0} \dfrac{R(w)}{|w|} = 0$. A aplicação dF_{p_0} é denominada *diferencial* de F *em* p_0. A função F é dita *diferenciável* se F é diferenciável em p, para todo $p \in A$.

Pode-se verificar que, se F é diferenciável em p_0, então, para todo vetor $w \in \mathbb{R}^n$,

$$dF_{p_0}(w) = \lim_{t \to t_0} \frac{F(p_0 + tw) - F(p_0)}{t}.$$

Portanto, se F é diferenciável em p_0, então a derivada direcional de F em p_0 existe, em qualquer direção. Observamos que a recíproca não é verdadeira, isto é, uma função pode ter todas as derivadas direcionais em um ponto, sem ser diferenciável no ponto.

Seja $F : A \subset \mathbb{R}^n \to \mathbb{R}^m$ uma função diferenciável em $p_0 \in A$. Como $dF_{p_0} : \mathbb{R}^n \to \mathbb{R}^m$ é uma aplicação linear, temos a matriz associada a dF_{p_0},

22   *0. CÁLCULO NO ESPAÇO EUCLIDIANO*

relativamente às bases canônicas de $\mathbb{R}^n$ e $\mathbb{R}^m$, dada por

$$
\begin{bmatrix}
\dfrac{\partial F_1}{\partial x_1}(p_0) & \dfrac{\partial F_1}{\partial x_2}(p_0) & \cdots & \dfrac{\partial F_1}{\partial x_n}(p_0) \\
\vdots & \vdots & & \vdots \\
\dfrac{\partial F_m}{\partial x_1}(p_0) & \dfrac{\partial F_m}{\partial x_2}(p_0) & \cdots & \dfrac{\partial F_m}{\partial x_n}(p_0)
\end{bmatrix},
$$

onde $F_1, \cdots, F_m$ são as funções coordenadas de F. A matriz acima é denominada *matriz jacobiana* de F em p_0. Quando $m = n$, o determinante da matriz jacobiana de F em p_0 é dito o *jacobiano* de F em p_0.

Pode-se provar as seguintes propriedades:

Se $F : A \subset \mathbb{R}^n \to \mathbb{R}^m$ é diferenciável em $p_0 \in A$, então F é contínua em p_0.

Se $F, G : A \subset \mathbb{R}^n \to \mathbb{R}^m$ e $f : A \to \mathbb{R}$ são funções diferenciáveis em p_0, então as funções $F + G$, fG, $\langle F, G \rangle$ e $F \times G$ (essa última quando $m = 3$) são diferenciáveis em p_0.

Se todas as derivadas parciais de primeira ordem de uma função $F : A \subset \mathbb{R}^n \to \mathbb{R}^m$ são contínuas em A, então F é diferenciável.

Dizemos que uma função $F : A \subset \mathbb{R}^n \to \mathbb{R}^m$ é *diferenciável* de *classe* $C^k, k \geq 1$ (resp. C^∞) se as derivadas parciais de F até ordem k (resp. de todas as ordens) existem e são contínuas.

Não é difícil verificar que uma aplicação linear $F : \mathbb{R}^n \to \mathbb{R}^m$ é diferenciável de classe C^∞. Além disso, para todo $p \in \mathbb{R}^n$, $dF_p = F$. De fato, se $w \in \mathbb{R}^n$, então

$$
dF_p(w) = \lim_{t \to 0} \frac{F(p + tw) - F(p)}{t} = \lim_{t \to 0} \frac{F(p) + tF(w) - F(p)}{t} = F(w),
$$

onde na segunda igualdade usamos o fato de F ser linear.

Pode-se provar que se todas as derivadas parciais até ordem k de uma

2. Cálculo Diferencial no Espaço Euclidiano

função $F : A \subset \mathbb{R}^n \to \mathbb{R}^m$ são contínuas, então essas derivadas parciais não dependem da ordem de diferenciação, isto é, $F_{x_i x_j} = F_{x_j x_i}$ etc.

A fórmula de Taylor, que vimos para uma função de uma variável, estende-se ao caso de uma função de várias variáveis. Em particular, se F é uma função diferenciável (C^∞), de duas variáveis x e y, então, para todo inteiro $n > 0$ e (x_0, y_0), temos que

$$
\begin{aligned}
F(x, y) \;=\;& F(x_0, y_0) + h F_x(x_0, y_0) + k F_y(x_0, y_0) + \\[1mm]
&+ \frac{1}{2!} \left(h^2 F_{xx}(x_0, y_0) + 2hk F_{xy}(x_0, y_0) + k^2 F_{yy}(x_0, y_0) \right) + \cdots \\[1mm]
&+ \frac{1}{n!} \left(h^n \frac{\partial^n F}{\partial x^n}(x_0, y_0) + n h^{n-1} k \frac{\partial^n F}{\partial x^{n-1} \partial y}(x_0, y_0) + \cdots \right.\\[1mm]
&\left. + \cdots k^n \frac{\partial^n F}{\partial y^n}(x_0, y_0) \right) + \\[1mm]
&+ R_n,
\end{aligned}
$$

onde $h = x - x_0$, $k = y - y_0$ e R_n é uma função de x, y, x_0, y_0 que satisfaz a propriedade

$$
\lim_{(x, y) \to (x_0, y_0)} \frac{R_n}{|(x, y) - (x_0, y_0)|^n} = 0.
$$

Esta expressão é o desenvolvimento de F na *fórmula de Taylor* em torno de (x_0, y_0).

A *regra da cadeia* para funções de várias variáveis é dada no seguinte teorema:

Sejam $F : A \subset \mathbb{R}^n \to \mathbb{R}^m$ e $G : B \subset \mathbb{R}^m \to \mathbb{R}^k$ funções definidas nos abertos A e B tais que $F(A) \subset B$. Se F é diferenciável em $p_0 \in A$ e G é diferenciável em $F(p_0)$, então a função composta $G \circ F : A \subset \mathbb{R}^n \to \mathbb{R}^k$ é diferenciável em p_0 e

$$
d(G \circ F)_{p_0} = dG_{F(p_0)} \circ dF_{p_0}.
$$

24   0. CÁLCULO NO ESPAÇO EUCLIDIANO

Uma função F diferenciável de classe C^k (resp. C^∞), que tem uma função inversa F^{-1} também diferenciável de classe C^k (resp. C^∞), é denominada um *difeomorfismo de classe* C^k (resp. C^∞).

Lembramos que, se $f : I \subset \mathbb{R} \to \mathbb{R}$ é uma função diferenciável definida em um intervalo aberto I tal que $f'(t) = 0$, para todo $t \in I$, então f é uma função constante. O resultado análogo para funções de várias variáveis é o seguinte:

Seja $f : A \subset \mathbb{R}^n \to \mathbb{R}$ uma função diferenciável definida em um conjunto aberto e conexo A. Se a diferencial de f em p, $df_p : \mathbb{R}^n \to \mathbb{R}$, é identicamente nula, para todo $p \in A$, então f é constante em A. Observamos que df_p é uma aplicação linear, portanto, a condição $df_p \equiv 0$, para todo $p \in A$, é equivalente a dizer que todas as derivadas parciais de primeira ordem de f se anulam, para todo $p \in A$.

Vamos concluir esta seção enunciando um resultado fundamental do cálculo diferencial, que é o *teorema da função inversa*:

Seja $F : A \subset \mathbb{R}^n \to \mathbb{R}^n$ uma função diferenciável de classe C^k (resp. C^∞) e $p_0 \in A$ tal que dF_{p_0} é injetora. Então, existe uma vizinhança U de p_0, contida em A, tal que $F(U)$ é aberto em R^n e a restrição de F a U é um difeomorfismo de classe C^k (resp. C^∞), de U sobre $F(U)$.

Observamos que, para utilizar esse teorema, há várias formas de verificar que dF_{p_0} é injetora. De fato, como $dF_{p_0} : \mathbb{R}^n \to \mathbb{R}^n$ é uma aplicação linear, as seguintes condições são equivalentes:

a) dF_{p_0} é injetora;

b) Se $dF_{p_0}(w) = 0$, então $w = 0$;

c) A matriz jacobiana de F em p_0 tem posto n;

d) O jacobiano de F em p_0 é não nulo.

2. Cálculo Diferencial no Espaço Euclidiano

Como consequência do teorema da função inversa, temos um outro resultado importante, que é o *teorema da função implícita*:

Sejam $F : A \subset \mathbb{R}^{n+m} \to \mathbb{R}^n$ uma função diferenciável de classe C^k (resp. C^∞) e $F_1, \cdots, F_n$ as funções coordenadas de F. Denotaremos por $x = (x_1, \cdots, x_n)$, $y = (y_1, \cdots, y_m)$ e $(x, y) = (x_1, \cdots, x_n, y_1, \cdots, y_m)$ os pontos de $\mathbb{R}^n$, $\mathbb{R}^m$ e $\mathbb{R}^{n+m}$, respectivamente. Fixados $(a, b) \in A$ e $c \in \mathbb{R}^n$ tal que $F(a, b) = c$, se a matriz determinada por $\frac{\partial F_i}{\partial x_j}(a, b)$, $i, j = 1, \cdots, n$ tem posto n (isto é, determinante não nulo), então existe uma vizinhança U de b em $\mathbb{R}^m$ e uma única função $G : U \subset \mathbb{R}^m \to \mathbb{R}^n$, diferenciável de classe C^k (resp. C^∞), tal que $G(b) = a$ e $F(G(y), y) = c$, para todo $y \in U$.

Os resultados relacionados neste capítulo podem ser encontrados com mais detalhes em [1, 2], [5] e [14]. Finalmente, queremos observar que, para maior simplicidade, no desenvolvimento da teoria local de curvas e superfícies, vamos considerar apenas funções diferenciáveis de classe C^∞, embora a teoria possa ser desenvolvida para funções de classe $C^k, k \geq 3$. Usaremos o termo função diferenciável para indicar uma função diferenciável de classe C^∞.

2.1 Exercícios

1. Considere as seguintes funções $F : \mathbb{R}^2 \to \mathbb{R}^3$:

   a) $F(x, y) = (x, y, x+y)$;

   b) $F(x, y) = (x \cos y, x \operatorname{sen} y, 2x)$;

   c) $F(x, y) = (x+y, (x+y)^2, (x+y)^3)$.

   Em cada caso, verifique que F é diferenciável e obtenha a matriz jacobiana. Indique os pontos $p \in \mathbb{R}^2$ onde dF_p não é injetora.

2. Seja $F : \mathbb{R}^2 - \{0\} \to \mathbb{R}$ uma função contínua tal que $F(\lambda x, \lambda y) = F(x, y)$, para todo $(x, y) \in \mathbb{R}^2 - \{(0, 0)\}$ e λ um número real não nulo. Prove que F é limitada, isto é, a função F tem um máximo e um

0. CÁLCULO NO ESPAÇO EUCLIDIANO

mínimo. (Sugestão: Considere a função F restrita a uma circunferência de raio unitário.)

3. Verifique que a função $F(x, y, z) = (z, x, y)$ é um difeomorfismo de $\mathbb{R}^3$ e obtenha a diferencial de F em p.

4. Considere a aplicação $f : \mathbb{R}^3 \to \mathbb{R}$ definida por $f(x, y, z) = x^2 + y^2 + z^2$. Verifique que f é diferenciável e que a diferencial de f em $p = (x_0, y_0, z_0)$ é dada por

$$df_p(w) = 2 < p, w >, \quad w \in \mathbb{R}^3.$$

5. Seja $\alpha : I \subset \mathbb{R} \to \mathbb{R}^2$ (ou $\mathbb{R}^3$) uma função diferenciável tal que $\alpha'(t) \neq 0$, para todo $t \in I$. Prove que, para todo $t_0 \in I$, existe $\varepsilon > 0$ tal que α, restrita ao intervalo $(t_0 - \varepsilon, t_0 + \varepsilon)$, é injetora.

6. Seja $F : A \subset \mathbb{R}^2 \to \mathbb{R}^3$ uma função diferenciável tal que dF_p é injetora, para todo $p \in A$. Prove que, para cada $p_0 \in A$, existe uma vizinhança U de p_0, contida em A, tal que F, restrita a U, é injetora.

7. Seja $F : A \subset \mathbb{R}^3 \to \mathbb{R}$ uma função diferenciável de classe C^k (resp. C^∞). Seja $(x_0, y_0, z_0) \in A$ e $F(x_0, y_0, z_0) = c$. Verifique que, se $F_z(x_0, y_0, z_0) \neq 0$, então existe uma vizinhança U de (x_0, y_0) em $\mathbb{R}^2$, $U \subset A$ e uma única função $G : U \subset \mathbb{R}^2 \to \mathbb{R}$ diferenciável de classe C^k (resp. C^∞) tal que $G(x_0, y_0) = z_0$ e $F(x, y, G(x, y)) = c$, para todo $(x, y) \in U$.

8. Obtenha uma aplicação linear $F : \mathbb{R}^2 \to \mathbb{R}^2$, cuja imagem da base canônica de $\mathbb{R}^2$, $e_1 = (1, 0)$, $e_2 = (0, 1)$ é dada por $F(e_1) = (2, 1)$ e $F(e_2) = (1, 0)$. Verifique que F é bijetora e obtenha a função inversa F^{-1} e a diferencial de F em $p \in \mathbb{R}^2$.

9. Seja $T : \mathbb{R}^2 \to \mathbb{R}^2$ uma translação por a, isto é, $T(p) = a + p$, onde $a, p \in \mathbb{R}^2$. Verifique que T preserva distância entre pontos, isto é, para

2. Cálculo Diferencial no Espaço Euclidiano 27

todo $p, q \in \mathbb{R}^2$,

$$|T(p) - T(q)| = |p - q|.$$

10. Considere uma base ortonormal $\{w_1, w_2\}$ de $\mathbb{R}^2$. Prove que existe um única aplicação linear $C : \mathbb{R}^2 \to \mathbb{R}^2$ tal que $C(e_i) = w_i$, $i = 1, 2$, onde $\{e_1, e_2\}$ é a base canônica de $\mathbb{R}^2$. Verifique que C é bijetora e que preserva produto interno, isto é, $\langle C(p), C(q) \rangle = \langle p, q \rangle$, para todo $p, q \in \mathbb{R}^2$. Conclua daí que, dadas duas bases ortonormais $\{w_1, w_2\}$ e $\{\bar{w}_1, \bar{w}_2\}$ de $\mathbb{R}^2$, existe uma única aplicação linear $C : \mathbb{R}^2 \to \mathbb{R}^2$ tal que $C(w_i) = \bar{w}_i$, $i = 1, 2$. Verifique que nessas condições C preserva produto interno e, portanto, preserva distância.

11. Sejam p e q pontos de $\mathbb{R}^2$ e $\{w_1, w_2\}$ e $\{\bar{w}_1, \bar{w}_2\}$ duas bases ortonormais de $\mathbb{R}^2$. Verifique que existe uma função $F : \mathbb{R}^2 \to \mathbb{R}^2$ que satisfaz as seguintes condições: $F(p) = q$, $dF_p(w_i) = \bar{w}_i$, $i = 1, 2$ e F preserva distância entre pontos. Obtenha F seguindo estas etapas: Usando os Exercícios 8 e 9, considere a aplicação linear C tal que $C(w_i) = \bar{w}_i$ e a translação T por $q - C(p)$. Defina $F = T \circ C$.

Capítulo I

CURVAS PLANAS

1. Curva Parametrizada Diferenciável

Uma curva no plano é descrita dando-se as coordenadas de seus pontos como funções de uma variável independente.

1.1 Definição. Uma *curva parametrizada diferenciável* do plano é uma aplicação diferenciável α de classe C^∞, de um intervalo aberto $I \subset \mathbb{R}$ em $\mathbb{R}^2$. A variável $t \in I$ é dita *parâmetro da curva,* e o subconjunto de $\mathbb{R}^2$ dos pontos $\alpha(t)$, $t \in I$, é chamado *traço* da curva.

Observamos que uma curva parametrizada diferenciável do plano é uma aplicação $\alpha : I \to \mathbb{R}^2$ que para cada t associa $\alpha(t) = (x(t), y(t))$, onde as funções $x(t)$ e $y(t)$ são diferenciáveis de classe C^∞.

1.2 Exemplos
a) A aplicação

$$\alpha(t) = (x_0 + at, \ y_0 + bt), \quad t \in \mathbb{R},$$

onde $a^2 + b^2 \neq 0$, é uma curva parametrizada diferenciável cujo traço é uma linha reta passando pelo ponto (x_0, y_0), paralela ao vetor de coordenadas (a, b) (ver Figura 1).

b) A aplicação α, que para cada $t \in \mathbb{R}$ associa

$$\alpha(t) = (\cos t, \ \operatorname{sen} t),$$

1. Curva Parametrizada Diferenciável

é uma curva parametrizada diferenciável cujo traço é uma circunferência de centro na origem e raio igual a 1.

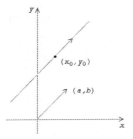

Figura 1

c) A curva parametrizada diferenciável

$$\alpha(t) = (\cos t \, (2\cos t - 1), \ \sen t \, (2\cos t - 1)), \quad t \in \mathbb{R},$$

é denominada *cardioide* e tem o traço da Figura 2.

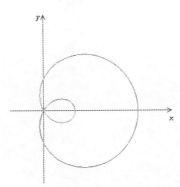

Figura 2

d) A curva parametrizada diferenciável que, para cada $t \in \left(-\dfrac{\pi}{2}, \dfrac{\pi}{2}\right)$, associa

$$\alpha(t) = (2\operatorname{sen}^2 t,\ 2\operatorname{sen}^2 t\ \operatorname{tg} t)$$

tem o traço da Figura 3.

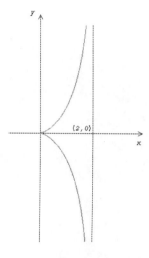

Figura 3

A aplicação

$$\alpha(t) = (t,\ |t|),\quad t \in \mathbb{R},$$

não é uma curva parametrizada diferenciável, já que $|t|$ não é diferenciável em $t = 0$ (ver Figura 4).

1. Curva Parametrizada Diferenciável

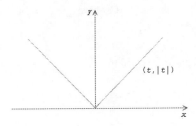

Figura 4

A aplicação

$$\alpha(t) = \begin{cases} (t, 0) & \text{se } t \leq 0, \\ \left(t, t^2 \operatorname{sen} \dfrac{1}{t}\right) & \text{se } t > 0, \end{cases}$$

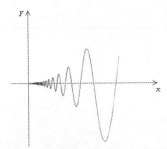

Figura 5

não é uma curva parametrizada diferenciável (ver Figura 5), já que a função

$$y(t) = \begin{cases} 0 & \text{se } t \leq 0, \\ t^2 \operatorname{sen} \dfrac{1}{t} & \text{se } t > 0, \end{cases}$$

não é diferenciável de classe C^∞. (Observe que existe a derivada de primeira ordem de $y(t)$, $\forall t \in \mathbb{R}$.)

Duas curvas parametrizadas diferenciáveis podem ter o mesmo traço. Por exemplo,
$$\begin{aligned} \alpha(t) &= (t, 2t), \ t \in \mathbb{R}, \\ \beta(r) &= (2r+1, 4r+2), \ r \in \mathbb{R}, \end{aligned}$$
têm o traço da Figura 6.

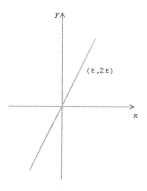

Figura 6

2. Vetor Tangente; Curva Regular

2.1 Definição. Seja $\alpha : I \to \mathbb{R}^2$ uma curva parametrizada diferenciável que, para cada $t \in I$, associa $\alpha(t) = (x(t), y(t))$. O vetor
$$\alpha'(t) = (x'(t), y'(t))$$
é chamado *vetor tangente* a α em t.

2. Vetor Tangente; Curva Regular

A definição de vetor tangente coincide com a noção intuitiva que temos de um vetor tangente a uma curva, isto é, um vetor cuja direção é a direção limite de cordas, determinadas por um ponto $\alpha(t)$ e pontos próximos $\alpha(t+h)$, quando h tende para zero. De fato, fixado $t \in I$, para $h \neq 0$ tal que $t+h \in I$,

$$\frac{\alpha(t+h) - \alpha(t)}{h}$$

é o vetor de $\alpha(t)$ a $\alpha(t+h)$ multiplicado pelo escalar $\frac{1}{h}$ (ver Figura 7). Observamos que

$$\lim_{h \to 0} \frac{\alpha(t+h) - \alpha(t)}{h}$$

é exatamente a definição da derivada da função α em t.

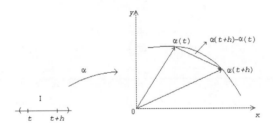

Figura 7

2.2 Exemplo. Seja $\alpha : \mathbb{R} \to \mathbb{R}^2$ a curva parametrizada diferenciável que, para cada $t \in \mathbb{R}$, associa

$$\alpha(t) = (\cos t \, (2\cos t - 1), \, \sen t \, (2\cos t - 1)).$$

O vetor tangente a α em t é igual a

$$\alpha'(t) = (\sen t - 2\sen 2t, \, 2\cos 2t - \cos t).$$

34   *I. CURVAS PLANAS*

Observamos que um vetor tangente a uma curva α é definido no parâmetro t, e não no ponto $\alpha(t)$, pois, como pode ser visto no Exemplo 2.2, $\alpha\left(\frac{\pi}{3}\right) = \alpha\left(-\frac{\pi}{3}\right) = 0$ (ver Figura 2) e, no entanto, $\alpha'\left(\frac{\pi}{3}\right) \neq \alpha'\left(-\frac{\pi}{3}\right)$. Portanto, o vetor tangente ao traço da curva na origem de $\mathbb{R}^2$ não está bem definido.

Para o desenvolvimento da teoria local das curvas, é preciso que exista uma reta tangente a uma curva α para cada valor do parâmetro t; para isso, é suficiente que o vetor tangente a α seja não nulo para todo t. Portanto, restringiremos o nosso estudo apenas às curvas que satisfazem essa condição.

2.3 Definição. Uma curva parametrizada diferenciável $\alpha : I \to \mathbb{R}^2$ é dita *regular* se $\forall t \in I$, $\alpha'(t) \neq 0$.

Dentre os Exemplos 1.2 de curvas parametrizadas diferenciáveis, apenas o exemplo d) não é uma curva regular, pois nesta curva $\alpha'(0) = 0$.

2.4 Definição. Seja $\alpha : I \to \mathbb{R}^2$ uma curva regular. A *reta tangente* a α em $t_0 \in I$ é a reta que passa por $\alpha(t_0)$ na direção de $\alpha'(t_0)$, isto é, a reta dada pela função

$$g(r) = \alpha(t_0) + r\alpha'(t_0), \quad r \in \mathbb{R}.$$

2.5 Exercícios

1. Sejam a e b constantes não nulas. Verifique que a aplicação $\alpha(t) = (a\cos t, b\,\mathrm{sen}\,t)$, $t \in \mathbb{R}$, é uma curva parametrizada diferenciável. Descreva o traço de α. O que representa geometricamente o parâmetro t?

2. Obtenha uma curva regular $\alpha : \mathbb{R} \to \mathbb{R}^2$ tal que $\alpha(0) = (2, 0)$ e $\alpha'(t) = (t^2, e^t)$.

2. *Vetor Tangente; Curva Regular*

3. Determine o ponto de interseção do eixo ox com a reta tangente à curva $\alpha(t) = (t, t^2)$ em $t = 1$.

4. Seja $\alpha : I \to \mathbb{R}^2$ uma curva regular. Prove que $|\alpha'(t)|$ é constante se, e só se, para cada $t \in I$, o vetor $\alpha''(t)$ é ortogonal a $\alpha'(t)$.

5. Considere a aplicação

$$\alpha(t) = \left(\operatorname{sen} t, \cos t + \log \left(\operatorname{tg} \frac{t}{2} \right) \right), \ t \in (0, \pi).$$

Prove que:

a) α é uma curva parametrizada diferenciável;

b) $\alpha'(t) \neq 0$ para todo $t \neq \dfrac{\pi}{2}$;

c) o comprimento do segmento da reta tangente, compreendido entre $\alpha(t)$ e o eixo y, é constante igual a 1. O traço desta curva é chamado *tratriz*.

6. Seja $F : \mathbb{R}^2 \to \mathbb{R}$ uma aplicação diferenciável. Considere $(x_0, y_0) \in \mathbb{R}^2$ tal que $F(x_0, y_0) = 0$ e $F_x^2(x_0, y_0) + F_y^2(x_0, y_0) \neq 0$. Prove que o conjunto dos pontos (x, y) de $\mathbb{R}^2$ próximos de (x_0, y_0) tal que $F(x, y) = 0$ é o traço de uma curva regular.

7. Considere um círculo de raio a rolando sobre o eixo dos x sem deslizamento. Um ponto dessa circunferência descreve uma *cicloide*. Supondo que, para o tempo $t = 0$, o ponto da circunferência coincide com a origem do sistema de coordenadas, obtenha uma curva parametrizada diferenciável cujo traço é a cicloide. Esta curva é regular?

8. Um círculo c de raio r rola externamente sobre um círculo fixo C, de raio R. Um ponto da circunferência de c descreve uma *epicicloide*. Supondo que, para o tempo $t = 0$, o ponto da circunferência c está em contato com a circunferência C, obtenha uma curva parametrizada

36   *I. CURVAS PLANAS*

diferenciável cujo traço é a epicicloide. Descreva a epicicloide para o caso particular em que $r = R$.

9. Considere o conjunto $C = \{(x, y) \in \mathbb{R}^2;\ x^3 + y^3 = 3axy\}$ denominado *fólio de Descartes*. Obtenha uma curva parametrizada diferenciável cujo traço é C, de tal forma que o parâmetro t seja a tangente do ângulo compreendido entre o eixo dos x e o vetor posição (x, y).

10. Seja $\alpha(t) = (f(t), g(t))$, $t \in \mathbb{R}$, uma curva regular e $P = (x_0, y_0)$ um ponto fixo do plano. A *curva pedal* de α em relação a P é descrita pelos pés das perpendiculares baixadas de P sobre as retas tangentes à curva α. Obtenha uma curva parametrizada cujo traço é a curva pedal de α em relação a P. Determine a curva pedal de uma circunferência: a) em relação ao seu centro e b) em relação a um ponto P da circunferência.

3. Mudança de Parâmetro; Comprimento de Arco

Já vimos na seção 1 que duas curvas planas podem ter o mesmo traço. Dada uma curva regular α, podemos obter várias curvas regulares que têm o mesmo traço que α, da seguinte forma:

3.1 Definição. Sejam I e J intervalos abertos de $\mathbb{R}$, $\alpha : I \to \mathbb{R}^2$ uma curva regular e $h : J \to I$ uma função diferenciável (C^∞), cuja derivada de primeira ordem é não nula em todos os pontos de J e tal que $h(J) = I$. Então, a função composta

$$\beta = \alpha o h : J \to \mathbb{R}^2$$

é uma curva regular, que tem o mesmo traço que α, chamada *reparametrização de α por h*. A função h é dita *mudança de parâmetro* (ver Figura 8).

3. Mudança de Parâmetro; Comprimento de Arco

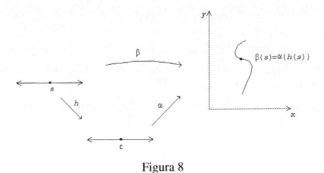

Figura 8

3.2 Exemplos

a) Consideremos a curva regular

$$\alpha(t) = (a\cos t, a\, \text{sen}\, t), \quad t \in \mathbb{R},$$

onde $a \neq 0$ é constante. Seja $h(s) = \frac{s}{a}$, $s \in \mathbb{R}$. A reparametrização de α por h é a curva

$$\beta(s) = \alpha \circ h(s) = \left(a\cos\frac{s}{a}, a\, \text{sen}\, \frac{s}{a}\right).$$

b) A curva

$$\beta(r) = (-2r+1, -4r+2), \quad r \in \mathbb{R},$$

é uma reparametrização de

$$\alpha(t) = (t, 2t), \quad t \in \mathbb{R}.$$

Basta considerar a mudança de parâmetro $h(r) = -2r+1$, $r \in \mathbb{R}$.

Uma mudança de parâmetro h é uma função estritamente crescente ou decrescente, portanto é bijetora. Além disso, se β é uma reparametrização de α por h, então α é uma reparametrização de β por h^{-1}.

A *orientação* de uma curva regular plana α é o sentido de percurso do traço de α.

Seja β uma reparametrização de α por h. Se h é estritamente crescente, então β e α têm a mesma orientação. Se h é estritamente decrescente, então β e α têm orientações opostas.

No exemplo b) anterior, β e α têm orientações opostas (ver Figura 9).

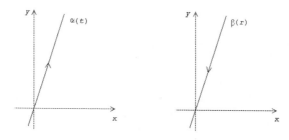

Figura 9

Seja $\alpha : I \to \mathbb{R}^2$ uma curva regular e fixemos t_0 e t_1 do intervalo I. Subdividindo o intervalo $[t_0, t_1]$ nos pontos $t_0 = a_0 < a_1 < \cdots < a_n = t_1$, e ligando retilineamente os pontos $\alpha(a_0)$, $\alpha(a_1)$, $\cdots$, $\alpha(a_n)$, obtemos uma linha poligonal chamada poligonal inscrita à curva entre $\alpha(t_0)$ e $\alpha(t_1)$. Esta poligonal tem um comprimento. Consideremos agora todas as poligonais inscritas à curva entre $\alpha(t_0)$ e $\alpha(t_1)$. Como α é uma curva regular (na realidade, é suficiente que a derivada de primeira ordem da função α exista e seja contínua), pode-se verificar ([1], [5] e [14]) que existe o limite superior do conjunto dos comprimentos dessas linhas poligonais, e é igual a $\int_{t_0}^{t_1} |\alpha'(t)| dt$, que é chamado *comprimento de arco* da curva α de t_0 a t_1.

3. Mudança de Parâmetro; Comprimento de Arco   39

A aplicação $s(t) = \int_{t_0}^{t} |\alpha'(t)|dt$ é denominada *função comprimento de arco* da curva α a partir de t_0. Esta função é diferenciável de classe C^∞, pois α é uma curva regular.

3.3 Definição. Uma curva regular $\alpha : I \to \mathbb{R}^2$ é dita *parametrizada pelo comprimento de arco* se, para cada t_0, $t_1 \in I$, $t_0 \le t_1$, o comprimento do arco da curva α de t_0 a t_1 é igual a $t_1 - t_0$. Isto é,

$$\int_{t_0}^{t_1} |\alpha'(t)|dt = t_1 - t_0.$$

3.4 Proposição. *Uma curva regular* $\alpha : I \to \mathbb{R}^2$ *está parametrizada pelo comprimento de arco se, e só se,* $\forall t \in I, |\alpha'(t)| = 1$.

Demonstração. Suponhamos α parametrizada pelo comprimento de arco e fixemos $t_0 \in I$. Consideremos a função $s : I \to \mathbb{R}$, que, para cada $t \in I$, associa $s(t) = \int_{t_0}^{t} |\alpha'(t)|dt$. Se $t_0 \le t$, então, por hipótese, $\int_{t}^{t_0} |\alpha'(t)|dt = t_0 - t$; se $t \le t_0$, então $-s(t) = \int_{t}^{t_0} |\alpha'(t)|dt = t_0 - t$. Portanto, para todo $t \in I$, $s(t) = t - t_0$, e $s'(t) = 1$. Como $s'(t) = |\alpha'(t)|$, concluímos que $|\alpha'(t)| = 1, \forall t \in I$. A recíproca é imediata.

$\square$

3.5 Exemplo. A aplicação

$$\alpha(t) = \left(a \cos \frac{t}{a},\ a \ \text{sen} \ \frac{t}{a}\right),\ t \in \mathbb{R},$$

onde $a \neq 0$, é uma curva regular parametrizada pelo comprimento de arco, já que $|\alpha'(t)| = 1, \forall t \in \mathbb{R}$.

A seguir, veremos que toda curva regular α admite uma reparametrização β, onde β está parametrizada pelo comprimento de arco.

40　　　　　　　　　　　　　　　I. CURVAS PLANAS

3.6 Proposição. *Seja* $\alpha : I \to \mathbb{R}^2$ *uma curva regular e* $s : I \to s(I) \subset \mathbb{R}$ *a função comprimento de arco de* α *a partir de* t_0. *Então existe a função inversa* h *de* s, *definida no intervalo aberto* $J = s(I)$, *e* $\beta = \alpha \circ h$ *é uma reparametrização de* α, *onde* β *está parametrizada pelo comprimento de arco.*

Demonstração. α é uma curva regular, portanto,

$$s'(t) = |\alpha'(t)| > 0,$$

isto é, s é uma função estritamente crescente. Logo, existe a função inversa de $s, h : J \to I$. Como $\forall t \in I, h(s(t)) = t$, temos que $\dfrac{dh}{ds}\dfrac{ds}{dt} = 1$, portanto,

$$\frac{dh}{ds} = \frac{1}{s'(t)} = \frac{1}{|\alpha'(t)|} > 0.$$

Concluímos que $\beta(s) = \alpha \circ h(s)$, $s \in J$, é uma reparametrização de α e $\left|\dfrac{d\beta}{ds}\right| = \left|\dfrac{d\alpha}{dt}\dfrac{dh}{ds}\right| = \left|\dfrac{\alpha'(t)}{|\alpha'(t)|}\right| = 1$. Portanto, pela Proposição 3.4, β está parametrizada pelo comprimento de arco.

$$\square$$

A aplicação β da Proposição 3.6 é dita uma *reparametrização de* α *pelo comprimento de arco*. Observamos que essa reparametrização não é única, pois depende da função comprimento de arco, que, por sua vez, depende de t_0 fixado.

Usando a Proposição 3.6, vamos obter uma reparametrização pelo comprimento de arco das seguintes curvas regulares.

3.7 Exemplos

a) Consideremos $\alpha(t) = (at + c, bt + d)$, $t \in \mathbb{R}$ e $a^2 + b^2 \neq 0$. Seja $s(t)$ a função comprimento de arco de α a partir de $t_0 = 0$, isto é,

$$s(t) = \int_0^t \sqrt{a^2 + b^2}\, dt = \sqrt{a^2 + b^2}\, t.$$

3. Mudança de Parâmetro; Comprimento de Arco 41

A função inversa de s é dada por $h(s) = \dfrac{s}{\sqrt{a^2+b^2}}$, $s \in \mathbb{R}$. Portanto, $\beta = \alpha \circ h$, que a cada s associa

$$\beta(s) = \left(a\,\frac{s}{\sqrt{a^2+b^2}} + c,\ b\,\frac{s}{\sqrt{a^2+b^2}} + d \right),$$

é uma reparametrização de α pelo comprimento de arco.

b) Consideremos a curva $\alpha(t) = (e^t \cos t,\ e^t\,\text{sen}\,t)$, $t \in \mathbb{R}$, chamada *espiral logarítmica*. Verificamos que $|\alpha'(t)| = \sqrt{2}\,e^t$ e, portanto, a função comprimento de arco de α, a partir de $t_0 = 0$, é

$$s(t) = \sqrt{2}\,e^t - \sqrt{2}.$$

A função inversa é dada por

$$h(s) = \log\left(\frac{s}{\sqrt{2}} + 1 \right).$$

Portanto,

$$\beta(s) = \left((\frac{s}{\sqrt{2}}+1)\cos(\log(\frac{s}{\sqrt{2}}+1)), (\frac{s}{\sqrt{2}}+1)\ \text{sen}\,(\log(\frac{s}{\sqrt{2}}+1)) \right)$$

é uma reparametrização de α pelo comprimento de arco.

3.8 Exercícios

1. Verifique que as curvas regulares $\alpha(t) = (t,\ e^t)$, $t \in \mathbb{R}$, e $\beta(r) = (\log r, r)$, $r \in (0, \infty)$, têm o mesmo traço.

2. Calcule o comprimento do arco da *catenária* (ver [9], p. 39)

$$\alpha(t) = (t,\ \cosh t),\ t \in \mathbb{R},$$

   entre $t = a$ e $t = b$.

3. Obtenha uma reparametrização da cicloide

$$\alpha(t) = (a(t - \text{sen}\,t),\ a(1 - \cos t)),\ 0 < t < 2\pi,$$

   pelo comprimento de arco.

4. Teoria Local das Curvas Planas; Fórmulas de Frenet

Na seção anterior, vimos que toda curva regular do plano pode ser reparametrizada pelo comprimento de arco. Consideremos uma curva regular

$$\alpha(s) = (x(s), y(s)), \quad s \in I,$$

parametrizada pelo comprimento de arco s. Para cada $s \in I$, $\alpha'(s)$ é um vetor unitário, que denotamos por $t(s)$, isto é,

$$t(s) = (x'(s), y'(s)).$$

Seja $n(s)$ um vetor unitário ortogonal a $t(s)$, tal que a base ortogonal de $\mathbb{R}^2$ formada por $t(s)$ e $n(s)$ tem a mesma orientação que a base canônica $e_1 = (1, 0)$, $e_2 = (0, 1)$ de $\mathbb{R}^2$ (ver Figura 10), isto é,

$$n(s) = (-y'(s), x'(s)).$$

O conjunto de vetores $t(s)$ e $n(s)$ é dito *referencial de Frenet* da curva α em s.

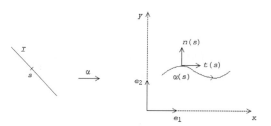

Figura 10

A *reta normal* a α em s_0 é a reta que passa por $\alpha(s_0)$ na direção de $n(s_0)$.

4. Teoria Local das Curvas Planas; Fórmulas de Frenet

Observamos que $t(s)$ e $n(s)$ são funções de I em $\mathbb{R}^2$, diferenciáveis de classe C^∞, e, para cada $s \in I$, os vetores de $\mathbb{R}^2$, $t'(s)$ e $n'(s)$ podem ser escritos como combinação linear de $t(s)$ e $n(s)$. Como $t(s)$ é unitário, temos que $t'(s)$ é ortogonal a $t(s)$ (ver 2.5 Exercício 4) e, portanto, $t'(s)$ é proporcional a $n(s)$. Este fator de proporcionalidade, denotado por $k(s)$, é chamado *curvatura* de α em s, isto é,

$$t'(s) = k(s)n(s).$$

Considerando a curva $\alpha(s) = (x(s), y(s))$, $s \in I$, segue-se da definição que

$$k(s) = \langle t'(s), n(s) \rangle = \langle \alpha''(s), n(s) \rangle.$$

Portanto,

$$k(s) = -x''(s)y'(s) + y''(s)x'(s).$$

Analogamente, como $n(s)$ é unitário, temos que $n'(s)$ é ortogonal a $n(s)$ e, portanto, $n'(s)$ é proporcional a $t(s)$. Como

$$\langle n'(s), t(s) \rangle = -x'(s)y''(s) + x''(s)y'(s),$$

concluímos que

$$n'(s) = -k(s)t(s).$$

Resumindo o exposto acima, se $\alpha : I \to \mathbb{R}^2$ é uma curva regular, parametrizada pelo comprimento de arco s, então o referencial de Frenet $t(s)$, $n(s)$ satisfaz as equações

$$
\begin{aligned}
t'(s) &= k(s)n(s), \\
n'(s) &= -k(s)t(s),
\end{aligned}
$$

que são as *fórmulas de Frenet* de uma curva plana.

A função $|k(s)| = |\alpha''(s)|$ indica a velocidade com que as retas tangentes mudam de direção. De fato, fixemos $s_0 \in I$ e consideremos os vetores tangentes $\alpha'(s_0)$ e $\alpha'(s_0 + h)$, onde $s_0 + h \in I$. Seja $\phi(h)$ o ângulo formado por $\alpha'(s_0)$ e $\alpha'(s_0+h)$, isto é, $0 \leq \phi(h) \leq \pi$ tal que

$$\cos \phi(h) = \langle \alpha'(s_0), \, \alpha'(s_0+h) \rangle.$$

Então, $\lim\limits_{h \to 0} \dfrac{\phi(h)}{h}$ indica a velocidade com que as retas tangentes mudam de direção. Como para todo h

$$|\alpha'(s_0+h) - \alpha'(s_0)| = 2 \operatorname{sen} \frac{\phi(h)}{2},$$

concluímos que

$$|k(s_0)| = |\alpha''(s_0)| = \lim_{h \to 0} \frac{\phi(h)}{h}.$$

4.1 Exemplos

a) Seja $\alpha(s)$ uma curva parametrizada pelo comprimento de arco cujo traço é uma reta. Então, a curvatura é identicamente nula. De fato, seja

$$\alpha(s) = (as+x_0, \, bs+y_0), \quad s \in I,$$

onde a e b são constantes e $a^2+b^2 = 1$. Como $t(s) = \alpha'(s)$ é constante, temos que $t'(s) = 0$ e, portanto, $k(s) = 0$, $\forall s \in I$.

b) Consideremos a curva

$$\alpha(s) = \left(a+b \, \cos \frac{s}{b}, \, c+b \, \operatorname{sen} \frac{s}{b} \right), \, s \in \mathbb{R}, \, b > 0,$$

cujo traço é uma circunferência de centro (a, c) e raio b. Neste caso,

$$\begin{aligned}
t(s) &= \left(-\operatorname{sen} \frac{s}{b}, \, \cos \frac{s}{b} \right), \\
n(s) &= \left(-\cos \frac{s}{b}, \, -\operatorname{sen} \frac{s}{b} \right).
\end{aligned}$$

Logo,

$$k(s) = \langle t'(s), \, n(s) \rangle = \frac{1}{b}.$$

4. Teoria Local das Curvas Planas; Fórmulas de Frenet

Consideremos agora uma reparametrização de α, dada por

$$\beta(s) = (a+b\cos\frac{s}{b}, c-b\sen\frac{s}{b}).$$

Então, a curvatura de $\beta(s)$ é igual a $-\frac{1}{b}$ (ver Figura 11).

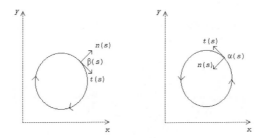

Figura 11

Observamos que o sinal da curvatura depende da orientação da curva. Mais adiante veremos a interpretação geométrica do sinal da curvatura.

O referencial de Frenet e a curvatura foram definidos para curvas regulares parametrizadas por comprimento de arco. Como vimos na Proposição 3.6, toda curva regular admite uma tal reparametrização, entretanto, gostaríamos de poder realizar o estudo das curvas sem ter que, necessariamente, mudar a parametrização. A seguir, vamos considerar o referencial de Frenet e a curvatura de uma curva regular com qualquer parâmetro.

Seja $\alpha : I \to \mathbb{R}^2$ uma curva regular de parâmetro qualquer $r \in I$. Consideremos $\beta : J \to \mathbb{R}^2$ uma reparametrização de α pelo comprimento de arco s, isto é, $\beta(s(r)) = \alpha(r)$. Se $t(s)$, $n(s)$ é o referencial de Frenet de $\beta(s)$ e $k(s)$ é a curvatura, então diremos que $t(r) = t(s(r))$, $n(r) = n(s(r))$ é o referencial de Frenet de α, e $k(r) = k(s(r))$ é a curvatura.

46   *I. CURVAS PLANAS*

4.2 Proposição. *Seja* $\alpha(r) = (x(r),\, y(r)),\ r \in I,$ *uma curva regular.*
Então,

$$t(r) = \frac{(x',\, y')}{\sqrt{(x')^2 + (y')^2}}; \qquad n(r) = \frac{(-y',\, x')}{\sqrt{(x')^2 + (y')^2}};$$

$$k(r) = \frac{-x''y' + x'y''}{((x')^2 + (y')^2)^{3/2}}.$$

Demonstração. Seja $\beta(s)$ uma reparametrização de α por comprimento de arco. Derivando $\beta(s(r)) = \alpha(r)$, temos

$$\frac{d\beta}{ds}\frac{ds}{dr} = \alpha'(r) \tag{1}$$

e

$$\frac{d^2\beta}{ds^2}\left(\frac{ds}{dr}\right)^2 + \frac{d\beta}{ds}\frac{d^2s}{dr^2} = \alpha''(r), \tag{2}$$

onde

$$\frac{ds}{dr} = |\alpha'(r)|. \tag{3}$$

E, portanto,

$$\frac{d^2s}{dr^2} = \frac{\langle \alpha'(r),\, \alpha''(r)\rangle}{|\alpha'(r)|}. \tag{4}$$

Considerando que $\alpha(r) = (x(r),\, y(r))$, segue-se de (1) e (3) que

$$t(r) = \frac{(x',\, y')}{\sqrt{(x')^2 + (y')^2}}.$$

Pela definição de vetor normal, temos

$$n(r) = \frac{(-y',\, x')}{\sqrt{(x')^2 + (y')^2}}.$$

Como

$$k(s(r)) = \left\langle \frac{d^2\beta}{ds^2}\, (s(r)),\, n(r) \right\rangle,$$

4. Teoria Local das Curvas Planas; Fórmulas de Frenet

concluímos usando (1) a (4) que

$$k(r) = \frac{-x''y' + x'y''}{((x')^2 + (y')^2)^{3/2}}.$$

□

4.3 Exemplo. Consideremos a espiral logarítmica

$$\alpha(r) = (e^r \cos r, \, e^r \, \text{sen} \, r), \quad r \in \mathbb{R}.$$

Então,

$$
\begin{aligned}
\alpha'(r) &= e^r(\cos r - \text{sen} \, r, \, \text{sen} \, r + \cos r), \\
\alpha''(r) &= e^r(-2 \, \text{sen} \, r, \, 2 \cos r),
\end{aligned}
$$

e, portanto, $k(r) = \dfrac{1}{\sqrt{2} e^r}$.

A seguir, veremos a interpretação geométrica do sinal da curvatura. Seja $\alpha(s) = (x(s), y(s)), \, s \in I,$ uma curva regular parametrizada pelo comprimento de arco. O vetor tangente $t(s) = \alpha'(s)$ é unitário e, portanto, $\alpha''(s)$ é ortogonal a $\alpha'(s)$. Fixemos $s_0 \in I$ e suponhamos que $k(s_0) \neq 0$. Observamos que a reta tangente a α em s_0,

$$T(s) = \alpha(s_0) + (s - s_0) \, \alpha'(s_0),$$

divide o plano em dois semiplanos.

Considerando a expansão de $\alpha(s)$ em séries de Taylor, em torno de s_0, temos

$$\alpha(s) = \alpha(s_0) + (s - s_0) \, \alpha'(s_0) + \frac{(s - s_0)^2}{2} \, \alpha''(s_0) + R(s),$$

onde $R(s)$ é uma função vetorial, tal que $\lim\limits_{s \to s_0} \dfrac{R(s)}{(s - s_0)^2} = 0$. Portanto,

$$\alpha(s) - T(s) = \frac{(s - s_0)^2}{2} \, \alpha''(s_0) + R(s).$$

Como $\alpha(s) - T(s)$ é um vetor no sentido do semiplano que contém $\alpha(s)$, concluímos da última igualdade que, para todo s suficientemente próximo de s_0, $\alpha''(s_0)$ tem o sentido do semiplano que contém os pontos $\alpha(s)$.

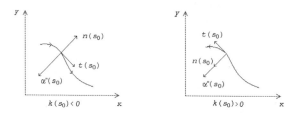

Figura 12

Como $k(s_0) = \langle \alpha''(s_0), n(s_0) \rangle$, concluímos que, se $k(s_0) > 0$, então $n(s_0)$ tem o mesmo sentido de $\alpha''(s_0)$, e se $k(s_0) < 0$, então $\alpha''(s_0)$ e $n(s_0)$ têm sentidos opostos (ver Figura 12).

Já vimos que, a menos de sinal, a curvatura de uma circunferência de raio r é igual a $\frac{1}{r}$, o que comprova a nossa intuição, pois no caso da circunferência pensamos, naturalmente, na recíproca do raio como medida da curvatura. Se $\alpha(s)$ é uma curva regular de curvatura $k(s) \neq 0$, a quantidade $\rho(s) = \dfrac{1}{|k(s)|}$ é denominada *raio de curvatura* de α em s. O círculo de raio $\rho(s)$ e centro

$$c(s) = \alpha(s) + \frac{1}{k(s)} n(s)$$

é denominado *círculo osculador* e $c(s)$ é dito *centro de curvatura*. A medida que varia o parâmetro s, o centro de curvatura descreve uma curva β, que é denominada a *evoluta* de α (ver Figura 13), cujas retas tangentes são ortogonais à curva α.

4. Teoria Local das Curvas Planas; Fórmulas de Frenet

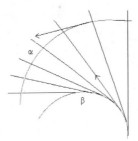

Figura 13

Uma *involuta* de uma curva regular β é uma curva que é ortogonal às retas tangentes de β. Portanto, se β é evoluta de α, então α é uma involuta de β.

Observamos que o ângulo entre duas curvas regulares que se interceptam é definido como sendo o ângulo entre os vetores tangentes às curvas no ponto de interseção.

4.4 Exercícios

1. Obtenha a curvatura das seguintes curvas regulares:

    a) $\alpha(t) = (t, t^4)$, $t \in \mathbb{R}$;

    b) $\alpha(t) = (\cos t\,(2\cos t - 1),\ \operatorname{sen} t\,(2\cos t - 1))$, $t \in \mathbb{R}$ (cardioide);

    c) $\alpha(t) = (t, \cosh t)$, $t \in \mathbb{R}$ (catenária).

2. Considere a curva regular $\alpha(t) = (t, t^2 - 4t - 3)$, $t \in \mathbb{R}$. Para que valor de t a curvatura de α é máxima?

3. Considere a elipse $\beta(t) = (a\cos t, b\operatorname{sen} t)$, $t \in \mathbb{R}$, onde $a > 0$, $b > 0$ e $a \neq b$. Obtenha os valores de t onde a curvatura de β é máxima e mínima.

50
I. CURVAS PLANAS

4. Seja $\alpha(s) = (x(s), y(s))$ uma curva regular parametrizada pelo comprimento de arco, e sejam $n(s)$ o vetor normal e $k(s)$ a curvatura de α. Considere a família de curvas

$$\beta(s,r) = \alpha(s) + rn(s), \quad -\varepsilon \leq r \leq \varepsilon.$$

a) Prove que as curvas $\beta(s,r_0)$ e $\beta(s_0,r)$, onde r_0 e s_0 são constantes, são regulares para ε suficientemente pequeno.

b) Prove que as curvas $\beta(s,r_0)$ e $\beta(s_0,r)$ são ortogonais.

c) Verifique que a curvatura $\bar{k}$ da curva $\beta(s,r_0)$ é igual a $\dfrac{k}{1+r_0k}$.

5. Seja $r = r(\theta)$ uma curva regular dada em coordenadas polares. Verifique que o comprimento do arco da curva de θ_0 a θ_1 é obtido por

$$\ell = \int_{\theta_0}^{\theta_1} \sqrt{r^2 + (r')^2}\, d\theta$$

e a curvatura

$$k(\theta) = \frac{2(r')^2 - rr'' + r^2}{(r^2 + (r')^2)^{3/2}}.$$

6. Seja $\alpha(s)$, $s \in \mathbb{R}$, uma curva regular parametrizada pelo comprimento de arco. Prove que, se a curvatura $k(s)$ é uma função estritamente monótona, então $\alpha(s)$ não tem autointerseção. (Sugestões: a) Suponha que o primeiro ponto de autointerseção é $\alpha(a) = \alpha(b)$. Considere $k' > 0$, $\alpha(a) = \alpha(b) = (0,0)$, o eixo x na direção de $\alpha'(a)$ e o laço da curva de $\alpha(a)$ a $\alpha(b)$ contido no semiplano $y \geq 0$. Obtenha uma contradição calculando $\int_a^b yk'\, ds$. b) Considere a curva $\beta(s) = \alpha(s) + n(s)/k(s)$ e $k' > 0$ (ver Exercício 9). Verifique que $\forall s > s_0$, $|\beta(s) - \beta(s_0)| < \int_{s_0}^{s} |\beta'(s)|\, ds = 1/k(s_0) - 1/k(s)$ e $|\beta(s) - \beta(s_0)| < 1/k(s_0)$. Conclua que $\alpha(s)$ não admite autointerseção.)

4. Teoria Local das Curvas Planas; Fórmulas de Frenet

7. Determinar as curvas que têm a seguinte propriedade: o segmento das retas normais compreendido entre a curva e o eixo do x tem comprimento constante.

8. Verifique que a curvatura da tratriz (2.5 Exercício 5) é proporcional ao comprimento da reta normal compreendida entre o ponto da curva e o eixo dos y.

9. Seja $\alpha(s)$ uma curva regular parametrizada pelo comprimento de arco s. A evoluta de α é a curva definida por $\beta(s) = \alpha(s) + \dfrac{1}{k(s)} n(s)$, onde $n(s)$ é o vetor normal e $k(s)$ é a curvatura de α. Prove que:

   a) β é uma curva diferenciável se $k(s) \neq 0 \,\forall s$.

   b) Suponha que $k(s) \neq 0$, $\forall s$, então β é regular se $k'(s) \neq 0$, $\forall s$.

   c) Nas condições do item b), o vetor tangente à evoluta em s é paralelo ao vetor normal a α em s.

10. Seja $\alpha(s)$ uma curva regular parametrizada pelo comprimento de arco s e tal que $k(s) > 0$, $\forall s$. Verifique que o comprimento do arco da evoluta de α entre s_0 e s_1 é igual à diferença entre os raios de curvatura em s_0 e s_1.

11. Obtenha a evoluta da elipse.

12. Sejam $\alpha(t)$ e $\beta(t)$ curvas regulares do plano tal que, para todo t, a reta determinada por $\alpha(t)$ e $\beta(t)$ é ortogonal a α e β em t. Verifique que o segmento de reta de $\alpha(t)$ a $\beta(t)$ tem comprimento constante.

13. Verifique que a reta normal a α em s é ortogonal à curva determinada pelos centros de curvatura nos pontos em que a curvatura de α é máxima e mínima.

14. Uma curva plana $\alpha(\theta)$, $\theta \in I$, tem a seguinte propriedade: Se $c(\theta)$ é o centro de curvatura de α em θ, $Q(\theta)$ é a projeção de $\alpha(\theta)$ sobre

52   *I. CURVAS PLANAS*

o eixo $0x$ e $T(\theta)$ é o ponto de interseção da reta tangente a α em θ com este eixo, então a área do triângulo cQT é constante. Obtenha a curva $\alpha(\theta)$ onde o parâmetro θ é o ângulo que a reta tangente forma com o eixo $0x$.

5. Teorema Fundamental das Curvas Planas

O teorema a seguir mostra que a curvatura determina uma curva plana a menos de sua posição no plano. Mais precisamente:

5.1 Teorema fundamental das curvas planas

a) *Dada uma função diferenciável* $k(s)$, $s \in I \subset \mathbb{R}$, *existe uma curva regular* $\alpha(s)$, *parametrizada pelo comprimento de arco* s, *cuja curvatura é* $k(s)$.

b) *A curva* $\alpha(s)$ *acima é única quando fixamos* $\alpha(s_0) = p_0$ *e* $\alpha'(s_0) = v_0$, *onde* v_0 *é um vetor unitário de* $\mathbb{R}^2$.

c) *Se duas curvas* $\alpha(s)$ *e* $\beta(s)$ *têm a mesma curvatura, então diferem por sua posição no plano, isto é, existe uma rotação* L *e uma translação* T *em* $\mathbb{R}^2$ *tal que*

$$\alpha(s) = (L \circ T)(\beta(s)).$$

Demonstração. a) Consideremos $\theta(s) = \int_{s_0}^{s} k(s)ds$, onde $s_0 \in I$ é fixo. Fixemos um ponto $p_0 = (x_0, y_0)$ de $\mathbb{R}^2$ e $\lambda \in \mathbb{R}$.

Definimos uma curva $\alpha(s) = (x(s), y(s))$ por

$$x(s) = x_0 + \int_{s_0}^{s} \cos(\theta(s) + \lambda)ds,$$

$$y(s) = y_0 + \int_{s_0}^{s} \operatorname{sen}(\theta(s) + \lambda)ds.$$

Vamos verificar que a curva α assim definida está parametrizada pelo comprimento de arco s e sua curvatura é $k(s)$. De fato, o referencial de Frenet é

$$t(s) = \alpha'(s) = (\cos(\theta(s)+\lambda),\ \sen(\theta(s)+\lambda)),$$
$$n(s) = (-\sen(\theta(s)+\lambda),\ \cos(\theta(s)+\lambda)),$$

temos que $|\alpha'(s)| = 1$ e a curvatura de α é dada por

$$\langle t'(s),\ n(s)\rangle = \theta'(s) = k(s).$$

b) Seja $\alpha(s) = (x(s),\ y(s))$ uma curva regular parametrizada pelo comprimento de arco s, cuja curvatura é $k(s)$. Segue das equações de Frenet que

$$(x'',\ y'') = k(-y',\ x'),$$

isto é, $x(s)$ e $y(s)$ satisfazem as equações

$$x'' = -ky',$$
$$y'' = kx'.$$

Portanto, segue do teorema de unicidade de solução do sistema de equações diferenciais que, fixados $\alpha(s_0) = p_0$ e $\alpha'(s_0) = v_0$, a curva α é única. (Ver [13], [9].)

c) Sejam α e β duas curvas que têm a mesma curvatura. Fixado s_0, existe uma rotação L e uma translação T de $\mathbb{R}^2$ tal que a curva $\bar{\alpha} = L \circ T \circ \beta$ satisfaz $\bar{\alpha}(s_0) = \alpha(s_0)$ e $\bar{\alpha}'(s_0) = \alpha'(s_0)$. Segue-se do item b) que $\bar{\alpha} \equiv \alpha$. Portanto, $\alpha = L \circ T \circ \beta$.

$\square$

5.2 Exercícios

1. Caracterize todas as curvas regulares planas que têm curvatura constante.

2. Prove que toda curva regular plana cuja curvatura é da forma

$$k(s) = \frac{1}{as+b},\quad a \neq 0,$$

é uma espiral logarítmica.

3. Determine as curvas planas de curvatura $k(s) = \dfrac{1}{\cosh s}$.

4. Determine as curvas regulares do plano cujas retas tangentes se interceptam em um ponto fixo.

5. Determine as curvas regulares do plano cujas retas normais se interceptam em um ponto fixo.

Capítulo II

CURVAS NO ESPAÇO

Neste capítulo será desenvolvida a teoria local de curvas no espaço euclidiano $\mathbb{R}^3$. Como veremos a seguir, muitos conceitos básicos para curvas no espaço são introduzidos de modo análogo ao de curvas planas.

1. Curva Parametrizada Diferenciável

1.1 Definição. Uma *curva parametrizada diferenciável* de $\mathbb{R}^3$ é uma aplicação diferenciável α, de classe C^∞, de um intervalo aberto $I \subset \mathbb{R}$ em $\mathbb{R}^3$. A variável $t \in I$ é o *parâmetro* da curva, e o subconjunto de $\mathbb{R}^3$ formado pelos pontos $\alpha(t)$, $t \in I$, é o *traço* da curva.

Observamos que uma curva parametrizada diferenciável de $\mathbb{R}^3$ é uma aplicação $\alpha(t) = (x(t), y(t), z(t))$, $t \in I$, onde $x(t)$, $y(t)$ e $z(t)$ são funções diferenciáveis de classe C^∞.

1.2 Exemplos
a) A aplicação

$$\alpha(t) = (x_0 + at,\, y_0 + bt,\, z_0 + ct),\, t \in \mathbb{R},$$

onde $a^2 + b^2 + c^2 \neq 0$ é uma curva parametrizada diferenciável, cujo traço é uma linha reta passando pelo ponto $(x_0,\, y_0,\, z_0)$ e paralela ao vetor de coordenadas $(a,\, b,\, c)$.

b) A curva parametrizada diferenciável

$$\alpha(t) = (a \cos t,\, a \,\text{sen}\, t,\, bt)$$

$t \in \mathbb{R}$, $a > 0$, $b \neq 0$ é a *hélice circular*. O traço desta curva está contido no cilindro $x^2 + y^2 = a^2$. Se $\alpha(t_1)$ e $\alpha(t_2)$ são dois pontos que têm as duas primeiras coordenadas respectivamente iguais, então as terceiras coordenadas diferem por um múltiplo de $2\pi b$ (ver Figura 14).

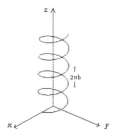

Figura 14

c) A aplicação

$$\alpha(t) = (e^t \cos t, \ e^t \ \text{sen} \ t, \ e^t), \ t \in \mathbb{R},$$

é uma curva parametrizada diferenciável, que tem o traço da Figura 15.

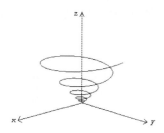

Figura 15

2. Vetor Tangente; Curva Regular; Mudança de Parâmetro 57

1.3 Definição. Uma curva parametrizada diferenciável $\alpha : I \to \mathbb{R}^3$ é dita *plana* se existe um plano de $\mathbb{R}^3$ que contém $\alpha(I)$.

O Exemplo 1.2 a) é uma curva plana.

2. Vetor Tangente; Curva Regular; Mudança de Parâmetro

As noções de vetor tangente, curva regular e mudança de parâmetro para curvas no espaço são motivadas pelas mesmas considerações já vistas para curvas planas, portanto, serão introduzidas sem muitos comentários.

Seja $\alpha(t) = (x(t), y(t), z(t))$, $t \in I \subset \mathbb{R}$, uma curva parametrizada diferenciável. O *vetor tangente* a α em $t \in I$ é o vetor $\alpha'(t) = (x'(t), y'(t), z'(t))$. A curva α é *regular* se $\forall t \in I$, $\alpha'(t) \neq 0$. A *reta tangente* à curva regular α em $t_0 \in I$ é a reta que passa por $\alpha(t_0)$ na direção de $\alpha'(t_0)$, isto é, a reta dada pela função $g(r) = \alpha(t_0) + r\alpha'(t_0)$, $r \in \mathbb{R}$.

Sejam I e J intervalos abertos de $\mathbb{R}$, $\alpha : I \to \mathbb{R}^3$ uma curva regular e $h : J \to I$ uma função diferenciável C^∞, cuja derivada de primeira ordem é não nula em todos os pontos de J e tal que $h(J) = I$. Então, a função composta

$$\beta = \alpha \circ h : J \to \mathbb{R}^3$$

é uma curva regular, que tem o mesmo traço que α, chamada *reparametrização* de α *por* h. A função h é a *mudança de parâmetro*.

Observamos que, se β é uma reparametrização de α por h, então α é uma reparametrização de β por h^{-1}. A *orientação* de uma curva regular α é o sentido de percurso do traço de α. Uma reparametrização β de α tem orientação igual (resp. oposta) à de α se a mudança de parâmetro é estritamente crescente (resp. decrescente).

2.1 Exemplo. A curva

$$\alpha(s) = \left(\cos \frac{s}{\sqrt{2}}, \ \operatorname{sen} \frac{s}{\sqrt{2}}, \frac{s}{\sqrt{2}} \right), \ s \in \mathbb{R},$$

é reparametrização da hélice circular

$$\beta(t) = (\cos t, \ \operatorname{sen} t, t),$$

pela mudança de parâmetro $h(s) = \dfrac{s}{\sqrt{2}}, \ s \in \mathbb{R}$.

Seja $\alpha(t), t \in I$, uma curva regular de $\mathbb{R}^3$. O *comprimento* do arco da curva α de t_0 a t_1 é dado por

$$\int_{t_0}^{t_1} |\alpha'(t)| dt$$

e a *função comprimento de arco* da curva α a partir de t_0 é

$$s(t) = \int_{t_0}^{t_1} |\alpha'(t)| dt.$$

Uma curva regular $\alpha : I \to \mathbb{R}^3$ é dita *parametrizada pelo comprimento de arco* se para cada $t_0, \ t_1 \in I, \ t_0 \le t_1$,

$$\int_{t_0}^{t_1} |\alpha'(t)| dt = t_1 - t_0.$$

2.2 Proposição. *Uma curva regular $\alpha : I \to \mathbb{R}^3$ está parametrizada pelo comprimento de arco se, e só se, $\forall t \in I, \ |\alpha'(t)| = 1$.*

Como ocorre com as curvas planas, toda curva regular no espaço admite uma reparametrização pelo parâmetro comprimento de arco.

2.3 Proposição. *Sejam $\alpha : I \to \mathbb{R}^3$ uma curva regular e $s : I \to s(I) \subset \mathbb{R}$ a função comprimento de arco de α a partir de t_0. Então, existe a função*

2. Vetor Tangente; Curva Regular; Mudança de Parâmetro   59

inversa h de s, definida no intervalo aberto $J = s(I)$, e $\beta = \alpha \circ h$ é uma reparametrização de α, onde β está parametrizada pelo comprimento de arco.

A aplicação β desta proposição é denominada uma *reparametrização de α pelo comprimento de arco*. As demonstrações dessas duas proposições são idênticas às correspondentes do Capítulo I.

2.4 Exercícios

1. Verifique que as aplicações
   a) $\alpha(t) = (t, t^2, t^3)$, $t \in \mathbb{R}$,
   b) $\alpha(t) = (t, t^2 + 2, t^3 + t)$, $t \in \mathbb{R}$,
   são curvas regulares.

2. Verifique que a aplicação

$$
\alpha(t) = \begin{cases} \left(t, 0, e^{-\frac{1}{t^2}} \right) & \text{se} \quad t < 0, \\ 0 & \text{se} \quad t = 0, \\ \left(t, e^{-\frac{1}{t^2}}, 0 \right) & \text{se} \quad t > 0, \end{cases}
$$

   é uma curva regular.

3. Prove que a aplicação $\alpha(t) = \left(1 + \cos t, \operatorname{sen} t, 2 \operatorname{sen} \frac{t}{2} \right)$, $t \in \mathbb{R}$, é uma curva regular cujo traço está contido na interseção do cilindro $C = \{(x, y, z) \in \mathbb{R}^3; (x-1)^2 + y^2 = 1\}$ e da esfera $S = \{(x, y, z) \in \mathbb{R}^3; x^2 + y^2 + z^2 = 4\}$.

4. Obtenha uma curva regular em $\mathbb{R}^3$ cujo traço coincide com a interseção do cilindro $C = \{(x, y, z) \in \mathbb{R}^3; x^2 + y^2 = 1\}$ e o plano $x + 2y + z = 1$.

5. Obtenha a curva regular tal que $\alpha(0) = (2, 3, 1)$ e $\alpha'(t) = (t^2, t, e^t)$.

II. CURVAS NO ESPAÇO

6. Dê a equação da reta tangente à curva $\alpha(t) = (2t^2 + 1,\ t - 1,\ 3t^3)$ em $t_0 \in \mathbb{R}$, onde $\alpha(t_0)$ é o ponto de interseção do traço da curva com o plano xz.

7. Seja $\alpha : I \to \mathbb{R}^3$ uma curva regular. Prove que $|\alpha'(t)|$ é constante se, e só se, $\forall t \in I, \alpha''(t)$ é ortogonal a $\alpha'(t)$.

8. a) Verifique que a curva $\alpha : (0,\ \infty) \to \mathbb{R}^3$ dada por $\alpha(t) = (t,\ \frac{1+t}{t},\ \frac{1-t^2}{t})$ é uma curva plana.

   b) Verifique que toda curva regular de $\mathbb{R}^3$, cujas funções coordenadas são polinômios de grau menor ou igual a dois, é uma curva plana.

9. Se $\alpha : I \to \mathbb{R}^3$ é uma curva regular, prove que $\forall t_0 \in I$, existe um intervalo aberto J que contém t_0, no qual α é injetora.

10. Seja $\alpha : I \to \mathbb{R}^3$ uma curva regular. Prove que $\forall t_0 \in I$, existe um intervalo aberto J que contém t_0 e existem funções diferenciáveis $F,\ G$ tal que o traço de α restrito a J está contido no conjunto $\{(x,\ y,\ z) \in \mathbb{R}^3;\ F(x,\ y,\ z) = G(x,\ y,\ z) = 0\}$.

11. Verifique que a curva

$$\alpha(s) = \left(\frac{1}{2}u(s),\ \frac{1}{2u(s)},\ \frac{1}{\sqrt{2}}\log(u(s)) \right),$$

onde $u(s) = s + \sqrt{s^2 + 1}$, está parametrizada pelo comprimento de arco.

12. Considere a curva regular $\alpha(t) = (2t,\ t^2,\ \log t),\ t \in (0,\ \infty)$. Obtenha a função comprimento de arco a partir de $t = 1$. Verifique que os pontos $(2,\ 1,\ 0)$ e $(4,\ 4,\ \log 2)$ pertencem ao traço de α e calcule o comprimento de arco de α entre esses pontos.

13. Obtenha uma reparametrização pelo comprimento de arco das curvas

   a) $\alpha(t) = (e^t \cos t,\ e^t \operatorname{sen} t,\ e^t),\ t \in \mathbb{R}$;

   b) $\alpha(t) = (2 \cosh 2t,\ 2 \operatorname{senh} 2t, 4t),\ t \in \mathbb{R}$.

14. Seja $\alpha(t)$ uma curva regular. Prove que, se $\beta(s)$ e $\gamma(\bar{s})$ são duas reparametrizações de α por comprimento de arco, então $s = \pm \bar{s} + a$, onde a é uma constante.

3. Teoria Local das Curvas; Fórmulas de Frenet

No capítulo anterior, vimos que a teoria local das curvas planas está contida essencialmente nas fórmulas de Frenet, que são obtidas considerando um diedro ortonormal associado naturalmente a uma curva plana. A seguir, vamos desenvolver um estudo análogo, considerando um triedro ortonormal associado a uma curva regular de $\mathbb{R}^3$.

Seja $\alpha : I \to \mathbb{R}^3$ uma curva regular parametrizada pelo comprimento de arco. A velocidade com que as retas tangentes mudam de direção é denominada curvatura de α, isto é,

3.1 Definição. Se $\alpha : I \to \mathbb{R}^3$ é uma curva regular parametrizada pelo comprimento de arco, então a *curvatura* de α em $s \in I$ é o número real

$$k(s) = |\alpha''(s)|.$$

3.2 Exemplos
a) Consideremos a curva parametrizada pelo comprimento de arco

$$\alpha(s) = \left(a \cos \frac{s}{a}, \, a \, \text{sen} \, \frac{s}{a}, \, 0 \right), \ s \in \mathbb{R},$$

cujo traço é uma circunferência contida no plano $x \circ y$, de raio $a > 0$. A curvatura de α é $k(s) = \dfrac{1}{a}$, $\forall s \in \mathbb{R}$.

b) A curva regular

$$\alpha(s) = \left(\frac{(1+s)^{\frac{3}{2}}}{3}, \frac{(1-s)^{\frac{3}{2}}}{3}, \frac{s}{\sqrt{2}} \right), \ s \in (-1, 1),$$

está parametrizada pelo comprimento de arco e

$$k(s) = \frac{1}{\sqrt{8(1-s^2)}}.$$

A proposição seguinte caracteriza as retas como sendo as curvas de curvatura identicamente nula.

3.3 Proposição. *Seja* $\alpha : I \to \mathbb{R}^3$ *uma curva regular parametrizada pelo comprimento de arco. Então,* $\alpha(I)$ *é um segmento de reta se, e só se,* $k(s) = 0$, $\forall s \in I$.

Demonstração. Se $\alpha(I)$ é um segmento de reta, então $\alpha(s) = p + vs$, onde $p \in \mathbb{R}^3$ e v é um vetor unitário de $\mathbb{R}^3$. Portanto, $\forall s \in I$, $\alpha'(s) = v$ e $\alpha''(s) = 0$, donde $k(s) = |\alpha''(s)| = 0$.

Reciprocamente, se $|\alpha''(s)| = 0$, $\forall s \in I$, então $\alpha''(s) = 0$. Integrando, temos que $\alpha'(s) = v$ e $|v| = 1$. Integrando novamente, obtemos $\alpha(s) = p + vs$, cujo traço é um segmento de reta.

$\square$

Se $\alpha : I \to \mathbb{R}^3$ é uma curva regular parametrizada pelo comprimento de arco, então $|\alpha'(s)| = 1$ implica que $\alpha''(s)$ é ortogonal a $\alpha'(s)$. Portanto, $\forall s \in I$ onde $k(s) \neq 0$, isto é, $\alpha''(s) \neq 0$, podemos definir um vetor unitário na direção de $\alpha''(s)$.

3.4 Definição. Seja $\alpha : I \to \mathbb{R}^3$ uma curva regular parametrizada pelo comprimento de arco tal que $k(s) > 0$. O vetor

$$n(s) = \frac{\alpha''(s)}{k(s)}$$

é denominado *vetor normal* a α em s. A *reta normal* a α em $s_0 \in I$ é a reta que passa por $\alpha(s_0)$ na direção do vetor normal $n(s_0)$.

3. Teoria Local das Curvas; Fórmulas de Frenet

Denotando por $t(s)$ o vetor unitário $\alpha'(s)$, temos que $t(s)$ e $n(s)$ são vetores ortonormais e

$$t'(s) = k(s)n(s).$$

A seguir, definimos um terceiro vetor que, junto com t e n, forma uma base ortonormal de $\mathbb{R}^3$.

3.5 Definição. Seja $\alpha : I \to \mathbb{R}^3$ uma curva regular parametrizada pelo comprimento de arco tal que $k(s) > 0$. O *vetor binormal* a α em s é

$$b(s) = t(s) \times n(s).$$

O referencial ortonormal $t(s)$, $n(s)$, $b(s)$ é o *triedro de Frenet* da curva α em s.

Cada par de vetores do triedro de Frenet determina um plano. O plano de $\mathbb{R}^3$ que contém $\alpha(s)$ e é normal ao vetor $t(s)$ é o *plano normal* à curva α em s. O plano que contém $\alpha(s)$ e é normal a $b(s)$ é denominado *plano osculador*, e o plano que contém $\alpha(s)$ e é normal a $n(s)$ é o *plano retificante* da curva α em s (ver Figura 16).

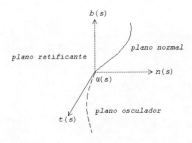

Figura 16

Observamos que $b'(s)$ é paralelo a $n(s)$. De fato, derivando $b(s) = t(s) \times n(s)$, obtemos

$$
\begin{aligned}
b'(s) &= t'(s) \times n(s) + t(s) \times n'(s) \\
&= t(s) \times n'(s).
\end{aligned}
$$

Portanto, $b'(s)$ é ortogonal a $t(s)$. Como $|b(s)| = 1$, temos que $b'(s)$ é ortogonal a $b(s)$. Donde concluímos que $b'(s)$ é paralelo a $n(s)$, isto é, $b'(s)$ é igual ao produto de $n(s)$ por um número real.

3.6 Definição. O número real $\tau(s)$ definido por $b'(s) = \tau(s)n(s)$ é denominado *torção* da curva em s.

3.7 Exemplo. Vamos obter o triedro de Frenet, a curvatura e torção da hélice circular parametrizada pelo comprimento de arco

$$
\alpha(s) = \left(a \cos \frac{s}{\sqrt{a^2 + b^2}}, \ a \ \mathrm{sen} \ \frac{s}{\sqrt{a^2 + b^2}}, \ \frac{bs}{\sqrt{a^2 + b^2}} \right), \ s \in \mathbb{R},
$$

onde $a > 0$ é uma constante.

$$
t(s) = \frac{1}{\sqrt{a^2 + b^2}} \left(-a \ \mathrm{sen} \ \frac{s}{\sqrt{a^2 + b^2}}, \ a \cos \frac{s}{\sqrt{a^2 + b^2}}, \ b \right),
$$

$$
\alpha''(s) = \frac{-a}{a^2 + b^2} \left(\cos \frac{s}{\sqrt{a^2 + b^2}}, \ \mathrm{sen} \ \frac{s}{\sqrt{a^2 + b^2}}, \ 0 \right),
$$

$$
k(s) = |\alpha''(s)| = \frac{a}{a^2 + b^2}.
$$

3. Teoria Local das Curvas; Fórmulas de Frenet

Portanto,

$$n(s) = \frac{\alpha''(s)}{k(s)} = \left(-\cos\frac{s}{\sqrt{a^2+b^2}}, \ -\operatorname{sen}\frac{s}{\sqrt{a^2+b^2}}, \ 0 \right),$$

$$b(s) = t(s) \times n(s) = \frac{1}{\sqrt{a^2+b^2}} \left(b \ \operatorname{sen}\frac{s}{\sqrt{a^2+b^2}}, \ -b \cos\frac{s}{\sqrt{a^2+b^2}}, \ a \right),$$

$$b'(s) = \frac{b}{\sqrt{a^2+b^2}} \left(\cos\frac{s}{\sqrt{a^2+b^2}}, \ \operatorname{sen}\frac{s}{\sqrt{a^2+b^2}}, \ 0 \right),$$

$$\tau(s) = \langle b'(s), n(s) \rangle = -\frac{b}{\sqrt{a^2+b^2}} \ .$$

Observamos que, se $\alpha(s)$ é uma curva regular de $\mathbb{R}^3$, então $k(s) \geq 0$ (em contraste com a definição do capítulo anterior de curvatura de uma curva plana), enquanto a torção pode ser negativa ou positiva. O módulo da torção mede a velocidade com que o plano osculador varia. De fato, fixado $s_0 \in I$, consideremos os vetores binormais $b(s_0)$ e $b(s_0+h)$, onde $s_0+h \in I$. Seja $\phi(h)$ o ângulo formado por esses dois vetores. Então, $\lim\limits_{h \to 0} \dfrac{\phi(h)}{h}$ indica a velocidade com que varia o vetor binormal ou, equivalentemente, o plano osculador. Como

$$|b(s_0+h) - b(s_0)| = 2 \ \operatorname{sen}\frac{\phi(h)}{2},$$

concluímos que

$$|\tau(s_0)| = |b'(s_0)| = \lim_{h \to 0} \frac{\phi(h)}{h}.$$

A interpretação geométrica do sinal da torção será dada adiante, na seção 5.

Se $\alpha : I \to \mathbb{R}^3$ é uma curva regular parametrizada pelo comprimento de arco e tal que $k(s) > 0$, $\forall s \in I$, então o triedro de Frenet da curva α em s é um referencial ortonormal de $\mathbb{R}^3$. Portanto, podemos obter os vetores $t'(s)$, $n'(s)$ e $b'(s)$ como combinação linear de $t(s)$, $n(s)$ e $b(s)$. Já vimos que

$$t'(s) = k(s)n(s),$$
$$b'(s) = \tau(s)n(s).$$

Vamos obter a expressão para $n'(s)$. Como

$$n(s) = b(s) \times t(s),$$

derivando temos

$$n'(s) = b'(s) \times t(s) + b(s) \times t'(s).$$

Substituindo b' e t' pelas expressões acima, obtemos

$$n'(s) = -\tau(s)b(s) - k(s)t(s).$$

Resumindo, se $\alpha : I \to \mathbb{R}^3$ é uma curva regular, parametrizada pelo comprimento de arco s, e tal que $k(s) > 0$, $\forall s \in I$, então o triedro de Frenet definido por $t(s) = \alpha'(s)$, $n(s) = \dfrac{\alpha''(s)}{|\alpha''(s)|}$, $b(s) = t(s) \times n(s)$ satisfaz as equações

$$t'(s) = k(s)n(s),$$
$$n'(s) = -k(s)t(s) - \tau(s)b(s),$$
$$b'(s) = \tau(s)n(s),$$

que são denominadas *fórmulas de Frenet*.

Na próxima seção e nos exercícios seguintes, veremos algumas das aplicações das fórmulas de Frenet.

O triedro de Frenet, a curvatura e a torção foram definidos para uma curva regular parametrizada pelo comprimento de arco. A proposição seguinte permite obter a curvatura e a torção de uma curva regular com qualquer parâmetro, sem precisar reparametrizá-la pelo comprimento de arco.

3. Teoria Local das Curvas; Fórmulas de Frenet 67

3.8 Proposição. *Seja* $\alpha : I \to \mathbb{R}^3$ *uma curva regular de parâmetro* t *e* $\beta : J \to \mathbb{R}^3$ *uma reparametrização de* α *pelo comprimento de arco, isto é,* $\beta(s(t)) = \alpha(t)$, $\forall t \in I$. *Sejam* $k(s) > 0$ *e* $\tau(s)$ *a curvatura e a torção de* β *em* $s \in J$, *então*

$$k(s(t)) = \frac{|\alpha'(t) \times \alpha''(t)|}{|\alpha'(t)|^3},$$

$$\tau(s(t)) = \frac{\langle \alpha'(t) \times \alpha'''(t), \, \alpha''(t) \rangle}{|\alpha'(t) \times \alpha''(t)|^2}.$$

Demonstração. Derivando em relação a t a expressão $\beta(s(t)) = \alpha(t)$, obtemos

$$\frac{d\beta}{ds} \frac{ds}{dt} = \alpha'(t), \tag{1}$$

$$\frac{d^2\beta}{ds^2} \left(\frac{ds}{dt} \right)^2 + \frac{d\beta}{ds} \frac{d^2s}{dt^2} = \alpha''(t). \tag{2}$$

Como

$$\frac{ds}{dt} = |\alpha'(t)|, \tag{3}$$

temos que

$$\frac{d^2s}{dt^2} = \frac{\langle \alpha''(t), \, \alpha'(t) \rangle}{|\alpha'(t)|}. \tag{4}$$

Segue de (1) e (2) que

$$\alpha'(t) \times \alpha''(t) = \left(\frac{ds}{dt} \right)^3 \frac{d\beta}{ds} \times \frac{d^2\beta}{ds^2}.$$

Portanto,

$$|\alpha'(t) \times \alpha''(t)| = \left| \frac{ds}{dt} \right|^3 \left| \frac{d^2\beta}{ds^2} \right|,$$

onde usamos o fato de que β está parametrizada pelo comprimento de arco e, portanto, $\dfrac{d\beta}{ds}$ é ortogonal a $\dfrac{d^2\beta}{ds^2}$. Concluímos, usando (3), que

$$k(s(t)) = \left| \frac{d^2\beta}{ds^2} \right| = \frac{|\alpha'(t) \times \alpha''(t)|}{|\alpha'(t)|^3}.$$

Para obter a expressão da torção, vamos utilizar os vetores normal e binormal de β, que são dados por

$$n(s(t)) = \frac{1}{k(s(t))} \frac{d^2\beta}{ds^2},$$

$$b(s(t)) = \frac{d\beta}{ds} \times n(s(t)).$$

Substituindo (3) e (4) em (1) e (2) e usando a expressão de $k(s(t))$, obtemos

$$n(s(t)) = \frac{\alpha''(t)|\alpha'(t)|^2 - \alpha'(t)\langle \alpha''(t),\, \alpha'(t)\rangle}{|\alpha'(t)||\alpha'(t) \times \alpha''(t)|},$$

$$b(s(t)) = \frac{\alpha'(t) \times \alpha''(t)}{|\alpha'(t) \times \alpha''(t)|}.$$

Derivando a última igualdade em relação a t, temos

$$\frac{db}{ds}(s(t)) = \frac{\alpha' \times \alpha'''}{|\alpha'||\alpha' \times \alpha''|} - \frac{\langle \alpha' \times \alpha''',\, \alpha' \times \alpha''\rangle \, \alpha' \times \alpha''}{|\alpha'||\alpha' \times \alpha''|^3}.$$

Como

$$\tau(s(t)) = \left\langle \frac{db}{ds}(s(t)),\, n(s(t)) \right\rangle,$$

concluímos que

$$\tau(s(t)) = \frac{\langle \alpha'(t) \times \alpha'''(t),\, \alpha''(t)\rangle}{|\alpha'(t) \times \alpha''(t)|^2}.$$

As expressões $k(s(t))$ e $\tau(s(t))$ obtidas na proposição acima são, respectivamente, a curvatura e a torção de α em t.

$\square$

3. *Teoria Local das Curvas; Fórmulas de Frenet*   69

3.9 Exercícios

1. Considere as seguintes curvas regulares:

   a) $\alpha(t) = (4\cos t,\ 5 - 5\ \text{sen}\ t,\ -3\cos t),\ t \in \mathbb{R}$,

   b) $\beta(t) = (1 - \cos t,\ \text{sen}\ t,\ t),\ t \in \mathbb{R}$,

   c) $\gamma(t) = (e^t,\ e^{-t},\ \sqrt{2}\,t),\ t \in \mathbb{R}$.

   Reparametrize essas curvas por comprimento de arco e obtenha o triedro de Frenet, a curvatura e a torção de cada curva.

2. Calcule a curvatura e a torção das seguintes curvas:

   a) $\alpha(t) = (t,\ t^2,\ t^3)$,

   b) $\beta(t) = (\cos t,\ \text{sen}\ t,\ e^t)$,

   c) $\gamma(t) = (t,\ \cosh t,\ \text{senh}\ t)$.

3. Obtenha uma curva parametrizada cujo traço é a interseção do plano $x \circ y$ com o plano normal à curva $\alpha(t) = (\cos t,\ \text{sen}\ t,\ t)$ em $t = \frac{\pi}{2}$.

4. Seja $\alpha : I \to \mathbb{R}^3$ uma curva regular, parametrizada pelo comprimento de arco, tal que $k(s) > 0, \forall s \in I$. Obtenha $\alpha'''(s)$ como combinação linear do triedro de Frenet de α em s.

5. Seja $\alpha : I \to \mathbb{R}^3$ uma curva regular. Prove que:

   a) Se todas as retas tangentes a α têm um ponto em comum, então o traço de α é um segmento de reta.

   b) Se para cada $t \in I$ os vetores $\alpha''(t)$ e $\alpha'(t)$ são colineares, então $\alpha(I)$ é um segmento de reta.

6. Seja $\alpha(t)$ uma curva regular onde t é um parâmetro qualquer.

   a) Verifique que $\alpha''(t)$ é paralelo ao plano osculador de α em t.

II. CURVAS NO ESPAÇO

b) Prove que o plano osculador de α em t_0 é dado pelos pontos P de $\mathbb{R}^3$ tal que

$$\langle P - \alpha(t_0),\ \alpha'(t_0) \times \alpha''(t_0) \rangle = 0.$$

c) Obtenha o plano osculador da curva α em $t = 1$, onde

$$\alpha(t) = (3t - t^3,\ 3t^2,\ 3t + t^3).$$

7. Verifique que os planos normais da curva

$$\alpha(t) = (a\ \text{sen}^2 t,\ a\ \text{sen} t\ \cos t,\ a\ \cos t),\ t \in \mathbb{R},$$

passam pela origem.

8. Determine $\phi(t)$ para que os vetores normais à curva

$$\alpha(t) = (t,\ \text{sen}\ t,\ \phi(t))$$

sejam paralelos ao plano $y \circ z$.

9. Prove que, se duas curvas são simétricas em relação à origem, então têm a mesma curvatura e a torção difere de sinal.

10. Obtenha o plano osculador e a curvatura da curva

$$\alpha(t) = (a\ \cos t + b\ \text{sen}\ t,\ a\ \text{sen}\ t + b\ \cos t,\ c\ \text{sen}\ 2t),\ t \in \mathbb{R}.$$

11. Seja $\alpha(s)$ uma curva regular. Verifique que o vetor binormal $b(s_0)$ é a posição limite da perpendicular às retas tangentes a α em s_0 e s_1, quando s_1 tende para s_0.

12. Seja $\alpha(s)$ uma curva regular parametrizada pelo comprimento de arco cuja curvatura não se anula. A curva $t(s)$ sobre a esfera unitária, definida pelos vetores tangentes a α, é denominada *indicatriz esférica tangente de* α.

4. Aplicações

a) Verifique que o vetor tangente à indicatriz é paralelo ao vetor normal de α em pontos correspondentes.

b) Prove que a curvatura k_1 e a torção τ_1 da indicatriz são dadas por

$$k_1^2 = \frac{k^2 + \tau^2}{k^2}, \qquad \tau_1 = \frac{k\tau' - k'\tau}{k(k^2 + \tau^2)}.$$

c) Obtenha as curvas para as quais a indicatriz esférica tangente degenera em um ponto.

13. A curva $b(s)$ definida pelos vetores binormais a uma curva regular α é denominada *indicatriz esférica binormal* de α.

a) Prove que sua curvatura k_2 e sua torção τ_2 são dadas por

$$k_2^2 = \frac{k^2 + \tau^2}{\tau^2}, \qquad \tau_2 = \frac{k\tau' - k'\tau}{\tau(k^2 + \tau^2)}.$$

b) Para que curvas a indicatriz esférica binormal degenera em um ponto?

4. Aplicações

Como primeira aplicação das fórmulas de Frenet, veremos que as curvas planas são caracterizadas pelo fato de terem torção identicamente nula.

4.1 Lema. *Seja $\alpha : I \to \mathbb{R}^3$ uma curva regular de curvatura não nula. Se α é uma curva plana, então o plano osculador de α independe do parâmetro e é o plano que contém o traço de α.*

Demonstração. Podemos supor $\alpha(s)$ parametrizada pelo comprimento de arco. Como α é uma curva plana, existe um plano de $\mathbb{R}^3$ que contém $\alpha(I)$. Seja v um vetor não nulo ortogonal a este plano. Provaremos que v é paralelo a $b(s)$, $\forall s \in I$. Fixado $s_0 \in I$, então $\forall s \in I$,

$$\langle \alpha(s) - \alpha(s_0), v \rangle = 0.$$

Derivando, temos

$$\langle \alpha'(s), v \rangle = 0, \quad \langle \alpha''(s), v \rangle = 0,$$

portanto,

$$\langle t(s), v \rangle = 0, \quad k(s) \langle n(s), v \rangle = 0.$$

Como $k(s) > 0$, concluímos que v é ortogonal a $t(s)$ e $n(s)$. Portanto, v é paralelo a $b(s)$, $\forall s \in I$, isto é, o plano osculador de α não depende do parâmetro e contém $\alpha(I)$.

$\square$

Como consequência desse lema, temos

4.2 Proposição. *Seja* $\alpha : I \to \mathbb{R}^3$ *uma curva regular, de curvatura não nula. Então,* α *é uma curva plana se, e só se,* $\tau \equiv 0$.

Demonstração. Consideremos α parametrizada pelo comprimento de arco. Se α é uma curva plana, então, pelo lema anterior, $b(s)$ é constante, portanto, $b'(s) = 0$, $\forall s \in I$. Donde concluímos que $\tau(s) = \langle b'(s), n(s) \rangle = 0$, $\forall s \in I$.

Reciprocamente, se $\tau(s) = 0$, $\forall s \in I$, então $b'(s) \equiv 0$ e $b(s) = b$ é constante. Fixado $s_0 \in I$, consideremos a função $f(s) = \langle \alpha(s) - \alpha(s_0), b \rangle$. Vamos provar que $f(s) \equiv 0$. Derivando obtemos $f'(s) = \langle \alpha'(s), b \rangle = \langle t(s), b \rangle = 0$, portanto, $f(s)$ é constante. Como $f(s_0) = 0$, concluímos que $f(s) \equiv 0$, isto é, $\alpha(I)$ está contido no plano que contém $\alpha(s_0)$ e é ortogonal ao vetor b.

$\square$

A proposição seguinte caracteriza uma curva regular cujo traço está contido em uma circunferência.

4.3 Proposição. *Seja* $\alpha : I \to \mathbb{R}^3$ *uma curva regular. Então, o traço de* α *está contido em uma circunferência de raio* $a > 0$ *se, e só se, a torção*

4. Aplicações

$\tau \equiv 0$ *e a curvatura* $k \equiv \dfrac{1}{a}$.

Demonstração. Podemos considerar $\alpha(s)$ parametrizada pelo comprimento de arco. Suponhamos que $\alpha(I)$ está contido em uma circunferência de centro c e raio a. Então, $|\alpha(s) - c|^2 = a^2$ e, pela proposição anterior, para todo $s \in I$, $\tau(s) = 0$ e

$$\langle \alpha(s) - c, \, b \rangle = 0,$$

onde $b(s) = b$ é constante. Portanto, $\alpha(s) - c$ é ortogonal a b. Derivando duas vezes a expressão $|\alpha(s) - c|^2 = a^2$, obtemos

$$\langle \alpha'(s), \, \alpha(s) - c \rangle = 0$$

e

$$\langle \alpha''(s), \, \alpha(s) - c \rangle = -1.$$

Como $\alpha(s) - c$ é ortogonal aos vetores $t(s)$ e b, temos que $\alpha(s) - c$ é paralelo a $n(s)$. Portanto, segue-se da última relação que

$$|\alpha''(s)||\alpha(s) - c| = 1,$$

logo

$$k(s) = |\alpha''(s)| = \frac{1}{a}.$$

Para provar a recíproca, consideremos a aplicação diferenciável $f : I \to \mathbb{R}^3$ definida por

$$f(s) = \alpha(s) + an(s).$$

Vamos provar que $f(s)$ é constante. Usando as fórmulas de Frenet, temos que

$$\begin{aligned}
f'(s) &= t(s) + an'(s) \\
&= t(s) + a(-k(s)t(s) - \tau(s)b(s)).
\end{aligned}$$

74   *II. CURVAS NO ESPAÇO*

Como $\tau(s) = 0$ e $k(s) = \dfrac{1}{a}$, concluímos que $f'(s) = 0$. Portanto, $f(s) = c$ é constante, isto é, $\alpha(s) + an(s) = c$. Logo,

$$|\alpha(s) - c| = a,$$

ou seja, o traço de α está contido em uma circunferência de centro c e raio a.

$\square$

A hélice circular $\alpha(t) = (a \cos t, a \operatorname{sen} t, bt)$, $t \in \mathbb{R}$, $a > 0$, tem a propriedade de que o vetor tangente forma um ângulo constante com o eixo $0z$. Este é um caso particular de uma classe de curvas que têm essa propriedade.

4.4 Definição. Uma curva regular $\alpha : I \to \mathbb{R}^3$ é uma *hélice* se existe um vetor unitário v que forma um ângulo constante com $\alpha'(t)$, $\forall t \in I$, isto é, $\dfrac{\langle \alpha'(t), v \rangle}{|\alpha'(t)|}$ é constante.

4.5 Exemplo. A curva $\alpha(t) = (e^t \cos t, e^t \operatorname{sen} t, e^t)$, $t \in \mathbb{R}$, é uma hélice (ver Figura 15), pois $\alpha'(t)$ forma um ângulo constante com o vetor $(0, 0, 1)$.

A seguir. daremos uma caracterização das hélices.

4.6 Proposição. *Seja* $\alpha : I \to \mathbb{R}^3$ *uma curva regular de curvatura e torção não nulas. Então,* α *é uma hélice se, e só se,* $\dfrac{k}{\tau}$ *é constante.*

Demonstração. Podemos supor α parametrizada pelo comprimento de arco. Se α é uma hélice, então existe um vetor unitário v tal que $\langle \alpha'(s), v \rangle$ é constante. Portanto, temos $\langle \alpha''(s), v \rangle = 0$, isto é, $k(s) \langle n(s), v \rangle = 0$. Como $k(s) \neq 0$, segue-se que v pertence ao plano determinado por $t(s)$ e $b(s)$, para cada $s \in I$. Então, seja

$$v = \cos \theta(s) \, t(s) + \operatorname{sen} \theta(s) \, b(s).$$

4. Aplicações 75

Derivando e usando as fórmulas de Frenet, obtemos

$$
\begin{aligned}
0 =\ & -\operatorname{sen}\theta(s)\,\theta'(s)\,t(s) + \\
& + (k(s)\,\cos\theta(s) + \tau(s)\,\operatorname{sen}\theta(s))\,n(s) + \\
& + \cos\theta(s)\,\theta'(s)\,b(s).
\end{aligned}
$$

Portanto, $\forall s \in I$,

$$
\begin{aligned}
\operatorname{sen}\theta(s)\,\theta'(s) &= 0, \\
\cos\theta(s)\,\theta'(s) &= 0, \\
k(s)\,\cos\theta(s) + \tau(s)\,\operatorname{sen}\theta(s) &= 0.
\end{aligned}
$$

As duas primeiras equações determinam $\theta'(s) = 0$, $\forall s \in I$. Portanto, $\theta(s)$ é constante. Além disso, a constante $\cos\theta$ é não nula, pois, caso contrário, teríamos $\tau(s) = 0$, o que contradiz a hipótese. Segue da terceira igualdade que $\dfrac{k}{\tau}$ é constante. Reciprocamente, se $\dfrac{k}{\tau}$ é constante, fixemos θ tal que $\operatorname{tg}\theta = -\dfrac{k}{\tau}$. Então,

$$
v = \cos\theta\,t(s) + \operatorname{sen}\theta\,b(s)
$$

é um vetor unitário constante e $\forall s \in I$, $\langle t(s), v\rangle = \cos\theta$ é constante. Portanto, α é uma hélice.

$\square$

Outras aplicações das fórmulas de Frenet serão apresentadas nos exercícios.

4.7 Exercícios

1. Considere uma curva regular $\alpha : I \to \mathbb{R}^3$, parametrizada pelo comprimento de arco, tal que $k(s) > 0$, $\forall s \in I$. Prove que:

   a) Se todos os planos osculadores de α têm um ponto em comum, então α é uma curva plana.

   b) Se todos os planos osculadores são paralelos, então a curva é plana.

II. CURVAS NO ESPAÇO

2. Seja α uma curva regular, parametrizada por comprimento de arco e $k(s) > 0$. A reta normal a α em s é uma reta que passa por $\alpha(s)$ na direção de $n(s)$. Prove que, se todas as retas normais têm um ponto em comum, então o traço de α está contido em uma circunferência.

3. Considere uma curva

$$\alpha(t) = (a\cos t, \, a\,\operatorname{sen} t, \, f(t)).$$

Determine $f(t)$ para que

a) os vetores normais de α sejam ortogonais ao eixo $0z$;

b) α seja uma curva plana.

4. Seja $\alpha : I \to \mathbb{R}^3$ uma curva regular, parametrizada pelo comprimento de arco, tal que $k(s) > 0$ e $\tau(s) \neq 0 \, \forall s \in I$.

a) Se $\alpha(I)$ está contida em uma esfera S, centrada em c em raio r, isto é, $S = \{p \in \mathbb{R}^3; \, |p-c| = r\}$, então prove que

$$\alpha(s) - c = -\frac{1}{k(s)}\,n(s) - \frac{k'(s)}{k^2(s)\tau(s)}\,b(s)$$

e, portanto,

$$r^2 = \frac{1}{k^2(s)} + \left(\frac{k'(s)}{k^2(s)\tau(s)}\right)^2.$$

b) Reciprocamente, se $\dfrac{1}{k^2(s)} + \left(\dfrac{k'(s)}{k^2(s)\tau(s)}\right)^2$ é constante igual a r^2 e $k'(s) \neq 0$, então $\alpha(I)$ está contido em uma esfera de raio r.

5. Verifique que a curva regular $\alpha(t) = (a\,\operatorname{sen}^2 t, \, a\,\operatorname{sen} t\cos t, a\cos t), t \in \mathbb{R}$, tem o traço contido em uma esfera. Além disso, todos os planos normais de α passam pela origem.

4. Aplicações

6. Seja $\alpha : I \to \mathbb{R}^3$ uma curva regular cujo traço está contido em uma esfera de raio $a > 0$. Prove que a curvatura k de α satisfaz a propriedade $k \geq \dfrac{1}{a}$. Quando é que $k \equiv \dfrac{1}{a}$?

7. Verifique que as curvas

   a) $\alpha(t) = (e^t, e^{-t}, \sqrt{2}\,t), t \in \mathbb{R}$,

   b) $\beta(t) = (t + \sqrt{3}\ \text{sen}\,t, 2\cos t, \sqrt{3}\,t - \text{sen}\,t), t \in \mathbb{R}$, são hélices.

8. Prove que a curva

$$\alpha(t) = (at, bt^2, ct^3), t \in \mathbb{R},$$

   é uma hélice se, e só se, $3ac = \pm 2b^2$.

9. Verifique que o vetor binormal de uma hélice circular forma um ângulo constante com o eixo do cilindro sobre o qual está a hélice.

10. Seja $\alpha : I \to \mathbb{R}^3$ uma hélice circular, parametrizada pelo comprimento de arco. Considere $A \subset I$, tal que todos os planos osculadores de α em $s \in A$ têm um ponto em comum exterior à hélice. Prove que $\alpha(A)$ está contido em um plano.

11. Prove que α é uma hélice se, e só se, existe um vetor unitário u de $\mathbb{R}^3$ que forma um ângulo constante com os vetores binormais de α.

12. Seja $\alpha : I \to \mathbb{R}^3$ uma hélice, e u o vetor unitário fixo que forma um ângulo constante θ com $\alpha'(t)$. Seja $s(t)$ a função comprimento de arco de α a partir de $t = 0$. Considere a curva $\beta(t) = \alpha(t) - s(t) \cos \theta\, u$ e prove que:

   a) $\beta(I)$ está contida no plano que passa por $\alpha(0)$ e é ortogonal a u;

   b) a curvatura de β é igual a $k/\text{sen}^2\theta$, onde k é a curvatura de α.

13. Seja $\alpha : I \to \mathbb{R}^3$ uma curva regular parametrizada pelo comprimento de arco. Prove que α é uma hélice se, e só se, $\forall s \in I$, as retas que passam por $\alpha(s)$, na direção de $n(s)$, são paralelas a um plano fixo.

14. Prove que a indicatriz esférica tangente ou binormal (ver Exercícios 12 e 13 da seção anterior) de uma curva α é uma circunferência se, e só se, α é uma hélice.

5. Representação Canônica das Curvas

Consideremos uma curva regular $\alpha(s) = (x(s), y(s), z(s))$, $s \in I$, parametrizada pelo comprimento de arco e de curvatura $k(s) \neq 0$, $\forall s \in I$. Para investigar o comportamento da curva em uma vizinhança de um de seus pontos, vamos expandir a função vetorial $\alpha(s)$ pela fórmula de Taylor. Sem perda de generalidade, vamos fixar $s = 0$ e considerar o sistema de coordenadas de $\mathbb{R}^3$ tal que $\alpha(0) = (0, 0, 0)$, $t(0) = (1, 0, 0)$, $n(0) = (0, 1, 0)$, $b(0) = (0, 0, 1)$. Então,

$$\alpha(s) = \alpha(0) + \alpha'(0)s + \alpha''(0)\frac{s^2}{2!} + \alpha'''(0)\frac{s^3}{3!} + R,$$

onde R contém potências de s de ordem maior ou igual a quatro. Usando as fórmulas de Frenet, temos

$$\begin{aligned}
\alpha'(0) &= t(0), \\
\alpha''(0) &= k(0)n(0), \\
\alpha'''(0) &= k(0)n'(0) + k'(0)n(0) = \\
&= -k^2(0)t(0) + k'(0)n(0) - k(0)\tau(0)b(0).
\end{aligned}$$

Portanto,

$$\alpha(s) = \left(s - \frac{k^2(0)}{6}s^3 \right) t(0) \quad + \quad \left(\frac{k(0)}{2}s^2 + \frac{k'(0)}{6}s^3 \right) n(0) -$$
$$- \frac{k(0)\tau(0)}{6}s^3 \, b(0) + R.$$

5. Representação Canônica das Curvas

Devido à escolha desse sistema de coordenadas, temos que

$$
\begin{aligned}
x(s) &= s - \frac{k^2(0)}{6}s^3 + R_1, \\
y(s) &= \frac{k(0)}{2}s^2 + \frac{k'(0)}{6}s^3 + R_2, \\
z(s) &= -\frac{k(0)\tau(0)}{6}s^3 + R_3,
\end{aligned}
\tag{5}
$$

onde $R = (R_1, R_2, R_3)$. As expressões (5) fornecem o que é chamado de *representação canônica da curva* α em uma vizinhança de $s = 0$. Desta representação de α podemos tirar as seguintes conclusões:

5.1 Proposição. *Seja $\alpha(s)$ uma curva regular $\mathbb{R}^3$ de curvatura não nula $\forall s \in I$. Fixado $s_0 \in I$, as seguintes propriedades se verificam:*

a) Para todo s suficientemente próximo de s_0, $\alpha(s)$ pertence ao semiespaço determinado pelo plano retificante, que contém $n(s_0)$.

b) Se a torção $\tau(s_0) < 0$, então para todo s suficientemente próximo de s_0, $\alpha(s)$ pertence ao semiespaço determinado pelo plano osculador, que contém $-b(s_0)$ (resp. $b(s_0)$) se $s < s_0$ (resp. $s > s_0$) (ver Figura 18).

c) Se $\tau(s_0) > 0$, então, para todo s suficientemente próximo de s_0, $\alpha(s)$ pertence ao semiespaço determinado pelo plano osculador, que contém $b(s)$ (resp. $-b(s_0)$) se $s < s_0$ (resp. $s > s_0$).

Demonstração. Sem perda de generalidade, podemos supor que $s_0 = 0$ e que o sistema de coordenadas de $\mathbb{R}^3$ é tal que $\alpha(0)$ é a origem e $t(0), n(0), b(0)$ é a base canônica de $\mathbb{R}^3$. Nessas condições, temos a representação canônica de α dada por (5). Desta representação concluímos que:

a) Como $k(0) > 0$, para s suficientemente próximo de 0, $y(s) > 0$ (ver Figura 17).

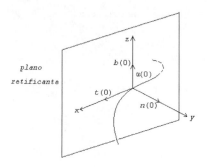

Figura 17

b) Se $\tau(0) < 0$, então, para todo s suficientemente próximo de 0 e $s < 0$ (resp. $s > 0$), temos que $z(s) < 0$ (resp. $z(s) > 0$) (ver Figura 18).

c) É inteiramente análogo a b).

□

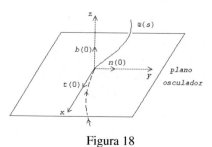

Figura 18

Observamos que os itens b) e c) da Proposição 5.1 fornecem a interpretação geométrica do sinal da torção.

6. Isometrias do $\mathbb{R}^3$; Teorema Fundamental das Curvas

5.2 Exercícios

1. a) Considere uma circunferência de raio r. Sejam P_0 e P dois pontos dessa circunferência e $s(\leq \pi r)$ o comprimento de arco da circunferência de P_0 a P. Se $h = 2r \operatorname{sen} \dfrac{s}{2r}$ é o comprimento da corda $P_0 P$, verifique que, para s suficientemente pequeno, a diferença $|h - s|$ é aproximadamente dada por $s^3/3!(2r)^2$, ou seja, é da ordem s^3.

b) Seja $\alpha : I \to \mathbb{R}^3$ uma curva regular. Prove que a diferença entre o comprimento de um arco da curva α suficientemente pequeno e o da corda correspondente é da ordem s^3, onde s é o comprimento do arco.

2. Seja $\alpha(t)$, $t \in I$, uma curva regular de curvatura não nula. Fixado $t_0 \in I$, verifique que é possível escolher um sistema de coordenadas cartesianas e reparametrizar a curva pelo comprimento de arco s de modo que, numa vizinhança de t_0, α é aproximadamente da forma

$$\delta(s) = \left(s, \ \frac{k_0}{2}s^2, \ \frac{k_0 \tau_0}{6} s^3 \right),$$

onde k_0 e τ_0 são a curvatura de torção de α em t_0.

a) Obtenha a curva δ correspondente ao ponto $(1, 0, 0)$ da circunferência $\alpha(s) = (\cos s, \ \operatorname{sen} s, 0)$.

b) Obtenha a curva δ correspondente ao ponto $(1, 0, 0)$ da hélice $\alpha(t) = (\cos t, \ \operatorname{sen} t, t)$.

6. Isometrias do $\mathbb{R}^3$; Teorema Fundamental das Curvas

No capítulo anterior, vimos que a curvatura determina uma curva plana a menos de sua posição. Nesta seção, veremos que a curvatura e a torção determinam uma curva de $\mathbb{R}^3$ a menos de sua posição no espaço. A fim de precisar este resultado, vamos considerar inicialmente a noção de isometria.

82   *II. CURVAS NO ESPAÇO*

6.1 Definição. Uma aplicação $F : \mathbb{R}^3 \to \mathbb{R}^3$ é uma *isometria* de $\mathbb{R}^3$ se preserva distâncias, isto é, $\forall p, q \in \mathbb{R}^3$,

$$|F(p) - F(q)| = |p - q|.$$

6.2 Exemplos

a) A transformação identidade de $\mathbb{R}^3$ é uma isometria.

b) Seja a um ponto fixo de $\mathbb{R}^3$. A aplicação $T : \mathbb{R}^3 \to \mathbb{R}^3$ que, para cada $p \in \mathbb{R}^3$, associa

$$T(p) = a + p$$

é uma isometria de $\mathbb{R}^3$, denominada *translação* por a.

c) Consideremos a aplicação F que, para cada ponto $(x, y, z) \in \mathbb{R}^3$, associa

$$F(x, y, z) = (x \cos \theta - y \ \text{sen} \ \theta, \ x \ \text{sen} \ \theta + y \cos \theta, \ z),$$

onde $0 < \theta < 2\pi$ é fixo. Então, F é uma isometria de $\mathbb{R}^3$, denominada *rotação* em torno do eixo $0z$.

d) A aplicação definida por

$$F(x, y, z) = (-x, -y, -z)$$

é uma isometria de $\mathbb{R}^3$, denominada aplicação *antípoda*.

6.3 Proposição.

a) Se F e G são isometrias de $\mathbb{R}^3$, então $F \circ G$ é uma isometria.

b) Se F e G são translações, então $F \circ G = G \circ F$ é uma translação.

c) Se T é uma translação por a, então T é inversível e T^{-1} é uma translação por $-a$.

d) Dados dois pontos p e q de $\mathbb{R}^3$, existe uma única translação T tal que $T(p) = q$.

6. Isometrias do $\mathbb{R}^3$; Teorema Fundamental das Curvas 83

Demonstração. a) Segue trivialmente da definição.

b) Se F é uma translação por a e G é uma translação por b, então $F \circ G$ é uma translação por $a + b$.

c) Seja $T(p) = a + p$ e considere $G(p) = -a + p$. Então, $T \circ G(p) = G \circ T(p) = p$. Portanto, $G = T^{-1}$.

d) Considere a translação por $q - p$, isto é, $T(v) = q - p + v, v \in \mathbb{R}^3$. Então, $T(p) = q$. Para provar a unicidade, consideremos T e $\bar{T}$ translações por a e b, respectivamente, tais que $T(p) = \bar{T}(p) = q$. Então, $T(p) - \bar{T}(p) = 0$, daí concluímos que $a = b$, portanto, $T = \bar{T}$.

$\square$

6.4 Definição. Uma *transformação ortogonal* de $\mathbb{R}^3$ é uma aplicação linear $C : \mathbb{R}^3 \to \mathbb{R}^3$ que preserva produto interno, isto é,

$$\langle C(p),\, C(q) \rangle = \langle p,\, q \rangle, \quad \forall p, q \in \mathbb{R}^3.$$

Não é difícil verificar que os Exemplos 6.2 a, c, d são transformações ortogonais. Observamos que uma transformação ortogonal C, sendo uma aplicação linear, satisfaz as seguintes propriedades: $C(0) = 0$; C é diferenciável, e a diferencial de C em qualquer ponto p de $\mathbb{R}^3$ coincide com C, isto é, $dC_p(v) = C(v)$ (ver Capítulo 0).

A seguir, vamos relacionar as transformações ortogonais com as isometrias de $\mathbb{R}^3$.

6.5 Proposição. *Toda transformação ortogonal é uma isometria.*

Demonstração. Seja $C : \mathbb{R}^3 \to \mathbb{R}^3$ uma transformação ortogonal. Como C é uma aplicação linear, temos que, $\forall p, q \in \mathbb{R}^3$,

$$|C(p) - C(q)|^2 = |C(p - q)|^2 = \langle C(p - q),\, C(p - q) \rangle.$$

C preserva produto interno, portanto,

$$|C(p) - C(q)|^2 = \langle p - q,\, p - q \rangle = |p - q|^2.$$

84   *II. CURVAS NO ESPAÇO*

Concluímos que $|C(p) - C(q)| = |p - q|$, isto é, C é uma isometria.

$\square$

É fácil ver que nem toda isometria é uma transformação ortogonal. Basta considerar uma translação por $a \neq 0$. A proposição seguinte dá uma condição para que uma isometria seja uma transformação ortogonal.

6.6 Proposição. *Se* $F : \mathbb{R}^3 \to \mathbb{R}^3$ *é uma isometria tal que* $F(0) = 0$, *então* F *é uma transformação ortogonal.*

Demonstração. Inicialmente, vamos provar que F preserva produto interno. Sejam p e q pontos de $\mathbb{R}^3$. Como consequência das propriedades do produto interno, temos que

$$\langle F(p), F(q) \rangle = \frac{1}{2} \left(|F(p)|^2 + |F(q)|^2 - |F(p) - F(q)|^2 \right).$$

Como F é uma isometria e $F(0) = 0$, temos que

$$\langle F(p), F(q) \rangle = \frac{1}{2} \left(|p|^2 + |q|^2 - |p - q|^2 \right),$$

portanto,

$$\langle F(p), F(q) \rangle = \langle p, q \rangle.$$

Falta provar que F é uma aplicação linear, isto é, que $F(ap + bq) = aF(p) + bF(q)$ para todo $a, b \in \mathbb{R}$ e $p, q \in \mathbb{R}^3$. Consideremos

$$\begin{aligned}
|F(ap + bq) &- aF(p) - bF(q)|^2 = \\
&= |F(ap + bq)|^2 + a^2 |F(p)|^2 + b^2 |F(q)|^2 - \\
&\quad - 2a \langle F(ap + bq), F(p) \rangle - 2b \langle F(ap + bq), F(q) \rangle + \\
&\quad + 2ab \langle F(p), F(q) \rangle = \\
&= |ap + bq|^2 + a^2 |p|^2 + b^2 |q|^2 - \\
&\quad - 2a \langle ap + bq, p \rangle - 2b \langle ap + bq, q \rangle + 2ab \langle p, q \rangle = \\
&= |ap + bq - ap - bq|^2 = 0,
\end{aligned}$$

6. *Isometrias do* $\mathbb{R}^3$; *Teorema Fundamental das Curvas* 85

onde na terceira igualdade usamos o fato de que F preserva o produto interno.

$\square$

A seguir, veremos que toda isometria de $\mathbb{R}^3$ pode ser obtida, de uma única forma, como composta de uma translação e uma transformação ortogonal.

6.7 Teorema. *Se* $F : \mathbb{R}^3 \to \mathbb{R}^3$ *é uma isometria, então existe uma única translação* T *e uma única transformação ortogonal* C, *tal que* $F = T \circ C$.

Demonstração. Existência: Seja T a translação por $F(0)$, então segue-se da Proposição 6.3 que T^{-1} é a translação por $-F(0)$ e a aplicação composta $T^{-1} \circ F$ é uma isometria. Como $T^{-1}F(0) = 0$, pela Proposição 6.6 $T^{-1} \circ F$ é uma transformação ortogonal que denotamos por C. Portanto, $F = T \circ T^{-1} \circ F = T \circ C$.

Unicidade: Sejam T e $\bar{T}$ translações, C e $\bar{C}$ transformações ortogonais tais que $F = T \circ C = \bar{T} \circ \bar{C}$. Então, $C = T^{-1} \circ \bar{T} \circ \bar{C}$ e $0 = C(0) = T^{-1} \circ \bar{T}(0)$. Segue-se da Proposição 6.3 que $T^{-1} \circ T$ é a translação por 0, isto é, $T^{-1} \circ \bar{T} = $ identidade, logo, $\bar{T} = T$. Portanto, $TC = T\bar{C}$, e $C = \bar{C}$.

$\square$

6.8 Exemplos
a) A aplicação

$$F(x, y, z) = (1+x, 2+y, -z), \quad (x, y, z) \in \mathbb{R}^3,$$

é uma isometria e $F = T \circ C$, onde T é a translação por $(1, 2, 0)$ e C é a transformação ortogonal $C(x, y, z) = (x, y, -z)$.

b) A aplicação

$$F(x, y, z) = \left(\frac{1}{2}x - \frac{\sqrt{3}}{2}z, \, 4 - y, \, 7 + \frac{\sqrt{3}}{2}x + \frac{1}{2}z \right)$$

é uma isometria e $F = T \circ C$, onde T é a translação por $(0, 4, 7)$ e C é a transformação ortogonal

$$C(x, y, z) = \left(\frac{1}{2}x - \frac{\sqrt{3}}{2}z, \ -y, \ \frac{\sqrt{3}}{2}x + \frac{1}{2}z\right).$$

A seguir, veremos que toda isometria é diferenciável e que a diferencial de uma isometria em cada ponto de $\mathbb{R}^3$ preserva produto interno. Se $F : \mathbb{R}^3 \to \mathbb{R}^3$ é uma função diferenciável, então, para cada $p \in \mathbb{R}^3$, a diferencial de F em p é uma aplicação linear $dF_p : \mathbb{R}^3 \to \mathbb{R}^3$ definida por (ver Capítulo 0)

$$dF_p(v) = \frac{d}{dt}\left(F(p+tv)\right)\Big|_{t=0}.$$

6.9 Proposição. *Com a notação anterior, seja $F = T \circ C$ uma isometria de $\mathbb{R}^3$, então F é diferenciável e $\forall p \in \mathbb{R}^3$ e $v \in \mathbb{R}^3$, $dF_p(v) = C(v)$.*

Demonstração. F é diferenciável porque é composta de aplicações diferenciáveis. Se T é uma translação por a, então

$$F(p+tv) = T \circ C(p+tv) = a + C(p+tv) = a + C(p) + tC(v).$$

Portanto,

$$dF_p(v) = \frac{d}{dt}(a + C(p) + tC(v))\Big|_{t_0} = C(v).$$

$\square$

Como consequência imediata da proposição, obtemos

6.10 Corolário. *Se F é uma isometria de $\mathbb{R}^3$, então $\forall p \in \mathbb{R}^3$, dF_p preserva produto interno, isto é,*

$$\langle dF_p(v), \ dF_p(w)\rangle = \langle v, \ w\rangle, \ \ \forall v, w \in \mathbb{R}^3.$$

6. Isometrias do $\mathbb{R}^3$; Teorema Fundamental das Curvas

Segue deste corolário que, se $F : \mathbb{R}^3 \to \mathbb{R}^3$ é uma isometria, então a diferencial de F em $p \in \mathbb{R}^3$ leva uma base ortonormal v_1, v_2, v_3 de $\mathbb{R}^3$ em outra base ortonormal $dF_p(v_1)$, $dF_p(v_2)$, $dF_p(v_3)$. Dizemos que a isometria F *preserva orientação* se as duas bases têm a mesma orientação, isto é,

$$\langle dF_p(v_1) \times dF_p(v_2), dF_p(v_3) \rangle = \langle v_1 \times v_2, v_3 \rangle.$$

Dizemos que F *inverte orientação* se as duas bases têm orientação oposta, isto é,

$$\langle dF_p(v_1) \times dF_p(v_2), dF_p(v_3) \rangle = -\langle v_1 \times v_2, v_3 \rangle.$$

Desta definição decorre que F preserva (resp. inverte) orientação se, e só se, o determinante da matriz associada a dF_p é igual a 1 (resp. -1).

6.11 Exemplo. A isometria

$$F(x, y, z) = (2 + x, -y, 4 + z)$$

inverte orientação e

$$F(x, y, z) = \left(\frac{1}{2}x - \frac{\sqrt{3}}{2}y, \, 4 + \frac{\sqrt{3}}{2}x + \frac{1}{2}y, \, 3 + y \right)$$

preserva orientação.

6.12 Proposição. *Sejam p e q pontos de $\mathbb{R}^3$, v_1, v_2, v_3 e w_1, w_2, w_3 referenciais ortonormais de $\mathbb{R}^3$. Então, existe uma única isometria F de $\mathbb{R}^3$ tal que $F(P) = q$ e $dF_p(v_i) = w_i$, $i = 1, 2, 3$.*

Demonstração. *Existência*: Seja $C : \mathbb{R}^3 \to \mathbb{R}^3$ a aplicação linear, tal que $C(v_i) = w_i$, $i = 1, 2, 3$, isto é, se $v \in \mathbb{R}^3$, $v = av_1 + bv_2 + cv_3$, então

$$
\begin{aligned}
C(v) &= aC(v_1) + bC(v_2) + cC(v_3) = \\
&= aw_1 + bw_2 + cw_3.
\end{aligned}
$$

Como os referenciais são ortonormais, concluímos que C preserva produto interno. Portanto, C é uma transformação ortogonal.

Seja T a translação por $q - C(p)$. Então, a isometria $F = T \circ C$ satisfaz as condições exigidas. De fato,

$$F(p) = T \circ C(p) = q - C(p) + C(p) = q,$$

e pela Proposição 6.9, temos

$$dF_p(v_i) = C(v_i) = w_i \quad i = 1, 2, 3.$$

Unicidade: Suponhamos que $F = T \circ C$ e $\bar{F} = \bar{T} \circ \bar{C}$ satisfazem as condições da proposição, isto é,

$$F(p) = \bar{F}(p) = q,$$
$$dF_p(v_i) = d\bar{F}_p(v_i) = w_i.$$

Da última relação temos que $C(v_i) = \bar{C}(v_i) = w_i$. Como C e $\bar{C}$ são aplicações lineares, temos que $C = \bar{C}$. Portanto, $T \circ C(p) = \bar{T} \circ C(p) = q$, isto é, T e $\bar{T}$ são translações que levam $C(p)$ em q. Concluímos da Proposição 6.3 que $T = \bar{T}$, donde $F = \bar{F}$.

$\square$

Dadas uma curva regular α e uma isometria F de $\mathbb{R}^3$, então $F \circ \alpha$ é uma curva regular que difere de α apenas pela sua posição no espaço.

6.13 Definição. Duas curvas regulares $\alpha, \beta : I \to \mathbb{R}^3$ são *congruentes* se existe isometria F de $\mathbb{R}^3$, tal que $\beta = F \circ \alpha$.

O próximo resultado relaciona o triedro de Frenet, a curvatura e a torção em pontos correspondentes de duas curvas congruentes.

6.14 Proposição. *Seja $\alpha : I \to \mathbb{R}^3$ uma curva regular parametrizada pelo comprimento de arco, tal que a curvatura $k(s) > 0$, $\forall s \in I$. Seja F uma*

6. Isometrias do $\mathbb{R}^3$; Teorema Fundamental das Curvas

89

isometria de $\mathbb{R}^3$ e $\bar{\alpha} = F \circ \alpha$. Então, $\bar{\alpha}$ é uma curva regular parametrizada pelo comprimento de arco e $\forall s \in I$,

$$\begin{aligned}
\bar{k}(s) &= k(s), \\
\bar{\tau}(s) &= \pm\tau(s), \\
\bar{t}(s) &= dF_{\alpha(s)}(t(s)), \\
\bar{n}(s) &= dF_{\alpha(s)}(n(s)), \\
\bar{b}(s) &= \pm dF_{\alpha(s)}(b(s)),
\end{aligned}$$

onde $\bar{k}, \bar{\tau}$ etc. são a curvatura, torção etc. de $\bar{\alpha}$ e o sinal é $+$ (resp. $-$) se F preserva orientação (resp. inverte orientação).

Demonstração. $\bar{\alpha}$ é diferenciável porque F e α são diferenciáveis. Além disso, segue-se da definição de diferencial de F em $\alpha(s)$ que

$$\bar{\alpha}'(s) = dF_{\alpha(s)}(\alpha'(s)), \tag{6}$$

logo,

$$|\bar{\alpha}'(s)| = |dF_{\alpha(s)}(\alpha'(s))| = |\alpha'(s)| = 1,$$

onde a segunda igualdade decorre do Corolário 6.10. Portanto, $\bar{\alpha}$ é parametrizada pelo comprimento de arco.

Faremos a demonstração no caso em que F preserva orientação. De (6) temos que

$$\bar{t}(s) = dF_{\alpha(s)}(t(s)), \tag{7}$$

daí

$$\bar{t}'(s) = dF_{\alpha(s)}(t'(s)).$$

Como $dF_{\alpha(s)}$ preserva produto interno, temos que

$$\bar{k} = |\bar{\alpha}''(s)| = |\bar{t}'(s)| = |dF_{\alpha(s)}(t'(s))| = |t'(s)| = k(s),$$

$$\bar{n}(s) = \frac{\bar{\alpha}''(s)}{\bar{k}(s)} = \frac{dF_{\alpha(s)}(\alpha''(s))}{k(s)} = dF_{\alpha(s)}\left(\frac{\alpha''(s)}{k(s)}\right) = dF_{\alpha(s)}(n(s)). \tag{8}$$

90   *II. CURVAS NO ESPAÇO*

F preserva orientação, portanto,

$$\langle dF_{\alpha(s)}(t(s)) \times dF_{\alpha(s)}(n(s)), \, dF_{\alpha(s)}b(s)\rangle =$$
$$= \langle t(s) \times n(s), \, b(s)\rangle =$$
$$= \langle dF_{\alpha(s)}(t(s) \times n(s)), \, dF_{\alpha(s)}(b(s))\rangle ,$$

logo obtemos que

$$dF_{\alpha(s)}(t(s)) \times dF_{\alpha(s)}(n(s)) = dF_{\alpha(s)}(t(s) \times n(s)). \qquad (9)$$

Segue-se de (7), (8) e (9) que

$$\bar{b}(s) = \bar{t}(s) \times \bar{n}(s) = dF_{\alpha(s)}(b(s)).$$

Finalmente,

$$\bar{\tau}(s) \;=\; \langle \bar{b}(s), \, \bar{n}(s)\rangle = \langle dF_{\alpha(s)}(b'(s)), \, dF_{\alpha(s)}(n(s))\rangle =$$
$$=\; \langle b'(s), \, n(s)\rangle = \tau(s).$$

Analogamente, demonstra-se o caso em que F inverte orientação, observando que (9) passa a ser

$$dF_{\alpha(s)}(t(s)) \times dF_{\alpha(s)}(n(s)) = -dF_{\alpha(s)}(t(s) \times n(s)).$$

$\square$

A proposição anterior afirma, o que é natural de se esperar, que duas curvas congruentes têm a mesma curvatura e torção (a menos de sinal). O teorema fundamental das curvas mostra que esta propriedade caracteriza as curvas congruentes. Além disso, o teorema prova que, dadas duas funções diferenciáveis quaisquer, sendo uma delas positiva, existe uma curva regular de $\mathbb{R}^3$ que admite essas funções como curvatura e torção, mais precisamente.

6. Isometrias do $\mathbb{R}^3$; Teorema Fundamental das Curvas

6.15 Teorema fundamental das curvas

a) Dadas duas funções diferenciáveis, $k(s) > 0$ e $\tau(s)$, $s \in I \subset \mathbb{R}$, existe uma curva regular $\alpha(s)$ parametrizada pelo comprimento de arco, tal que $k(s)$ é a curvatura e $\tau(s)$ é a torção de α em s.

b) A curva $\alpha(s)$ é única se fixarmos um ponto $\alpha(s_0) = p_0 \in \mathbb{R}^3$, $\alpha'(s_0) = v_1$, $\alpha''(s_0) = k(s_0)v_2$, onde v_1 e v_2 são vetores ortonormais de $\mathbb{R}^3$.

c) Se duas curvas $\alpha(s)$ e $\beta(s)$ têm a mesma curvatura e torção (a menos de sinal), então α e β são congruentes.

Demonstração. Vamos iniciar provando c). A ideia é considerar uma isometria F conveniente e a curva $\bar{\alpha} = F \circ \alpha$ que é congruente a α, em seguida provar que $\bar{\alpha} = \beta$.

Fixemos $s_0 \in I$ e suponhamos que $\tau_\alpha = \tau_\beta$ (resp. $\tau_\alpha = -\tau_\beta$). Usaremos os índices α e β para indicar a curva à qual se refere a curvatura, torção, etc. Seja F a isometria de $\mathbb{R}^3$, tal que $F(\alpha(s_0)) = \beta(s_0)$ e

$$
\begin{aligned}
dF_{\alpha(s_0)}(t_\alpha(s_0)) &= t_\beta(s_0), \\
dF_{\alpha(s_0)}(n_\alpha(s_0)) &= n_\beta(s_0), \\
dF_{\alpha(s_0)}(b_\alpha(s_0)) &= b_\beta(s_0) \quad (\text{resp. } dF_{\alpha(s_0)}(b_\alpha(s_0)) = -b_\beta(s_0)).
\end{aligned}
$$

Observamos que a existência de F é garantida pela Proposição 6.12. Seja $\bar{\alpha} = F \circ \alpha$, denotaremos por $\bar{k}$, $\bar{\tau}$ etc. a curvatura, torção etc., relativos à curva $\bar{\alpha}$. Segue-se da Proposição 6.14 e da escolha de F que

$$
\begin{aligned}
&\bar{\alpha}(s_0) = \beta(s_0), && \bar{t}(s_0) = t_\beta(s_0), \\
&\bar{k} = k_\alpha = k_\beta, && \bar{n}(s_0) = n_\beta(s_0), \\
&\bar{\tau} = \tau_\alpha = \tau_\beta \ (\text{resp. } \bar{\tau} = -\tau_\alpha = \tau_\beta), && \bar{b}(s_0) = b_\beta(s_0).
\end{aligned}
$$

Para provar que $\bar{\alpha} = \beta$, basta mostrar que $\bar{t} = t_\beta$, pois neste caso teremos $\bar{\alpha}(s) - \beta(s)$ constante e, como $\bar{\alpha}(s_0) = \beta(s_0)$, poderemos concluir que

$\bar{\alpha}(s) = \beta(s)$, $\forall s \in I$. Consideremos a função $f : I \to \mathbb{R}$, que a cada $s \in I$ associa

$$f(s) = |\bar{t}(s) - t_\beta(s)|^2 + |\bar{n}(s) - n_\beta(s)|^2 + |\bar{b}(s) - b_\beta(s)|^2.$$

Não é difícil verificar que $f'(s) = 0$, $\forall s \in I$, portanto, $f(s)$ é constante. Como $f(s_0) = 0$, concluímos que $f(s) \equiv 0$ e $\bar{t} = t_\beta$.

a) Para provar a existência de α, veremos que basta mostrar que existe um referencial ortonormal $t(s), n(s), b(s)$ que satisfaz as fórmulas de Frenet e em seguida definir $\alpha(s) = \int_{s_0}^{s} t(s)ds$.

Denotemos por $t(s) = (t_1(s), t_2(s), t_3(s))$, $n(s) = (n_1(s), n_2(s), n_3(s))$, $b(s) = (b_1(s), b_2(s), b_3(s))$. Queremos provar a existência de funções $t_i(s)$, $n_i(s), b_i(s)$, $1 \leq i \leq 3$ que satisfazem o sistema de nove equações diferenciais

$$
\begin{aligned}
t_i'(s) &= k(s)n_i(s), \\
n_i'(s) &= -k(s)t_i(s) - \tau(s)b_i(s), \quad 1 \leq i \leq 3, \\
b_i'(s) &= \tau(s)n_i(s).
\end{aligned}
\tag{10}
$$

Do teorema de existência e unicidade de soluções de sistemas de equações diferenciais ordinárias (ver, por exemplo, [13]), concluímos que, fixados os valores de $t_i(s_0)$, $n_i(s_0)$, $b_i(s_0)$, $1 \leq i \leq 3$, para um $s_0 \in I$, existe uma única solução do sistema acima. Em particular, existe uma única solução $t_i(s)$, $n_i(s)$, $b_i(s)$, $1 \leq i \leq 3$, do sistema (10) quando fixamos

$$
\begin{aligned}
t(s_0) &= (t_1(s_0), t_2(s_0), t_3(s_0)) = (1, 0, 0), \\
n(s_0) &= (n_1(s_0), n_2(s_0), n_3(s_0)) = (0, 1, 0), \\
b(s_0) &= (b_1(s_0), b_2(s_0), b_3(s_0)) = (0, 0, 1).
\end{aligned}
\tag{11}
$$

Vamos provar que esta solução $t(s), n(s), b(s)$ é um referencial ortonormal. Para isso, consideremos o seguinte sistema de equações para as funções

6. Isometrias do $\mathbb{R}^3$; Teorema Fundamental das Curvas

$\langle t(s),t(s)\rangle$, $\langle n(s),n(s)\rangle$, $\langle b(s),b(s)\rangle$, $\langle t(s),n(s)\rangle$, $\langle t(s),b(s)\rangle$, $\langle b(s),n(s)\rangle$:

$$\frac{d}{ds}\langle t,\,t\rangle = 2k\langle t,\,n\rangle,$$

$$\frac{d}{ds}\langle n,\,n\rangle = -2k\langle t,\,n\rangle - 2\tau\langle b,\,n\rangle,$$

$$\frac{d}{ds}\langle b,\,b\rangle = 2\tau\langle b,\,n\rangle,$$

$$\frac{d}{ds}\langle t,\,n\rangle = k\langle n,\,n\rangle - k\langle t,\,t\rangle - \tau\langle t,\,b\rangle, \qquad (12)$$

$$\frac{d}{ds}\langle t,\,b\rangle = k\langle b,\,n\rangle + \tau\langle t,\,n\rangle,$$

$$\frac{d}{ds}\langle b,\,n\rangle = \tau\langle n,\,n\rangle - k\langle t,\,b\rangle - \tau\langle b,\,b\rangle,$$

com a condição inicial $\langle t(s_0),\,t(s_0)\rangle = \langle n(s_0),\,n(s_0)\rangle = \langle b(s_0),\,b(s_0)\rangle = 1$, $\langle t(s_0),\,n(s_0)\rangle = \langle t(s_0),\,b(s_0)\rangle = \langle b(s_0),\,n(s_0)\rangle = 0$. A solução para este problema de valor inicial é única e é dada pelas funções

$$\langle t(s),\,t(s)\rangle = \langle n(s),\,n(s)\rangle = \langle b(s),\,b(s)\rangle \equiv 1,$$

$$\langle t(s),\,n(s) = \langle t(s),\,b(s)\rangle = \langle b(s),\,n(s)\rangle \equiv 0.$$

De fato, basta substituir estas funções no sistema acima para verificar que formam uma solução do sistema. Portanto, a solução de (10) com a condição inicial (11) forma um referencial ortonormal para todo s. Além disso, $b(s) = t(s) \times n(s)$, já que esta condição é satisfeita para $s = s_0$.

Definimos a curva $\alpha(s) = \displaystyle\int_{s_0}^{s} t(s)ds$. Como $t(s)$ é um vetor unitário, obtemos que α está parametrizada pelo comprimento de arco s. Além disso, $\alpha'(s) = t(s)$ e $\alpha''(s) = t'(s)$. Segue-se de (10) que $\alpha''(s) = k(s)n(s)$. Como $n(s)$ é unitário e $k(s) > 0$, temos que n é o vetor unitário na direção de α'', ou seja, n é o vetor normal a α e, portanto, $k(s)$ é a curvatura de α, e concluímos de (10) que τ é a torção de α.

94   *II. CURVAS NO ESPAÇO*

b) Provar que a curva α é única, quando fixamos $\alpha(s_0) = p_0$, $\alpha'(s_0) = v_1$ e $\alpha''(s_0) = k(s_0)v_2$, onde v_1 e v_2 são vetores ortonormais de $\mathbb{R}^3$, corresponde a provar, inicialmente, que existe uma única solução do sistema (10), quando fixamos $t(s_0) = v_1$, $n(s_0) = v_2$ e $b(s_0) = v_1 \times v_2$. Este fato decorre do teorema de existência e unicidade de solução de um sistema de equações diferenciais lineares. Obtida esta solução $t(s)$, $n(s)$, $b(s)$, prova-se que é um referencial ortonormal usando o sistema (12). Como a curva α deve satisfazer $\alpha'(s) = t(s)$, concluímos que $\alpha(s) = p_0 + \displaystyle\int_{s_0}^{s} t(s)ds$.

$\square$

6.16 Exercícios

1. Se T_a indica translação por a e C uma transformação ortogonal, verifique que $C \circ T_a = T_{C(a)} \circ C$.

2. Prove que toda isometria F de $\mathbb{R}^3$ possui inversa F^{-1}, que também é uma isometria. Se $F = T_a \circ C$, obtenha F^{-1} como composta de uma translação e uma transformação ortogonal.

3. Verifique se as seguintes funções são isometrias de $\mathbb{R}^3$. Em caso afirmativo, obtenha a função como composta de uma translação e uma transformação ortogonal.

   a) $F(x, y, z) = (x, y, z)$, $\forall (x, y, z) \in \mathbb{R}^3$,

   b) $F(x, y, z) = (2 - y, z - 3, x + 1)$,

   c) $F(x, y, z) = \dfrac{1}{\sqrt{2}}(x - z, \sqrt{2}y, x + z)$.

4. Considere uma isometria $F = T \circ C$ e π o plano que passa por um ponto p de $\mathbb{R}^3$, ortogonal ao vetor v. Prove que $F(\pi)$ é o plano que passa por $F(p)$ ortogonal ao vetor $C(v)$.

5. Considere os pontos $p = (1, -2, 0)$ e $q = (0, 0, 1)$ e os referenciais $v_1 = (1/\sqrt{2}, 0, 1/\sqrt{2})$, $v_2 = (0, 1, 0)$, $v_3 = (1/\sqrt{2}, 0, -1/\sqrt{2})$, e

6. Isometrias do $\mathbb{R}^3$; Teorema Fundamental das Curvas 95

$w_1 = (2/3, 2/3, 1/3)$, $\quad w_2 = (-2/3, 1/3, 2/3)$, $\quad w_3 = (1/3, -2/3, 2/3)$.
Obtenha a isometria F de $\mathbb{R}^3$ tal que $F(p) = q$ e $dF_p(v_i) = w_i$, para $i = 1, 2, 3$.

6. a) Verifique que toda translação preserva orientação.

   b) Verifique que a isometria $F(x, y, z) = (-x, -y, -z)$ inverte orientação.

7. Seja $F : \mathbb{R}^3 \to \mathbb{R}^3$ uma aplicação diferenciável, tal que $\forall p \in \mathbb{R}^3$, dF_p preserva produto interno. Prove que F é uma isometria.

8. Verifique que a curva $\alpha(t) = (2 \cos t, 2 \operatorname{sen} t, 2t)$, $t \in \mathbb{R}$, e a curva $\beta(t) = (t + \sqrt{3} \operatorname{sen} t, 2 \cos t, \sqrt{3} t - \operatorname{sen} t)$ são congruentes. Obtenha a isometria F tal que $F \circ \alpha = \beta$.

9. Sejam α, $\beta : I \to \mathbb{R}^3$ curvas regulares congruentes, tal que $\forall s \in I$, $k(s) > 0$. Prove que existe uma única isometria F tal que $F \circ \alpha = \beta$, exceto quando $\tau = 0$ e, neste caso, existem exatamente duas.

10. Sejam α, $\bar{\alpha} : I \to \mathbb{R}^3$ curvas regulares, parametrizadas pelo comprimento de arco, tal que, para cada $s \in I$, a curvatura e a torção de α e $\bar{\alpha}$ em s não se anulam. Prove que, se os vetores binormais das duas curvas coincidem, isto é, $b(s) = \bar{b}(s)$, então α e $\bar{\alpha}$ são congruentes.

11. Determine a curva cuja curvatura é dada pela função $k(s) = \dfrac{1}{2s}$, $s > 0$, e a torção por $\tau(s) = 0$.

12. Seja $\alpha(s)$ uma curva regular de curvatura $k(s) = 1/(a \operatorname{sen} \dfrac{s}{2a})$ e a torção $\tau(s) = 1/(2a)$, $a > 0$. Verifique que o traço de α está contido em uma esfera de raio a.

13. Prove que uma curva regular α, cuja curvatura não se anula, tem torção

constante $\tau = \dfrac{1}{a}$, $a \neq 0$ se, e só se,

$$\alpha(t) = a\left(\int f_1(t)dt, \ \int f_2(t)dt, \ \int f_3(t)dt\right),$$

onde $(f_1, f_2, f_3) = F \times F'$ e F é uma função vetorial tal que $|F(t)| = 1$ e $\langle F, F' \times F'' \rangle \neq 0$.

14. Verifique que, se uma curva regular tem a curvatura $k(s) = \dfrac{1}{as}$ e torção $\tau(s) = bs$, onde a e b são constantes, então a curva admite uma parametrização da forma

$$\alpha(t) = (Ae^{ct}\cos t, \ Ae^{ct}\operatorname{sen} t, \ Be^{ct}),$$

onde as constantes A, B e c dependem de a e b.

15. Duas curvas $\alpha(t)$ e $\beta(t)$ são ditas *curvas de Bertrand* se em pontos correspondentes têm a mesma reta normal. Prove que

a) a distância entre pontos correspondentes é constante;

b) o ângulo entre as retas tangentes de pontos correspondentes é constante.

16. Seja $\alpha(s)$ uma curva regular cuja torção não se anula. Prove que

a) existe uma curva β tal que α e β são curvas de Bertrand se, e só se, a curvatura e a torção de α satisfazem a uma relação da forma

$$ak(s) + b\tau(s) = 1,$$

onde a e b são constantes;

b) existe mais de uma curva β tal que α e β são curvas de Bertrand se, e só se, α é uma hélice circular.

7. Teoria do Contato

Dada uma curva regular $\alpha: I \to \mathbb{R}^3$, dentre todas as retas de $\mathbb{R}^3$ que passam por $\alpha(t_0)$, intuitivamente, parece-nos que a reta tangente a α em t_0 é aquela que tem maior "contato" com a curva. Além disso, dentre todos os planos que contêm a reta tangente a α em t_0, o plano osculador parece ter maior "contato" com a curva. A fim de precisar melhor essas ideias, consideremos a seguinte definição:

7.1 Definição. Sejam $\alpha: I \to \mathbb{R}^3$ e $\beta: \bar{I} \to \mathbb{R}^3$ curvas regulares tal que $\alpha(t_0) = \beta(t_0)$, onde $t_0 \in I \cap \bar{I}$. Dizemos que α e β têm *contato de ordem* n em t_0 (n inteiro ≥ 1) se todas as derivadas de ordem $\leq n$ das funções α e β coincidem em t_0 e as derivadas de ordem $n+1$ em t_0 são distintas.

7.2 Exemplos

a) As curvas $\alpha(t) = (t, t^n, 0)$, $t \in \mathbb{R}$, e $\beta(t) = (t, 0, 0)$, $t \in \mathbb{R}$, têm contato de ordem $n-1$ em $t = 0$.

b) As curvas regulares $\alpha(t) = (t, \cosh t, 0)$, $t \in \mathbb{R}$, e $\beta(t) = (t, \frac{1}{2}t^2 + 1, 0)$, $t \in \mathbb{R}$, têm contato de ordem 3 em $t = 0$.

Observamos que, se α e β são curvas regulares tais que $\alpha(t_0) = \beta(t_0)$ e todas as derivadas de ordem $\leq n$ de α e β coincidem em t_0, então α e β têm contato de ordem $\geq n$ em t_0.

7.3 Proposição. *Seja* $\alpha: I \to \mathbb{R}^3$ *uma curva regular. Uma reta* β *tem contato* ≥ 1 *com* α *em* t_0 *se, e só se,* β *é a reta tangente a* α *em* t_0.

Demonstração. Seja $\beta: \mathbb{R} \to \mathbb{R}^3$ uma reta qualquer, que podemos considerar definida por

$$\beta(t) = a + (t - t_0)v$$

onde v é um vetor não nulo de $\mathbb{R}^3$ e $a \in \mathbb{R}^3$. Se β e α têm contato ≥ 1 em t_0, então

$$
\begin{aligned}
a &= \beta(t_0) = \alpha(t_0), \\
v &= \beta'(t_0) = \alpha'(t_0).
\end{aligned}
$$

Portanto,

$$
\beta(t) = \alpha(t_0) + (t - t_0)\alpha'(t_0),
$$

isto é, β é a reta tangente a α em t_0. A recíproca é imediata.

$\square$

Na teoria de curvas planas, consideramos a noção de raio de curvatura e círculo osculador. Analogamente, para uma curva regular no espaço $\alpha(s)$, cuja curvatura $k(s)$ não se anula, definimos o *raio de curvatura* de α em s, $\rho(s) = \dfrac{1}{k(s)}$ e o *círculo osculador* de raio $\rho(s)$ e centro em

$$
c(s) = \alpha(s) + \rho(s)n(s)
$$

denominado *centro de curvatura*. A proposição seguinte mostra que o círculo osculador tem contato de ordem ≥ 2 com a curva.

7.4 Proposição. *Seja* $\alpha : I \to \mathbb{R}^3$ *uma curva regular parametrizada pelo comprimento de arco* s, *tal que* $k(s) \neq 0$, $\forall s \in I$. *Fixado* $s_0 \in I$, *seja* $\beta(s), s \in \mathbb{R}$, *uma curva parametrizada pelo comprimento de arco tal que* $\beta(s_0) = \alpha(s_0)$ *e o traço de* β *é o círculo osculador a* α *em* s_0. *Então,* α *e* β *(ou uma reparametrização de* β) *têm contato de ordem* ≥ 2.

Demonstração. Sejam $t(s_0)$, $n(s_0)$ e $b(s_0)$ o triedro de Frenet da curva α em s_0. Como o traço de β está contido no plano osculador de α em s_0, temos que $\forall s \in \mathbb{R}$,

$$
\langle \beta(s) - \alpha(s_0), b(s_0) \rangle = 0. \tag{13}
$$

7. Teoria do Contato

Além disso,

$$\left| \beta(s) - \alpha(s_0) - \frac{1}{k(s_0)} n(s_0) \right|^2 = \frac{1}{k^2(s_0)}. \tag{14}$$

Considerando a derivada de (13) e (14) em $s = s_0$, obtemos

$$\langle \beta'(s_0), b(s_0) \rangle = 0,$$
$$\langle \beta'(s_0), n(s_0) \rangle = 0.$$

Portanto, $\beta'(s_0) = \pm t(s_0)$.

Se $\beta'(s_0) = t(s_0) = \alpha'(s_0)$, considerando as derivadas de segunda ordem de (13) e (14) em $s = s_0$, temos que

$$\langle \beta''(s_0), b(s_0) \rangle = 0,$$
$$\langle \beta''(s_0), n(s_0) \rangle = k(s_0).$$

Como $|\beta'(s)| = 1$, temos que $\beta''(s_0)$ é ortogonal a $\beta'(s_0)$ e, portanto,

$$\langle \beta''(s_0), t(s_0) \rangle = 0.$$

Logo concluímos que

$$\beta''(s_0) = k(s_0)n(s_0) = \alpha''(s_0),$$

isto é, α e β têm contato de ordem ≥ 2.

Se $\beta'(s_0) = -t(s_0)$, consideramos o argumento acima para a reparametrização da curva

$$\bar{\beta}(s) = \beta(2s_0 - s).$$

$\square$

A seguir, definimos a noção de contato entre uma curva e um plano.

7.5 Definição. Seja $\alpha : I \to \mathbb{R}^3$ uma curva regular e π um plano de $\mathbb{R}^3$ que contém um ponto $p = \alpha(t_0)$, para algum $t_0 \in I$. Dizemos que α e π têm *contato de ordem* $\geq n$ (resp. $= n$) em p se existe uma curva regular

$\beta : \bar{I} \to \mathbb{R}^3$ tal que $\beta(\bar{I}) \subset \pi$ e α e β têm contato de ordem $\geq n$ em t_0 (resp. $= n$ em t_0 e não existe curva em π que tem contato de ordem $> n$ com α em t_0).

Todo plano de $\mathbb{R}^3$ que contém a reta tangente a uma curva α em t_0 tem contato de ordem ≥ 1 com a curva α em t_0. Dentre esses planos, destaca-se o plano osculador que tem contato de ordem ≥ 2. Mais precisamente:

7.6 Proposição. *Seja* $\alpha : I \to \mathbb{R}^3$ *uma curva parametrizada pelo comprimento de arco, de curvatura não nula, e* π *um plano de* $\mathbb{R}^3$ *que passa por* $\alpha(s_0)$. *Então,* α *e* π *têm contato de ordem* ≥ 2 *se, e só se,* π *é o plano osculador de* α *em* s_0.

Demonstração. Se α e π têm contato de ordem ≥ 2, então existe uma curva regular $\bar{\alpha} : \bar{I} \to \mathbb{R}^3$ que podemos supor parametrizada pelo comprimento de arco, tal que $s_0 \in I \cap \bar{I}$, $\bar{\alpha}(\bar{I}) \subset \pi$ e $\bar{\alpha}$ e α têm contato de ordem ≥ 2 em s_0. Portanto,

$$\bar{t}(s_0) = t(s_0), \qquad \bar{\alpha}''(s_0) = \alpha''(s_0).$$

Segue-se que α e $\bar{\alpha}$ têm o mesmo plano osculador em s_0. O plano π é o plano osculador de $\bar{\alpha}$ em s_0, pois $\bar{\alpha}(\bar{I}) \subset \pi$ (ver Lema 4.1), portanto, concluímos que π é o plano osculador de α em s_0.

A recíproca é uma consequência imediata da proposição anterior.

$\square$

Observamos que, se a torção de α em s_0 é não nula, então α e o plano osculador em s_0 têm contato de ordem igual a 2 (ver Exercício 4).

De modo análogo à Definição 7.5, pode-se introduzir o conceito de contato entre uma curva e uma esfera (ver Exercício 9). No caso de uma curva $\alpha(s)$ cuja torção $\tau(s)$ não se anula, definimos a *esfera osculatriz* de α em s_0

7. Teoria do Contato

como sendo a esfera de $\mathbb{R}^3$ de raio

$$R(s_0) = \sqrt{\rho(s_0) + \left(\frac{\rho'(s_0)}{\tau(s_0)}\right)^2}$$

e centro, denominado *centro de curvatura esférica,*

$$C(s_0) = \alpha(s_0) + \rho(s_0)n(s_0) + \frac{\rho'(s_0)}{\tau(s_0)}\, b(s_0),$$

onde $\rho(s_0)$ é o raio de curvatura. A esfera osculatriz tem contato de ordem ≥ 3 com a curva (ver Exercício 9).

7.7 Exercícios

1. Seja $\alpha : I \to \mathbb{R}^3$ uma curva regular, parametrizada pelo comprimento de arco. Se para todo $s \in I$, $k(s) > 0$, então prove que a reta tangente a α em s, $\forall s \in I$, tem contato de ordem 1 com α. Dê um exemplo de curva regular que tem contato de ordem 2 com uma de suas retas tangentes. É possível obter uma curva regular, que tem contato de ordem $\geq n$, com uma de suas retas tangentes, para todo inteiro $n \geq 1$? Justifique.

2. Sejam $\alpha : I \to \mathbb{R}^3$ e $\beta : \bar{I} \to \mathbb{R}^3$ curvas regulares que têm contato de ordem n em $t_0 \in I \cap \bar{I}$. Se $F : \mathbb{R}^3 \to \mathbb{R}^3$ é um difeomorfismo, prove que $F \circ \alpha$ e $F \circ \beta$ têm contato de ordem n em t_0.

3. Considere duas curvas regulares $\alpha(t) = (t, y(t), 0)$ e $\bar{\alpha}(t) = (t, \bar{y}(t), 0)$, $t \in I$, que têm contato de ordem n em $t_0 \in I$. Prove que:

a) Se n é ímpar, existe uma vizinhança J de t_0 em I, tal que $\forall t \in J$, $y(t) - \bar{y}(t)$ não muda de sinal (ver Figura 19).

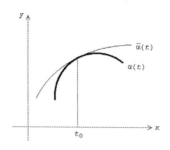

Figura 19

b) Se n é par, então existem t_1 e $t_2 \in I$, tal que $y(t_1) - \bar{y}(t_1) < 0$ e $y(t_2) - \bar{y}(t_2) > 0$ (ver Figura 20).

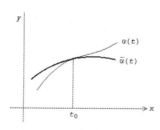

Figura 20

4. Seja $\alpha(s)$, $s \in I$, uma curva parametrizada pelo comprimento de arco. Prove que, se $k(s_0)$ e $\tau(s_0)$ são não nulos, então o plano osculador a α em s_0 e α têm contato de ordem igual a 2.

5. Se $\alpha(s)$ é uma hélice circular, prove que a curva $c(s)$, determinada pelos centros de curvatura de α, também é uma hélice circular. Deter-

7. Teoria do Contato

mine uma hélice circular α de tal modo que os traços de α e c estejam contidos no mesmo cilindro.

6. Determine as condições que uma curva $\alpha(s)$ deve satisfazer para que o centro da esfera osculatriz seja o mesmo para todo s.

7. Seja $\alpha(s)$, $s \in I$, uma curva regular. Suponha que a curvatura $k(s)$ e a torção $\tau(s)$ de α não se anulam. Seja $c(s)$ a curva descrita pelos centros de curvatura de α. Prove que a curvatura de c é dada por

$$\left[\left(\frac{\rho^2}{R^3 \tau} \frac{d}{ds} \left(\frac{\rho'}{\tau\rho} \right) - \frac{1}{R} \right)^2 + \left(\frac{\rho'}{\rho \tau^2 R^2} \right)^2 \right]^{\frac{1}{2}},$$

onde ρ é o raio de curvatura de α e R o raio de curvatura esférica de α.

8. Prove que, se o raio de curvatura esférica de uma curva α é constante, então a curvatura de α é constante ou o traço de α está contido em uma esfera.

9. Seja $\alpha(s)$, $s \in I$, uma curva parametrizada pelo comprimento de arco s. Consideremos uma esfera em $\mathbb{R}^3$ de centro c e raio $a > 0$

$$S = \left\{ P = (x, y, z) \in R^3; \ |P - c|^2 = a^2 \right\}.$$

Dizemos que α e S têm contato de ordem $\geq n$ (resp. $= n$) se existe curva $\beta(s)$, tal que $\beta(s) \in S$, $\forall s$ e α e β têm contato de ordem $\geq n$ em s_0 (resp. $= n$ e não existe curva β contida em S que tem contato de ordem $> n$ com α). Prove que:

a) Se S é uma esfera que tem contato de ordem ≥ 1 com α em s_0, então o centro de S pertence ao plano normal de α em s_0.

b) Se S é uma esfera que tem contato de ordem ≥ 2 com α em s_0, então o centro de S pertence à reta que passa pelo centro de curvatura de α em s_0 na direção do vetor binormal $b(s_0)$.

104   *II. CURVAS NO ESPAÇO*

c) Uma esfera que tem contato de ordem ≥ 2 com α em s_0 intercepta o plano osculador de α em s_0 ao longo do círculo osculador em s_0.

d) A esfera osculatriz de α em s_0 tem contato de ordem ≥ 3 com α em s_0.

10. Obtenha a ordem de contato da curva $\alpha(s) = (s, r, 0)$ e a esfera $S = \{(x, y, z) \in \mathbb{R}^3; x^2 + y^2 + z^2 = r^2\}$, onde r é uma constante positiva.

11. Sejam $\alpha(s)$ uma curva regular, π um plano de $\mathbb{R}^3$ e S uma esfera.

a) Suponha que $\alpha(s)$ e π têm contato de ordem n em s_0. Prove que, se n é ímpar, então, para s suficientemente próximo de s_0, $\alpha(s)$ pertence a um mesmo semiespaço de $\mathbb{R}^3$ determinado por π. Se n é par, então existem s_1 e s_2 tal que $\alpha(s_1)$ e $\alpha(s_2)$ pertencem a semiespaços distintos determinados por π (isto é, α atravessa o plano π).

b) Suponha que $\alpha(s)$ e S têm contato de ordem n em s_0. Prove que, se n é ímpar, então, para s suficientemente próximo de s_0, $\alpha(s)$ pertence a um mesmo subespaço de $\mathbb{R}^3$ (interior ou exterior à esfera) determinado por S. Se n é par, então existem s_1 e s_2 tal que $\alpha(s_1)$ e $\alpha(s_2)$ pertencem a subespaços distintos determinados por S.

8. Involutas e Evolutas

Nesta seção veremos que uma curva α de $\mathbb{R}^3$ determina duas famílias de curvas, que são as involutas e evolutas de α. O estudo das evolutas de uma curva no espaço difere bastante de estudo das evolutas de uma curva plana. Uma curva plana tem uma única evoluta descrita pelos centros de curvatura (ver seção 4 do Capítulo I), enquanto uma curva no espaço tem uma família infinita de evolutas. Como veremos a seguir, as curvas descritas pelos centros de curvatura ou pelos centros de curvatura esférica de uma curva α, cuja torção

8. Involutas e Evolutas

não se anula, não são evolutas de α. Entretanto, existe uma generalização natural, para curvas no espaço, do conceito de involuta de uma curva plana. Uma vez definida uma involuta $\bar{\alpha}$ de uma curva α, é natural definir α como sendo uma evoluta de $\bar{\alpha}$.

8.1 Definição. Seja $\alpha(s)$, $s \in I$, uma curva regular de $\mathbb{R}^3$. Uma *involuta* de α é uma curva $\tilde{\alpha}(s)$ tal que, $\forall s \in I$, $\tilde{\alpha}(s)$ intercepta a reta tangente a α em s ortogonalmente.

Supondo que $\alpha(s)$ seja parametrizada pelo comprimento de arco, vamos obter a família das involutas de α. Como $\tilde{\alpha}(s)$ pertence à reta tangente a α em s, então

$$\tilde{\alpha}(s) = \alpha(s) + \lambda(s)t(s).$$

Além disso, $\tilde{\alpha}'(s)$ deve ser ortogonal a $t(s)$, isto é,

$$\langle t + \lambda't + \lambda t', \, t \rangle = 0.$$

Portanto,

$$1 + \lambda'(s) = 0,$$

ou seja,

$$\lambda(s) = a - s,$$

onde a é uma constante arbitrária. Daí concluímos que uma involuta de α é dada por

$$\tilde{\alpha}(s) = \alpha(s) + (a-s)t(s). \tag{15}$$

Como a é arbitrária, essa equação representa uma família infinita de involutas de α. As curvas são distintas para escolhas diferentes da constante a.

A família de involutas de uma curva pode ser interpretada geometricamente do seguinte modo: se desenrolarmos uma corda que está sobre a curva, de tal forma que a parte desenrolada é mantida esticada na direção da tangente à curva e o restante da corda permanece sobre a curva, então nesse movimento todo ponto da corda descreve uma involuta da curva (ver Figura 21).

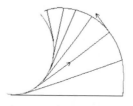

Figura 21

8.2 Definição. Se $\tilde{\alpha}$ é uma involuta de α, então definimos α como sendo uma *evoluta* de $\tilde{\alpha}$.

Suponhamos que $\tilde{\alpha}(s)$ é parametrizada pelo comprimento de arco, tal que a curvatura $\tilde{k}(s) \neq 0$, $\forall s$. Vamos denotar por $\tilde{t}$, $\tilde{n}$, $\tilde{b}$ o triedro de Frenet de $\tilde{\alpha}$. Para obter a evoluta α de $\tilde{\alpha}$, observamos que, pela definição de involuta de α para cada s, o segmento de reta determinado por $\alpha(s)$ e $\tilde{\alpha}(s)$ é ortogonal a $\tilde{\alpha}(s)$ em s e tangente a α em s. Portanto, podemos considerar

$$\alpha(s) = \tilde{\alpha}(s) + \lambda(s)\tilde{n}(s) + \mu(s)\tilde{b}(s). \tag{16}$$

Vamos determinar as funções λ e μ. Derivando (16) e usando as equações de Frenet, temos que

$$\alpha' = (1 - \lambda\tilde{k})\tilde{t} + (\lambda' + \mu\tilde{\tau})\tilde{n} + (\mu' - \lambda\tilde{\tau})\tilde{b}.$$

Como α' é paralelo a $\lambda\tilde{n} + \mu\tilde{b}$, obtemos

$$\begin{aligned} \lambda &= \frac{1}{\tilde{k}}, \\ \mu(\lambda' + \mu\tilde{\tau}) &= \lambda(\mu' - \lambda\tilde{\tau}). \end{aligned}$$

8. Involutas e Evolutas 107

Logo,

$$\tilde{\tau} = \frac{\lambda u' - u\lambda'}{u^2 + \lambda^2} = \frac{d}{ds}\left(\text{arctg}\,\frac{\lambda}{\mu}\right).$$

Portanto,

$$\lambda = \mu\,\text{tg}\left(\int \tilde{\tau}\,ds + a\right),$$

onde a é uma constante arbitrária. Como $\lambda = 1/\tilde{k}$, obtemos que

$$\mu = \frac{1}{\tilde{k}}\,\text{cotg}\left(\int \tilde{\tau}\,ds + a\right).$$

Concluímos de (16) que

$$\alpha(s) = \tilde{\alpha}(s) + \frac{1}{\tilde{k}(s)}\tilde{n}(s) + \frac{1}{\tilde{k}(s)}\,\text{cotg}\left(\int \tilde{\tau}\,ds + a\right)\tilde{b}(s) \qquad (17)$$

representa a família infinita de evolutas de $\tilde{\alpha}$.

Se a torção $\tilde{\tau}(s)$ não é nula, então segue-se trivialmente de (17) que a curva determinada pelos centros de curvatura de $\tilde{\alpha}$ não é uma evoluta de $\tilde{\alpha}$. Além disso, se considerarmos a curva $C(s)$ determinada pelos centros de curvatura esférica de $\tilde{\alpha}$, então $C(s)$ não é uma evoluta de $\tilde{\alpha}$, pois $C'(s)$ é paralelo a $\tilde{b}(s)$, enquanto o vetor tangente a uma evoluta de $\tilde{\alpha}$ é paralelo a $\frac{1}{\tilde{k}(s)}\tilde{n}(s) + \mu\tilde{b}(s)$.

Observamos que, se a curva $\tilde{\alpha}$ de $\mathbb{R}^3$ é plana, isto é, $\tilde{\tau} \equiv 0$, a única evoluta plana de $\tilde{\alpha}$ está contida no plano osculador, portanto, é obtida de (17) considerando $a = \pi/2$, o que mostra que a família de evolutas de uma curva plana de $\mathbb{R}^3$ contém a curva determinada pelos centros de curvatura. As outras evolutas de $\tilde{\alpha}$ são hélices.

8.3 Exercícios

1. Seja α uma curva regular cuja curvatura não se anula. Dentre as involutas de α, determine as que são curvas regulares.

108   *II. CURVAS NO ESPAÇO*

2. Prove que as involutas de uma hélice circular são curvas planas.

3. Seja $\alpha(s)$ uma curva regular. Prove que a curva determinada pelos centros de curvatura de α é uma evoluta de α se, e só se, α é uma curva plana.

4. Seja $\alpha(s)$ uma curva parametrizada pelo comprimento de arco, tal que $k(s) \neq 0, \forall s$. Prove que a curvatura $\tilde{k}$ e a torção $\tilde{\tau}$ da involuta $\tilde{\alpha}$ de α, isto é, $\tilde{\alpha}(s) = \alpha(s) + (a-s)t(s)$, são dadas por

$$\tilde{k}^2 = \frac{k^2 + \tau^2}{(a-s)^2 k^2} \qquad \tilde{\tau} = \frac{k'\tau - k\tau'}{(a-s)k(\tau^2 + k^2)}.$$

5. Sejam $\alpha_1(s)$ e $\alpha_2(s)$ duas evolutas distintas de uma mesma curva $\tilde{\alpha}(s)$ e seja $\theta(s)$ o ângulo formado pelos vetores tangentes a α_1 e α_2 em s. Verifique que $\theta(s)$ é constante.

6. Seja $\alpha(s)$ uma curva, parametrizada pelo comprimento de arco, cuja curvatura não se anula. Para cada s, considere uma reta ℓ do plano normal a α em s que forma um ângulo $\theta(s)$ com $n(s)$. Prove que, se ℓ é tangente a uma outra curva β (uma evoluta de α), então $\dfrac{d\theta}{ds} = \tau$, onde τ é a torção de α. Além disso, a razão entre a curvatura e a torção de β é igual a $-\cot g\,\theta$.

7. Verifique que as evolutas de uma curva regular plana de $\mathbb{R}^3$ são hélices.

8. Obtenha as involutas da circunferência $\alpha(s) = (\cos s, \ \operatorname{sen} s, 0)$. Verifique que são todas congruentes.

9. Verifique que a catenária $\alpha(t) = (t, \ c \cosh \dfrac{t}{c}, 0)$ pode ser reparametrizada pelo comprimento de arco por

$$\beta(s) = \alpha(t(s)) = (c \operatorname{arcsenh} \frac{s}{c}, \sqrt{c^2 + s^2}, 0).$$

Obtenha as involutas de β. Trace o gráfico da involuta obtida com a constante $a = 0$ em (15). (Esta involuta é uma tratriz.)

Capítulo III

TEORIA LOCAL DE SUPERFÍCIES

1. Superfície Parametrizada Regular

Neste capítulo, vamos investigar as propriedades geométricas locais de superfícies no espaço euclidiano $\mathbb{R}^3$. O conceito de superfície parametrizada será introduzido de modo análogo ao de curvas. Assumimos que temos um sistema de coordenadas cartesianas x, y, z em $\mathbb{R}^3$ e consideramos uma função

$$X(u, v) = (x(u, v), y(u, v), z(u, v)),$$

de duas variáveis u, v que variam em um aberto $U \subset \mathbb{R}^2$. Para cada $(u, v) \in U, X(u, v)$ determina um ponto de $\mathbb{R}^3$. Denotamos por S o subconjunto de $\mathbb{R}^3$ formado pelos pontos $X(u, v)$. A fim de que possamos utilizar as técnicas de cálculo diferencial no estudo de superfícies, vamos exigir a diferenciabilidade da função X. Além disso, vamos nos restringir ao estudo de superfícies que em cada ponto admitem um plano tangente.

1.1 Definição. Uma *superfície parametrizada regular* ou simplesmente uma *superfície* é uma aplicação $X : U \subset \mathbb{R}^2 \to \mathbb{R}^3$, onde U é um aberto de $\mathbb{R}^2$, tal que:

a) X é diferenciável de classe C^∞;

b) Para todo $q = (u, v) \in U$, a diferencial de X em $q, dX_q : \mathbb{R}^2 \to \mathbb{R}^3$, é injetora.

As variáveis u, v são os *parâmetros* da superfície. O subconjunto S de $\mathbb{R}^3$ obtido pela imagem da aplicação X é denominado *traço* de X.

110   *III. TEORIA LOCAL DE SUPERFÍCIES*

1.2 Observações.

a) A aplicação $X(u, v) = (x(u, v), y(u, v), z(u, v))$ é diferenciável de classe C^{∞} quando as funções x, y, z têm derivadas parciais de todas as ordens contínuas.

b) A condição b) da Definição 1.1 vai garantir a existência de plano tangente em cada ponto da superfície. Vejamos algumas formas equivalentes de expressar essa condição. Sejam e_1, e_2 a base canônica de $\mathbb{R}^2$ e $\bar{e}_1, \bar{e}_2, \bar{e}_3$ a base canônica de $\mathbb{R}^3$. Para cada $q = (u_0, v_0) \in U$, sabemos que a matriz associada a dX_q nas bases canônicas (ver Capítulo 0) é a matriz jacobiana

$$J(u_0, v_0) = \begin{pmatrix} \dfrac{\partial x}{\partial u}(u_0, v_0) & \dfrac{\partial x}{\partial v}(u_0, v_0) \\[2mm] \dfrac{\partial y}{\partial u}(u_0, v_0) & \dfrac{\partial y}{\partial v}(u_0, v_0) \\[2mm] \dfrac{\partial z}{\partial u}(u_0, v_0) & \dfrac{\partial z}{\partial v}(u_0, v_0) \end{pmatrix},$$

pois

$$dX_q(e_1) = \left(\frac{\partial x}{\partial u}(u_0, v_0), \frac{\partial y}{\partial u}(u_0, v_0), \frac{\partial z}{\partial u}(u_0, v_0) \right),$$
$$dX_q(e_2) = \left(\frac{\partial x}{\partial v}(u_0, v_0), \frac{\partial y}{\partial v}(u_0, v_0), \frac{\partial z}{\partial v}(u_0, v_0) \right).$$

Denotando esses dois vetores por $X_u(u_0, v_0)$ e $X_v(u_0, v_0)$, respectivamente, observamos que as seguintes afirmações são equivalentes:

b.1) dX_q é injetora;

b.2) a matriz $J(u_0, v_0)$ tem posto 2;

b.3) os vetores $X_u(u_0, v_0), X_v(u_0, v_0)$ são linearmente independentes;

b.4) $X_u(u_0, v_0) \times X_v(u_0, v_0) \neq 0$.

Se $X : U \subset \mathbb{R}^2 \to \mathbb{R}^3$ é uma superfície parametrizada, então, fixado um

1. Superfície Parametrizada Regular

ponto $(u_0, v_0) \in U$, as curvas

$$u \mapsto X(u, v_0),$$
$$v \mapsto X(u_0, v),$$

são chamadas *curvas coordenadas* de X em (u_0, v_0). Os vetores $X_u(u_0, v_0)$ e $X_v(u_0, v_0)$ são os vetores tangentes às curvas coordenadas (ver Figura 22).

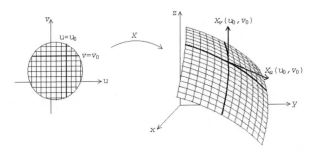

Figura 22

1.3 Exemplos

a) Sejam $p_0 = (x_0, y_0, z_0)$ um ponto de $\mathbb{R}^3$, $a = (a_1, a_2, a_3)$ e $b = (b_1, b_2, b_3)$ vetores linearmente independentes de $\mathbb{R}^3$. Consideremos a aplicação $X : \mathbb{R}^2 \to \mathbb{R}^3$ que, para cada $(u, v) \in \mathbb{R}^2$, associa $X(u, v) = p_0 + ua + vb$, isto é,

$$X(u, v) = (x_0 + ua_1 + vb_1, y_0 + ua_2 + vb_2, z_0 + ua_3 + vb_3).$$

Então, X é uma superfície parametrizada regular, pois X é diferenciável e os vetores $X_u \equiv a$, $X_v \equiv b$ são linearmente independentes. A aplicação X descreve um plano de $\mathbb{R}^3$ que passa pelo ponto p_0, ortogonal ao vetor $a \times b$ (ver Figura 23). As curvas coordenadas de X descrevem retas do plano, paralelas aos vetores a e b, respectivamente.

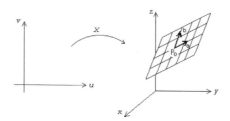

Figura 23

b) A aplicação

$$X(u, v) = \left(u, v, -\frac{1}{c}(d + au + bv)\right),$$

onde $(u, v) \in \mathbb{R}^2$ e $a, b, c \neq 0$ são constantes, é uma superfície parametrizada regular, cuja imagem é o plano de $\mathbb{R}^3$, dado por

$$S = \{(x, y, z) \in \mathbb{R}^3;\ ax + by + cz + d = 0\}.$$

c) Seja

$$X(u, v) = \left(u, v, \frac{u^2}{a^2} + \frac{v^2}{b^2}\right),\ (u, v) \in \mathbb{R}^2,$$

onde a e b são constantes não nulas. A aplicação X é diferenciável, e os vetores $X_u = (1, 0, 2u/a^2)$ $X_v = (0, 1, 2v/b^2)$ são linearmente independentes para todo $(u, v) \in \mathbb{R}^2$. Portanto, X é uma superfície parametrizada regular, cuja imagem é o *paraboloide elítico* (ver Figura 24)

$$S = \left\{(x, y, z) \in \mathbb{R}^3;\ z = \frac{x^2}{a^2} + \frac{y^2}{b^2}\right\}.$$

As curvas coordenadas descrevem as parábolas obtidas pela interseção de S com os planos paralelos a $x \circ z$ e $y \circ z$.

1. Superfície Parametrizada Regular

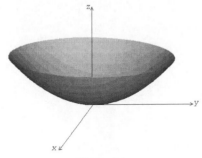

Figura 24

d) Consideremos a aplicação $X : U \subset \mathbb{R}^2 \to \mathbb{R}^3$ definida por

$$X(u, v) = (a \operatorname{sen} v \cos u, \, a \operatorname{sen} v \operatorname{sen} u, \, a \cos v),$$

onde $a > 0$ e $U = \mathbb{R} \times (0, \pi) = \{(u, v) \in \mathbb{R}^2; u \in \mathbb{R} \text{ e } 0 < v < \pi\}$ (ver Figura 25).

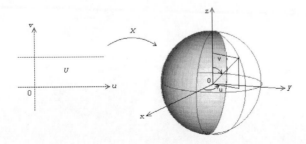

Figura 25

A aplicação X é diferenciável e os vetores

$$\begin{aligned} X_u &= (-a \operatorname{sen} v \operatorname{sen} u, \, a \operatorname{sen} v \cos u, \, 0), \\ X_v &= (a \cos v \cos u, \, a \cos v \operatorname{sen} u, \, -a \operatorname{sen} v) \end{aligned}$$

são linearmente independentes, para todo $(u, v) \in U$. De fato,

$$|X_u \times X_v| = a^2 \text{ sen } v \neq 0,$$

já que $v \in (0, \pi)$. A imagem de X é a esfera centrada na origem de raio a, menos os dois polos. As curvas coordenadas são os meridianos e paralelos da esfera.

e) As aplicações

$$X(u, v) = \left(u, v, \sqrt{a^2 - u^2 - v^2}\right),$$
$$\bar{X}(u, v) = \left(u, v, -\sqrt{a^2 - u^2 - v^2}\right),$$

onde $a > 0$ e (u, v) varia em $U = \{(u, v) \in \mathbb{R}^2; u^2 + v^2 < a^2\}$, são superfícies parametrizadas regulares cujas imagens são os dois hemisférios da esfera, centrada na origem de raio a (ver Figura 26).

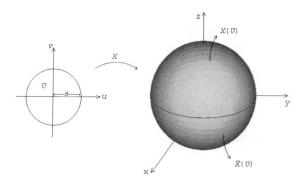

Figura 26

Os Exemplos b), c) e e) são casos especiais de uma família de superfícies parametrizadas, cujas imagens são gráficos de funções diferenciáveis, mais precisamente.

1. Superfície Parametrizada Regular

1.4 Proposição. *Se $f(u,v)$ é uma função real diferenciável, onde $(u,v) \in U$, aberto de $\mathbb{R}^2$, então a aplicação $X(u, v) = (u, v, f(u, v))$ é uma superfície parametrizada regular, que descreve o gráfico da função f.*

Demonstração. A diferenciabilidade de X decorre do fato de que as funções coordenadas de X são diferenciáveis. A matriz jacobiana de X é igual a

$$J = \begin{pmatrix} 1 & 0 \\ 0 & 1 \\ f_u & f_v \end{pmatrix},$$

que tem posto 2, para todo (u, v).

$\square$

1.5 Exemplo. Dessa proposição temos que a aplicação

$$X(u, v) = \left(u, v, \frac{u^2}{a^2} - \frac{v^2}{b^2} \right), \quad (u, v) \in \mathbb{R}^2,$$

onde a e b são constantes não nulas, é uma superfície parametrizada regular, cujo traço é o *paraboloide hiperbólico* (ver Figura 27)

$$S = \left\{ (x, y, z) \in \mathbb{R}^3; z = \frac{x^2}{a^2} - \frac{y^2}{b^2} \right\}.$$

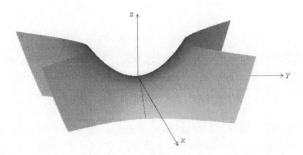

Figura 27

116   *III. TEORIA LOCAL DE SUPERFÍCIES*

A proposição a seguir fornece uma família de superfícies parametrizadas, que descrevem o conjunto de pontos de $\mathbb{R}^3$, obtidos pela rotação do traço de uma curva regular plana em torno de uma reta deste plano que não intercepta a curva.

1.6 Proposição. *Seja* $\alpha(u) = (f(u),\ 0,\ g(u))$, $u \in I \subset R$, *uma curva regular tal que* $f(u)$ *não se anula. Então, a aplicação*

$$X(u,\ v) = (f(u)\ \cos v,\ f(u)\ \operatorname{sen} v,\ g(u)),$$

onde $u \in I$ *e* $v \in \mathbb{R}$ *é uma superfície parametrizada regular.*

Demonstração. Como α é uma aplicação diferenciável, temos que as funções coordenadas de X são diferenciáveis. Os vetores

$$
\begin{aligned}
X_u &= (f'(u)\ \cos v,\ f'(u)\ \operatorname{sen} v,\ g'(u)), \\
X_v &= (-f(u)\ \operatorname{sen} v,\ f(u) \cos v,\ 0)
\end{aligned}
$$

são linearmente independentes, pois

$$|X_u \times X_v|^2 = f^2(u)[(g')^2 + (f')^2] \neq 0,$$

já que α é uma curva regular e f não se anula. Portanto, concluímos que X é uma superfície parametrizada regular.

$$\square$$

A aplicação X da Proposição 1.6 é denominada *superfície de rotação* da curva α em torno do eixo $0z$. A curva α está contida no plano $x0z$, e o eixo de rotação $0z$ não intercepta a curva, já que $f(u) \neq 0$ (ver Figura 28). As curvas coordenadas $X(u_0,\ v)$ e $X(u,\ v_0)$ são os *paralelos* e *meridianos* da superfície de rotação (ver Figura 28).

1. Superfície Parametrizada Regular

Observamos que, se α é uma curva regular de $\mathbb{R}^3$, cujo traço está contido num plano π, e ℓ é uma reta deste plano que não intercepta a curva, podemos escolher um sistema de coordenadas de $\mathbb{R}^3$ de tal forma que π é o plano xoz e ℓ, o eixo $0z$. Portanto, pela Proposição 1.6, obtemos uma superfície de rotação da curva α em torno de ℓ.

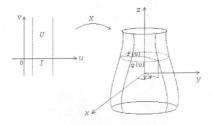

Figura 28

1.7 Exemplos de superfícies de rotação

a) A superfície

$$X(u, v) = (a \cos v, a \text{ sen } v, u),$$

onde $(u, v) \in \mathbb{R}^2$, descreve o *cilindro circular*, que é obtido pela rotação da reta $\alpha(u) = (a, 0, u)$ em torno do eixo $0z$ (ver Figura 29).

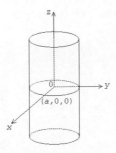

Figura 29

b) Consideremos a catenária

$$\alpha(u) = (u, a \cosh\frac{u}{a}, 0), \quad u \in \mathbb{R},$$

onde $a > 0$ é constante. A superfície

$$X(u, v) = (u, a \cosh\frac{u}{a} \cos v, a \cosh\frac{u}{a} \operatorname{sen} v),$$

$(u, v) \in \mathbb{R}^2$, descreve o *catenoide*, que é obtido pela rotação da catenária α em torno do eixo $0x$ (ver Figura 30).

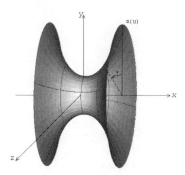

Figura 30

c) Seja $\alpha(u) = (a + r \cos u, 0, r \operatorname{sen} u)$, $u \in \mathbb{R}$, onde $0 < r < a$, a curva que descreve a circunferência contida no plano $x \circ z$ (ver Figura 31), centrada no ponto $(a, 0, 0)$, de raio r.

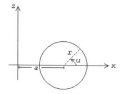

Figura 31

1. Superfície Parametrizada Regular

Considerando a rotação de α em torno do eixo $0z$, obtemos a superfície de rotação

$$X(u, v) = ((a + r\cos u)\cos v, (a + r\cos u)\,\text{sen}\, v, r\,\text{sen}\, u),$$

$(u, v) \in \mathbb{R}^2$, que descreve o *toro* (ver Figura 32).

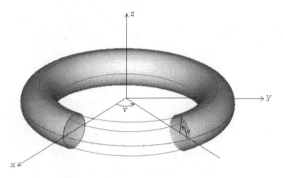

Figura 32

Observamos que o traço de uma superfície parametrizada regular $X(u, v)$ admite autointerseção, isto é, podem existir dois pontos distintos $(u_0, v_0) \neq (u_1, v_1)$, tal que $X(u_0, v_0) = X(u_1, v_1)$. Por exemplo, em uma superfície de rotação

$$X(u, v) = (f(u)\cos v, f(u)\,\text{sen}\, v, g(u)),$$

onde $u \in I$ e $v \in \mathbb{R}$, temos $X(u, 0) = X(u, 2\pi)$, para todo $u \in I$. Outro exemplo de uma superfície que admite autointerseção é dado por

$$X(u, v) = (\cos u\,(2\cos u - 1),\,\text{sen}\, u\,(2\cos u - 1), v), \quad (u, v) \in \mathbb{R}^2.$$

O traço de X é o subconjunto de $\mathbb{R}^3$ gerado pelas retas que passam por $\alpha(u) = (\cos u\,(2\cos u - 1),\,\text{sen}\, u\,(2\cos u - 1), 0)$ (ver Capítulo I, 1.2c)) paralelas ao eixo $0z$ (ver Figura 33).

III. TEORIA LOCAL DE SUPERFÍCIES

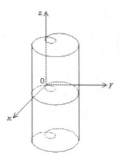

Figura 33

No estudo de curvas, vimos que uma curva regular $\alpha(t)$, $t \in I \subset \mathbb{R}$, admite autointerseção, entretanto, existe um subconjunto $\bar{I} \subset I$ tal que α restrita a $\bar{I}$ é injetora (ver Capítulo II, 2.4 Exercício 9). A proposição a seguir mostra que a propriedade análoga se verifica para superfícies.

1.8 Proposição. *Seja $X : U \subset \mathbb{R}^2 \to \mathbb{R}^3$ uma superfície parametrizada regular. Para todo $(u_0, v_0) \in U$ existe um aberto $\bar{U} \subset U$, tal que $(u_0, v_0) \in \bar{U}$ e X restrita a $\bar{U}$ é injetiva.*

Demonstração. Se $X(u, v) = (x(u, v), y(u, v), z(u, v))$ é regular, então a matriz jacobiana de X em (u_0, v_0) tem posto 2. Suponhamos, sem perda de generalidade, que

$$\left| \begin{array}{cc} \dfrac{\partial x}{\partial u}(u_0, v_0) & \dfrac{\partial x}{\partial v}(u_0, v_0) \\ \dfrac{\partial y}{\partial u}(u_0, v_0) & \dfrac{\partial y}{\partial v}(u_0, v_0) \end{array} \right| \neq 0. \qquad (1)$$

Consideremos a função $F : U \to \mathbb{R}^2$ que, para cada $(u, v) \in U$, associa $F(u, v) = (x(u, v), y(u, v))$. Usando o teorema da função inversa, segue-se

1. Superfície Parametrizada Regular 121

de (1) que existe um aberto $\bar{U}$, $(u_0, v_0) \in \bar{U} \subset U$ tal que F restrita a $\bar{U}$ é inversível, em particular, F restrita a $\bar{U}$ é injetora. Portanto, concluímos que X restrita a $\bar{U}$ é injetiva.

$\square$

1.9 Exemplo. A superfície do Exemplo 1.3 d)

$$X(u, v) = (a \ \text{sen} \, v \ \cos u, \ a \ \text{sen} \, v \ \text{sen} \, u, \ a \cos v),$$

onde $a > 0$ e $U = \{(u, v) \in \mathbb{R}^2; u \in \mathbb{R} \text{ e } 0 < v < \pi\}$, não é uma aplicação injetora. Entretanto, X é injetora quando restrita a um domínio $\bar{U} = I \times (0, \pi)$, onde I é um intervalo aberto de $\mathbb{R}$ de comprimento menor ou igual a 2π. Neste caso, o traço de X é a esfera menos um meridiano.

Na definição de uma superfície parametrizada $X(u, v)$, exigimos a condição da matriz jacobiana de X, $J(u, v)$ ter posto 2, para todo (u, v) do domínio de X. Se $X : U \subset \mathbb{R}^2 \to \mathbb{R}^3$ é uma aplicação diferenciável tal que, para $(u_0, v_0) \in U$, $J(u_0, v_0)$ não tem posto 2, então dizemos que (u_0, v_0) é um ponto singular de X. Se para todo $(u, v) \in U$, $J(u, v)$ tem posto 1, então X representa uma curva, como ocorre, por exemplo, em

$$X(u, v) = (u + v, \ (u + v)^2, \ (u + v)^3).$$

Podem aparecer pontos singulares pela escolha da aplicação X ou pela natureza da superfície. Um exemplo do primeiro caso é o da esfera descrita por (ver Exemplo 1.3 d)

$$X(u, v) = (a \ \text{sen} \, v \ \cos u, \ a \ \text{sen} \, v \ \text{sen} \, u, \ a \cos v),$$

onde tivemos que considerar o domínio de X como sendo $u \in \mathbb{R}$ e $0 < v < \pi$. Excluímos assim os dois polos da esfera, já que $(u, 0)$ ou (u, π) são pontos singulares de X. Entretanto, geometricamente não há diferença entre o polo norte ou polo sul e qualquer outro ponto da esfera. O traço da aplicação X

122   III. TEORIA LOCAL DE SUPERFÍCIES

no Exemplo 1.3 e) inclui o polo norte. Um exemplo do segundo caso é dado pelo cone circular descrito por

$$X(u, v) = (au \cos v, au \ \text{sen} \, v, ub),$$

onde a e b são constantes não nulas. Os pontos singulares $(0, v)$ correspondem ao vértice do cone, que é um ponto particular do cone. Pode-se verificar que toda superfície parametrizada regular cujo traço está contido no cone exclui o vértice.

Essas considerações mostram que devemos escolher convenientemente as aplicações X. Além disso, no caso de superfícies como a esfera, elipsoide, etc. devemos considerá-las como "união" de traços de superfícies parametrizadas regulares. Esta forma de abordar o estudo de superfícies é feita em cursos mais avançados (ver por exemplo [6]), principalmente quando são incluídas propriedades geométricas globais das superfícies. Entretanto, para o estudo das propriedades locais, é suficiente considerar as superfícies parametrizadas regulares.

Vamos encerrar esta seção com a seguinte proposição.

1.10 Proposição. *Seja* $F : \mathbb{R}^3 \to \mathbb{R}$ *uma aplicação diferenciável. Consideremos o conjunto* $S = \{(x, y, z) \in \mathbb{R}^3; \ F(x, y, z) = c\}$, *onde* c *é um número real. Se* $p_0 = (x_0, y_0, z_0) \in S$ *é tal que* $F_x^2(p_0) + F_y^2(p_0) \neq 0$, *então o conjunto dos pontos* $(x, y, z) \in S$, *suficientemente próximos de* p_0, *é o traço de uma superfície parametrizada regular.*

Demonstração. Suponhamos que $F_z(p_0) \neq 0$. Segue-se do teorema da função implícita (ver Capítulo 0) que existe uma aplicação diferenciável $\phi :$ $U \to \mathbb{R}$, onde U é um aberto do plano xy que contém (x_0, y_0), tal que $\phi(x_0, y_0) = z_0$ e, para todo $(x, y) \in U$, $F(x, y, \phi(x, y)) = c$. Portanto, a aplicação

$$X(x, y) = (x, y, \phi(x, y)), \ (x, y) \in U,$$

1. Superfície Parametrizada Regular 123

é uma superfície parametrizada regular (Proposição 1.4) cujo traço descreve pontos de S próximos de p_0. De maneira inteiramente análoga, provam-se os casos em que $F_x(p_0) \neq 0$ ou $F_y(p_0) \neq 0$.

$\square$

1.11 Exercícios

1. Obtenha uma superfície parametrizada regular cujo traço descreve

   a) o elipsoide $S = \left\{ (x, y, z) \in \mathbb{R}^3; \dfrac{x^2}{a^2} + \dfrac{y^2}{b^2} + \dfrac{z^2}{c^2} = 1 \right\}$ menos dois pontos;

   b) o hiperboloide de uma folha
   $$S = \left\{ (x, y, z) \in \mathbb{R}^3; \frac{x^2}{a^2} + \frac{y^2}{b^2} - \frac{z^2}{c^2} = 1 \right\};$$

   c) o hiperboloide de duas folhas
   $$S = \left\{ (x, y, z) \in \mathbb{R}^3; \frac{x^2}{a^2} - \frac{y^2}{b^2} - \frac{z^2}{c^2} = 1 \right\};$$

   d) o cone de uma folha menos o vértice
   $$S = \left\{ (x, y, z) \in \mathbb{R}^3 - (0, 0, 0); z = \sqrt{x^2 + y^2} \right\};$$

   e) $S = \left\{ (x, y, z) \in \mathbb{R}^3; x^2 + (3y^2 - z)^2 = 1 \right\}$, onde a, b, c são números reais positivos.

   Descreva em cada caso as curvas coordenadas e obtenha um subconjunto do domínio da parametrização onde ela é injetiva.

2. Verifique que a aplicação
   $$X(u, v) = (au \cosh v, \ bu \operatorname{senh} v, \ u^2),$$
   onde $u \in \mathbb{R} - \{0\}$, $v \in \mathbb{R}$ e a e b são constantes não nulas, é uma superfície parametrizada regular, que descreve o paraboloide hiperbólico menos um ponto.

124   *III. TEORIA LOCAL DE SUPERFÍCIES*

3. Verifique que as aplicações

a) $X(u, v) = (0, u, v)$, $(u, v) \in \mathbb{R}^2$,

b) $X(u, v) = (u+v, 2(u+v), u)$, $(u, v) \in \mathbb{R}^2$,

c) $X(u, v) = (\cos u, 2 \operatorname{sen} u, v)$, $(u, v) \in \mathbb{R}^2$,

são superfícies parametrizadas regulares. Descreva o traço de X na forma

$$S = \{(x, y, z) \in \mathbb{R}^3;\ F(x, y, z) = 0\}.$$

4. Considere uma curva regular

$$\alpha(s) = (x(s), y(s), z(s)),\ s \in I \subset \mathbb{R}.$$

Seja S o subconjunto de $\mathbb{R}^3$ gerado pelas retas que passam por $\alpha(s)$, paralelas ao eixo $0z$. Dê uma condição suficiente que deve satisfazer a curva α para que S seja o traço de uma superfície parametrizada regular.

5. Seja $\alpha(t) = (t, t^2, t^3)$, $t \in \mathbb{R}$. Verifique que $X(u, t) = \alpha(t) + u\alpha'(t)$, $u \in (0, \infty)$, é uma superfície parametrizada regular.

6. Seja $\alpha(t) = (a\cos t, a \operatorname{sen} t, bt)$, $t \in \mathbb{R}$, $a > 0$, $b \neq 0$, uma hélice circular. Para cada $t \in \mathbb{R}$, considere a reta que passa por $\alpha(t)$ e intercepta ortogonalmente o eixo $0z$. Obtenha uma superfície parametrizada regular cujo traço é o conjunto de pontos obtido pela união dessas retas. Esta superfície é denominada *helicoide*.

7. Seja $\alpha(u) = (f(u), 0, g(u))$, $u \in \mathbb{R}$, uma curva regular tal que $f(u) \neq 0$. Verifique que a aplicação

$$X(u, v) = (f(u) \cos v, f(u) \operatorname{sen} v, g(u) + av),\ (u, v) \in \mathbb{R}^2,$$

onde a é constante, é uma superfície parametrizada regular. Descreva as curvas coordenadas de X. Descreva a superfície X quando: a) $g(u)$ é constante; b) $a = 0$.

2. Mudança de Parâmetros

8. Verifique que a aplicação

$$X(u, v) = (u \cos v, u \text{ sen} v, \phi(v)),$$

onde $u \in (0,\infty)$, $v \in \mathbb{R}$ e ϕ é uma função diferenciável, é uma superfície parametrizada regular. Determine a função ϕ de modo que o traço de X esteja contido no paraboloide hiperbólico

$$\{(x, y, z) \in \mathbb{R}^3; \, ax = yz\}.$$

9. Seja $X(u, v)$ uma superfície parametrizada regular. Prove que, se $F : \mathbb{R}^3 \to \mathbb{R}^3$ é um difeomorfismo, então $\bar{X} = F \circ X$ é uma superfície parametrizada regular.

2. Mudança de Parâmetros

Duas superfícies parametrizadas podem ter o mesmo traço. Por exemplo, as superfícies

$$
\begin{aligned}
X(u, v) &= (u+v, u-v, 4uv), \quad (u, v) \in \mathbb{R}^2, \\
Y(\bar{u}, \bar{v}) &= (\bar{u}, \bar{v}, \bar{u}^2 - \bar{v}^2), \quad (\bar{u}, \bar{v}) \in \mathbb{R}^2,
\end{aligned}
$$

têm o mesmo traço $S = \{(x, y, z) \in \mathbb{R}^3; \, z = x^2 - y^2\}$, que é um *paraboloide hiperbólico*.

Dada a superfície parametrizada regular X, podemos obter várias superfícies parametrizadas que têm o mesmo traço que X, da seguinte forma.

2.1 Proposição. *Seja $X : U \subset \mathbb{R}^2 \to \mathbb{R}^3$ uma superfície parametrizada regular. Se $h : \bar{U} \subset \mathbb{R}^2 \to U$ é uma aplicação diferenciável, cujo determinante da matriz jacobiana não se anula, e $h(\bar{U}) = U$, então $Y = X \circ h$ é uma superfície parametrizada regular que tem o mesmo traço que X.*

126 *III. TEORIA LOCAL DE SUPERFÍCIES*

Demonstração. A aplicação Y é diferenciável, pois é composta de funções diferenciáveis. Seja

$$\begin{aligned} X(u,\, v) &= (x(u,\, v),\, y(u,\, v),\, z(u,\, v)), \\ h(\bar{u},\, \bar{v}) &= (u(\bar{u},\, \bar{v}),\, v(\bar{u},\, \bar{v})). \end{aligned}$$

Vamos verificar que $Y(\bar{u},\, \bar{v}) = X \circ h(\bar{u},\, \bar{v})$ satisfaz a condição $Y_{\bar{u}} \times Y_{\bar{v}} \neq 0$. Como

$$Y_{\bar{u}} = \left(\frac{\partial x}{\partial u} \frac{\partial u}{\partial \bar{u}} + \frac{\partial x}{\partial v} \frac{\partial v}{\partial \bar{u}}\; \frac{\partial y}{\partial u} \frac{\partial u}{\partial \bar{u}} + \frac{\partial y}{\partial v} \frac{\partial v}{\partial \bar{u}}\; \frac{\partial z}{\partial u} \frac{\partial u}{\partial \bar{u}} + \frac{\partial z}{\partial v} \frac{\partial z}{\partial \bar{u}} \right),$$

$$Y_{\bar{v}} = \left(\frac{\partial x}{\partial u} \frac{\partial u}{\partial \bar{v}} + \frac{\partial x}{\partial v} \frac{\partial v}{\partial \bar{v}}\; \frac{\partial y}{\partial u} \frac{\partial u}{\partial \bar{v}} + \frac{\partial y}{\partial v} \frac{\partial v}{\partial \bar{v}}\; \frac{\partial z}{\partial u} \frac{\partial u}{\partial \bar{v}} + \frac{\partial z}{\partial v} \frac{\partial v}{\partial \bar{v}} \right),$$

temos que:

$$\begin{aligned} Y_{\bar{u}} &= X_u\, \frac{\partial u}{\partial \bar{u}} + X_v\, \frac{\partial v}{\partial \bar{u}}, \\ Y_{\bar{v}} &= X_u\, \frac{\partial u}{\partial \bar{v}} + X_v\, \frac{\partial v}{\partial \bar{v}}. \end{aligned}$$

Portanto,

$$Y_{\bar{u}} \times Y_{\bar{v}} = X_u \times X_v \left(\frac{\partial u}{\partial \bar{u}} \frac{\partial v}{\partial \bar{v}} - \frac{\partial u}{\partial \bar{v}} \frac{\partial v}{\partial \bar{u}} \right).$$

Como $X_u \times X_v \neq 0$ e o determinante da matriz jacobiana de h não se anula, concluímos que $Y_{\bar{u}} \times Y_{\bar{v}} \neq 0$.

$\square$

A aplicação Y da proposição anterior é denominada uma *reparametrização* de X por h, e h é dita uma *mudança de parâmetros*.

Observamos que uma mudança de parâmetros não precisa ser necessariamente injetiva. Uma aplicação pode ter o determinante da matriz jacobiana não nulo sem ser injetiva, como, por exemplo, $h(u,\, v) = (e^u \cos v,\, e^u\ \mathrm{sen}\, v)$, $(u,\, v) \in \mathbb{R}^2$.

2.2 Exemplos
a) A superfície
$$Y(\bar{u}, \bar{v}) = (\bar{u}, \bar{v}, \bar{u}^2 - \bar{v}^2), \quad (\bar{u}, \bar{v}) \in \mathbb{R}^2,$$
é uma reparametrização de
$$X(u, v) = (u+v, u-v, 4uv), \quad (u, v) \in \mathbb{R}^2,$$
por $h: \mathbb{R}^2 \to \mathbb{R}^2$, onde $h(u, v) = \frac{1}{2}(\bar{u}+\bar{v}, \bar{u}-\bar{v})$.

b) Consideremos as superfícies parametrizadas
$$X(u, v) = (u, \sqrt{a^2 - u^2 - v^2}, v),$$
$(u, v) \in U$, onde $U = \{(u, v) \in \mathbb{R}^2; u^2 + v^2 < a^2\}$ e
$$Y(\bar{u}, \bar{v}) = (a \operatorname{sen} \bar{v} \cos \bar{u}, a \operatorname{sen} \bar{v} \operatorname{sen} \bar{u}, a \cos \bar{v}),$$
$(\bar{u}, \bar{v}) \in \bar{U} = \{(\bar{u}, \bar{v}) \in \mathbb{R}^2; 0 < \bar{u} < \pi, 0 < \bar{v} < \pi\}$. Então, Y é uma reparametrização de X por $h: \bar{U} \to U$, onde $h(\bar{u}, \bar{v}) = (a \operatorname{sen} \bar{v} \cos \bar{u}, a \cos \bar{v})$. O traço de X e Y é um hemisfério da esfera (ver Figura 34).

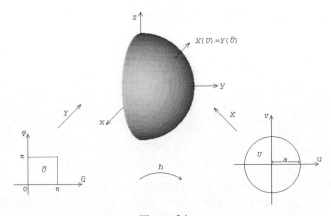

Figura 34

128　　　　　　　　　*III. TEORIA LOCAL DE SUPERFÍCIES*

No Exemplo 2.2 a), a superfície Y é uma reparametrização de X, que descreve o gráfico da função $f(x, y) = x^2 - y^2$. No Exemplo b), X é uma reparametrização de Y por h^{-1} (observe que, neste caso, h é inversível) e o traço de Y é o gráfico da função $f(x, z) = \sqrt{a^2 - x^2 - z^2}$. A proposição seguinte prova que, localmente, toda superfície admite uma reparametrização, que descreve o gráfico de uma função diferenciável.

2.3 Proposição. *Seja* $X : U \subset \mathbb{R}^2 \to \mathbb{R}^3$ *uma superfície parametrizada regular. Para cada* $(u_0, v_0) \in U$, *existe um aberto* V, $(u_0, v_0) \in V \subset U$ *e uma mudança de parâmetros* $h : \bar{U} \to V$, *tal que o traço de* $Y = X \circ h$ *é o gráfico de uma função diferenciável.*

Demonstração. Consideremos

$$X(u, v) = (x(u, v), y(u, v), z(u, v)).$$

Sem perda de generalidade, suponhamos que

$$\begin{vmatrix} \dfrac{\partial x}{\partial u}(u_0, v_0) & \dfrac{\partial x}{\partial v}(u_0, v_0) \\[2ex] \dfrac{\partial y}{\partial u}(u_0, v_0) & \dfrac{\partial y}{\partial v}(u_0, v_0) \end{vmatrix} \neq 0.$$

Se $F : U \subset \mathbb{R}^2 \to \mathbb{R}^2$ é definida por $F(u, v) = (x(u, v), y(u, v))$, então, segue-se do teorema da função inversa que existe um aberto V, $(u_0, v_0) \in V \subset U$, tal que F restrita a V admite inversa F^{-1} diferenciável. Seja $\bar{U} = F(V)$ e denotemos por $h : \bar{U} \to V$ a inversa de F. Vamos verificar que a reparametrização $Y = X \circ h$ descreve o gráfico de uma função diferenciável.

2. Mudança de Parâmetros

De fato, se $(\bar{u}, \bar{v}) \in \bar{U}$, então

$$Y(\bar{u}, \bar{v}) = (x \circ h(\bar{u}, \bar{v}), y \circ h(\bar{u}, \bar{v}), z \circ h(\bar{u}, \bar{v})) =$$
$$= (F \circ h(\bar{u}, \bar{v}), z \circ h(\bar{u}, \bar{v})).$$

Como h é inversa de F, concluímos que

$$Y(\bar{u}, \bar{v}) = (\bar{u}, \bar{v}, z \circ h(\bar{u}, \bar{v})),$$

isto é, Y descreve o gráfico da função diferenciável $z \circ h$.

□

2.4 Exemplo. Consideremos a superfície

$$X(u, v) = (\cos u, \ \operatorname{sen} u, v), \ (u, v) \in \mathbb{R}^2,$$

que descreve o cilindro circular. Fixado o ponto $\left(\frac{\pi}{2}, 0\right) \in \mathbb{R}^2$, consideremos a vizinhança desse ponto $V = \{(u, v) \in \mathbb{R}^2; \ 0 < u < \pi, \ v \in \mathbb{R}\}$. Então, a restrição de X ao aberto V admite uma reparametrização

$$Y(\bar{u}, \bar{v}) = (\bar{u}, \sqrt{1 - \bar{u}^2}, \bar{v}), \text{ onde } -1 < \bar{u} < 1, \bar{v} \in \mathbb{R},$$

que descreve o gráfico da função $\sqrt{1 - \bar{u}^2}$ (ver Figura 35).

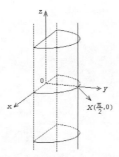

Figura 35

130   *III. TEORIA LOCAL DE SUPERFÍCIES*

Observamos que, dada uma superfície parametrizada regular $X(u, v)$, obtemos uma reparametrização $\bar{X}(\bar{u}, \bar{v}) = X \circ h(\bar{u}, \bar{v})$ de X, considerando a mudança de parâmetros $h(\bar{u}, \bar{v}) = (\bar{u} + c_1, \bar{v} + c_2)$, que é uma translação do plano. Portanto, para investigar as propriedades geométricas da superfície X em torno de um ponto (u_0, v_0), podemos supor que $u_0 = 0$ e $v_0 = 0$, o que faremos mais adiante quando for conveniente.

2.5 Exercícios

1. Descreva o traço das seguintes superfícies parametrizadas regulares

$$
\begin{aligned}
X(u, v) &= (u, v, 0), \ \ (u, v) \in \mathbb{R}^2; \\
\bar{X}(\bar{u}, \bar{v}) &= (\bar{u} \cos \bar{v}, \bar{u} \ \text{sen} \ \bar{v}, 0), \ \ \bar{u} \in \mathbb{R} - 0, \bar{v} \in \mathbb{R}.
\end{aligned}
$$

Restringindo convenientemente o domínio de X, obtenha uma mudança de parâmetros h, tal que $X = \bar{X} \circ h$.

2. Descreva o traço das seguintes superfícies

   a)

$$
\begin{aligned}
X(u, v) &= (au \cosh v, bu \ \text{senh} \ v, u^2), \ u \neq 0, v \in \mathbb{R}; \\
\bar{X}(\bar{u}, \bar{v}) &= (a (\bar{u} + \bar{v}), b (\bar{u} - \bar{v}), \bar{u} \bar{v}), \ (\bar{u}, \bar{v}) \in \mathbb{R}^2.
\end{aligned}
$$

   b)

$$
\begin{aligned}
X(u, v) &= (a \cosh u \cosh v, b \cosh u \ \text{senh} \ v, c \ \text{senh} \ u), (u, v) \in \mathbb{R}^2, \\
\bar{X}(\bar{u}, \bar{v}) &= \left(a \frac{\bar{u} - \bar{v}}{\bar{u} + \bar{v}}, b \frac{1 + \bar{u} \bar{v}}{\bar{u} + \bar{v}}, c \frac{\bar{u} \bar{v} - 1}{\bar{u} + \bar{v}} \right), \ (\bar{u}, \bar{v}) \in \mathbb{R}^2 - \{0, 0\}.
\end{aligned}
$$

Em cada caso, restringindo convenientemente os domínios, verifique que uma das superfícies é uma reparametrização da outra.

3. Plano Tangente; Vetor Normal

3. Verifique que uma reparametrização do catenoide

$$X(u, v) = (u, \cosh u \, \cos v, \cosh u \, \operatorname{sen} v), \quad (u, v) \in \mathbb{R}^2,$$

é dada por

$$\bar{X}(\bar{u}, \bar{v}) = (\operatorname{arc\,senh} \bar{u}, \, \sqrt{1 + \bar{u}^2} \, \cos \bar{v}, \, \sqrt{1 + \bar{u}^2} \, \operatorname{sen} \bar{v}), \quad (u, v) \in \mathbb{R}^2.$$

Obtenha a mudança de parâmetros.

4. Considere uma superfície de rotação da forma

$$X(u, v) = (f(u) \cos v, \, f(u) \, \operatorname{sen} v, \, u), \quad (u, v) \in U,$$

onde $U = I \times \mathbb{R}$ e I é um intervalo aberto de $\mathbb{R}$. Para cada $(u_0, v_0) \in U$, obtenha um aberto V, $(u_0, v_0) \in V \subset U$, e uma mudança de parâmetros $h : \bar{U} \to V$ tal que o traço de $Y = X \circ h$ é o gráfico de uma função diferenciável.

3. Plano Tangente; Vetor Normal

Seja $X(u, v)$, $(u, v) \in U \subset \mathbb{R}^2$, uma superfície parametrizada regular. Considerando u e v como funções diferenciáveis de um parâmetro t, $t \in I \subset \mathbb{R}$, obtemos uma curva diferenciável $\alpha(t) = X(u(t), v(t))$ cujo traço está contido na superfície descrita por X. Dizemos que α é uma curva da superfície. Vamos definir um vetor tangente à superfície como sendo o vetor tangente a uma curva da superfície. Mais precisamente,

3.1 Definição. Se $X(u, v)$ é uma superfície parametrizada regular, dizemos que um vetor w de $\mathbb{R}^3$ é um *vetor tangente a* X *em* $q = (u_0, v_0)$ se $w = \alpha'(t_0)$, onde $\alpha(t) = X(u(t), v(t))$ é uma curva da superfície, tal que $(u(t_0), v(t_0)) = (u_0, v_0)$ (ver Figura 36).

III. TEORIA LOCAL DE SUPERFÍCIES

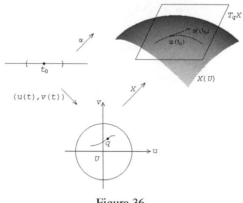

Figura 36

Os vetores $X_u(u_0, v_0)$ e $X_v(u_0, v_0)$ são vetores tangentes a X em (u_0, v_0), já que são tangentes às curvas coordenadas de X.

3.2 Definição. O *plano tangente* a X em (u_0, v_0) é o conjunto de todos os vetores tangentes a X em (u_0, v_0), que denotamos por $T_q X$, onde $q = (u_0, v_0)$.

Observamos que os conceitos de vetor tangente e plano tangente são definidos em um ponto (u_0, v_0) do domínio de X e não no ponto $p = X(u_0, v_0)$, já que a superfície parametrizada X pode ter autointerseção.

A seguir, veremos que o plano tangente $T_q X$ é o plano de $\mathbb{R}^3$ gerado por $X_u(q)$ e $X_v(q)$.

3.3 Proposição. *Seja $X(u, v)$ uma superfície parametrizada regular e $q = (u_0, v_0)$. Então, $T_q X$ é o conjunto de vetores obtidos como combinação linear de $X_u(u_0, v_0)$ e $X_v(u_0, v_0)$.*

3. Plano Tangente; Vetor Normal

Demonstração. Se $w \in T_q X$, então $w = \alpha'(t_0)$, onde $\alpha(t) = X(u(t), v(t))$ e $(u(t_0), v(t_0)) = (u_0, v_0)$. Portanto,

$$w = \alpha'(t_0) = \frac{d}{dt}(X(u(t)), v(t))\Big|_{t=t_0} =$$
$$= X_u(u_0, v_0)\, u'(t_0) + X_v(u_0, v_0)\, v'(t_0),$$

isto é, w é uma combinação linear dos vetores X_u e X_v em (u_0, v_0).

Reciprocamente, suponhamos que

$$w = a\, X_u(u_0, v_0) + b\, X_v(u_0, v_0),$$

então existe uma curva $\alpha(t)$ da superfície tal que $(u'(0), v'(0)) = (u_0, v_0)$ e $\alpha'(0) = w$. De fato, basta considerar

$$\alpha(t) = X(u(t), v(t)),$$

onde $u(t) = u_0 + at$ e $v(t) = v_0 + bt$.

□

Por definição de superfície parametrizada regular, X_u e X_v são vetores linearmente independentes. Portanto, segue-se da proposição anterior que $T_q X$ é um plano de $\mathbb{R}^3$, gerado por X_u e X_v (ver Figura 37). Observamos que, em geral, X_u e X_v não são ortogonais, nem unitários.

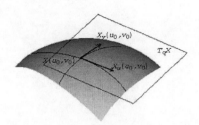

Figura 37

3.4 Definição. Se $X(u, v)$ é uma superfície e $q = (u_0, v_0)$, dizemos que um vetor de $\mathbb{R}^3$ é *normal* a X em q se é ortogonal a T_qX, isto é, é ortogonal a todos os vetores tangentes a X em q.

Dado um plano tangente T_qX, existe uma única direção normal a este plano e, portanto, existem exatamente dois vetores unitários normais a X em q. Daqui por diante, vamos fixar o vetor unitário normal a X em q como sendo o vetor

$$N(q) = \frac{X_u \times X_v}{|X_u \times X_v|}(q).$$

Se o domínio da superfície X é um aberto $U \subset \mathbb{R}^2$, então, variando $(u, v) \in U$, temos uma aplicação diferenciável $N : U \to \mathbb{R}^3$, denominada *aplicação normal de Gauss*, definida por

$$N(u, v) = \frac{X_u \times X_v}{|X_u \times X_v|}(u, v),$$

cuja imagem está contida na esfera unitária, centrada na origem (ver Figura 38).

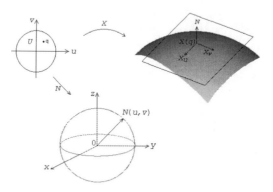

Figura 38

3.5 Exemplos

a) Seja $X(u, v) = (u, v, \sqrt{1-u^2-v^2})$, $(u, v) \in U$, onde $U = \{(u, v) \in \mathbb{R}^2;\ u^2+v^2 < 1\}$. Consideremos o ponto $q = (u_0, v_0) = (0, 0)$. Pela Proposição 3.3, os vetores $X_u(0, 0) = (1, 0, 0)$ e $X_v(0, 0) = (0, 1, 0)$ formam uma base do plano tangente $T_q X$. Portanto, todo vetor tangente a X em q é da forma $(a, b, 0)$, onde $a, b \in \mathbb{R}$ e o vetor normal é $N(0, 0) = (0, 0, 1)$ (ver Figura 39).

b) Se $X(u, v) = (u, v, u^2+v^2)$, $(u, v) \in \mathbb{R}^2$, então o plano tangente a X em (u, v) é gerado pelos vetores $X_u = (1, 0, 2u)$ e $X_v = (0, 1, 2v)$, e

$$N(u, v) = \frac{(-2u, -2v, 1)}{\sqrt{4u^2+4v^2+1}}.$$

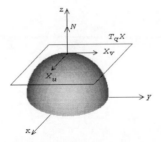

Figura 39

3.6 Observação. Se $\bar{X} = X \circ h$ é uma reparametrização de X, pela mudança de parâmetros h, então o plano tangente a $\bar{X}$ em $\bar{q}$ é igual ao plano tangente a X em $h(\bar{q})$, entretanto, $\bar{N}(\bar{q}) = \pm N(h(\bar{q}))$, onde $\bar{N}$ (resp. N) é o vetor normal a $\bar{X}$ (resp. X) em $\bar{q}$ (resp. $h(\bar{q})$). O sinal é positivo (resp. negativo) se o determinante da matriz jacobiana de h é positivo (resp. negativo). De fato, se $\bar{X}(\bar{u},\bar{v}) = X(h(\bar{u},\bar{v}))$, denotando por $(u,v) = h(\bar{u},\bar{v})$ e $\bar{q} = (\bar{u},\bar{v})$, temos

$$\bar{X}_{\bar{u}}(\bar{q}) = X_u(h(\bar{q}))\frac{\partial u}{\partial \bar{u}}(\bar{q}) + X_v(h(\bar{q}))\frac{\partial v}{\partial \bar{u}}(\bar{q}),$$

$$\bar{X}_{\bar{v}}(\bar{q}) = X_u(h(\bar{q}))\frac{\partial u}{\partial \bar{v}}(\bar{q}) + X_v(h(\bar{q}))\frac{\partial v}{\partial \bar{v}}(\bar{q}).$$

Portanto, como o determinante da matriz jacobiana de h, $J(h)$ não se anula, temos que $\bar{X}_{\bar{u}}(\bar{q})$, $\bar{X}_{\bar{v}}(\bar{q})$ e $X_u(h(\bar{q}))$, $X_v(h(\bar{q}))$ são bases do mesmo plano de $\mathbb{R}^3$. Além disso,

$$(\bar{X}_{\bar{u}} \times \bar{X}_{\bar{v}})(\bar{q}) = (X_u \times X_v)(h(\bar{q})) \det J(h).$$

Daí concluímos que $\bar{N}(\bar{q}) = N(h(\bar{q}))$ se $\det J(h) > 0$, e $\bar{N}(\bar{q}) = -N(h(\bar{q}))$ se $\det J(h) < 0$.

3.7 Exemplo. Se $X(u,v) = (\cos u, \operatorname{sen} u, v)$, $(u,v) \in \mathbb{R}^2$, então $X_u = (-\operatorname{sen} u, \cos u, 0)$ e $X_v = (0, 0, 1)$, portanto,

$$N(u,v) = (\cos u, \operatorname{sen} u, 0).$$

Seja $\bar{X}(\bar{u},\bar{v}) = (\cos\bar{v}, \operatorname{sen}\bar{v}, \bar{u})$, $(\bar{u},\bar{v}) \in \mathbb{R}^2$, isto é, $\bar{X}$ é uma reparametrização de X por $h(\bar{u},\bar{v}) = (\bar{v},\bar{u})$. Então (ver Figura 40),

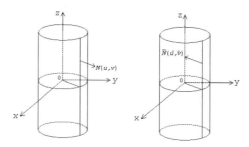

Figura 40

3. Plano Tangente; Vetor Normal 137

$$\bar{N}(\bar{u}, \bar{v}) = (-\cos \bar{v}, -\operatorname{sen} \bar{v}, 0) = -N(h(\bar{u}, \bar{v})).$$

Observe que $\det J(h) = -1$.

3.8 Exercícios

1. Considere a superfície $X(u, v) = (u, v, f(u, v))$, onde $f : U \subset \mathbb{R}^2 \to \mathbb{R}$ é uma função diferenciável. Obtenha a aplicação normal $N(u, v)$.

2. Seja $F : \mathbb{R}^3 \to \mathbb{R}$ uma aplicação diferenciável. Considere o conjunto $S = \{(x, y, z) \in \mathbb{R}^3 ; F(x, y, z) = c\}$, onde c é um número real. Se $p_0 \in S$ é tal que $\operatorname{grad} F(p_0) \neq 0$, já vimos na Proposição 1.10 que o conjunto de pontos $p = (x, y, z) \in S$, suficientemente próximos de p_0, é o traço de uma superfície parametrizada regular. Verifique que o vetor $\operatorname{grad} F(p)$ é normal a esta superfície.

3. Considere o cilindro circular descrito por

$$X(u, v) = (a \cos u, a \operatorname{sen} u, v), \quad (u, v) \in \mathbb{R}^2, a > 0.$$

Descreva a imagem da aplicação normal de Gauss sobre a esfera unitária.

4. Considere o cone circular menos o vértice descrito por

$$X(u, v) = (u \operatorname{sen} \alpha \cos v, u \operatorname{sen} \alpha \operatorname{sen} v, u \cos \alpha), \quad u > 0, \ v \in \mathbb{R},$$

onde $0 < \alpha < \frac{\pi}{2}$ é uma constante. Descreva a imagem da aplicação normal de Gauss sobre a esfera unitária.

138   III. TEORIA LOCAL DE SUPERFÍCIES

4. Primeira Forma Quadrática

Para desenvolver a teoria local das superfícies, vamos introduzir duas formas
quadráticas. A primeira, que veremos a seguir, está relacionada com o comprimento de curvas em uma superfície, ângulo entre vetores tangentes e área
de regiões da superfície. A segunda, que veremos na próxima seção, está
relacionada com a curvatura das curvas da superfície. Mais adiante, no teorema fundamental das superfícies, veremos que essas duas formas quadráticas
determinam localmente uma superfície a menos de sua posição no espaço.

4.1 Definição. Seja $X : U \subset \mathbb{R}^2 \to \mathbb{R}^3$ uma superfície parametrizada
regular, $\forall q \in U$, a aplicação

$$I_q : \quad T_qX \longrightarrow \mathbb{R}$$
$$w \longrightarrow I_q(w) = \langle w, w \rangle = |w|^2$$

é denominada a *primeira forma quadrática* de X em q.

Consideremos uma superfície dada por $X(u, v)$ e um ponto $q = (u_0, v_0)$.
Então, um vetor $w \in T_qX$ é da forma

$$w = a\, X_u(u_0, v_0) + b\, X_v(u_0, v_0),$$

onde $a, b \in \mathbb{R}$. Portanto,

$$I_q(w) = a^2 \langle X_u, X_u \rangle (u_0, v_0) + 2ab \langle X_u, X_v \rangle (u_0, v_0) + b^2 \langle X_v, X_v \rangle (u_0, v_0).$$

Usando a notação

$$
\begin{aligned}
E(u_0, v_0) &= \langle X_u, X_u \rangle (u_0, v_0), \\
F(u_0, v_0) &= \langle X_u, X_v \rangle (u_0, v_0), \\
G(u_0, v_0) &= \langle X_v, X_v \rangle (u_0, v_0),
\end{aligned}
$$

temos que

$$I_q(w) = a^2\, E(u_0, v_0) + 2ab\, F(u_0, v_0) + b^2\, G(u_0, v_0).$$

4. Primeira Forma Quadrática

Variando (u, v), temos funções $E(u, v)$, $F(u, v)$ e $G(u, v)$ diferenciáveis, que são denominadas *coeficientes da primeira forma quadrática*. As funções E, F e G satisfazem as seguintes propriedades:

a) $E(u, v) > 0$ e $G(u, v) > 0$ para todo (u, v), pois os vetores X_u e X_v são nulos;

b) $E(u, v)G(u, v) - F^2(u, v) > 0$. De fato, como

$$|X_u \times X_v|^2 + \langle X_u, X_v \rangle^2 = |X_u|^2 |X_v|^2,$$

temos que

$$EG - F^2 = |X_u|^2 |X_v|^2 - \langle X_u, X_v \rangle^2 = |X_u \times X_v|^2 > 0.$$

4.2 Exemplos

a) Seja $X(u, v) = p_0 + uw_1 + vw_2$, $(u, v) \in \mathbb{R}^2$, onde $p_0 \in \mathbb{R}^3$ e w_1, w_2 são vetores ortonormais de $\mathbb{R}^3$, isto é, X descreve o plano ortogonal a $w_1 \times w_2$ que passa por p_0. Então, $X_u(u, v) = w_1$ e $X_v(u, v) = w_2$. Como w_1 e w_2 são ortonormais, obtemos que os coeficientes da primeira forma quadrática são as funções constantes $E(u, v) = 1$, $F(u, v) = 0$, $G(u, v) = 1$.

b) Consideremos a superfície

$$X(u, v) = (\cos u, \ \text{sen}\, u, \ v), \quad (u, v) \in \mathbb{R}^2,$$

que descreve o cilindro circular $S = \{(x, y, z) \in \mathbb{R}^3; \ x^2 + y^2 = 1\}$. Os coeficientes da primeira forma quadrática são também dados por $E(u, v) = G(u, v) = 1$, $F(u, v) = 0$.

c) Seja

$$X(u, v) = (a\ \text{sen}\, v \cos u, \ a\ \text{sen}\, v\ \text{sen}\, u, \ a \cos v),$$

onde $a > 0$ é constante, $u \in \mathbb{R}$ e $0 < v < \pi$, a superfície que descreve uma esfera centrada na origem de raio a. Então,

$$E(u, v) = a^2\ \text{sen}^2 v, \ F(u, v) = 0, \ G(u, v) = a^2.$$

140   *III. TEORIA LOCAL DE SUPERFÍCIES*

d) Consideremos a superfície

$$X(u, v) = (v \cos u, \ v \ \text{sen} \, u, \ bu), \ (u, v) \in \mathbb{R}^2.$$

A descrição geométrica dessa superfície é dada da seguinte forma. Seja $\alpha(u) = (\cos u, \ \text{sen} \, u, \ bu)$ uma hélice circular. Para cada u existe uma única reta ortogonal ao eixo $0z$, que passa por $\alpha(u)$. O traço de X é o conjunto de pontos de $\mathbb{R}^3$, obtido pela união dessas retas, que é denominado *helicoide*. Os coeficientes da primeira forma quadrática de X são dados por

$$E(u, v) = v^2 + b^2, \ F(u, v) = 0, \ G(u, v) = 1.$$

e) Consideremos uma superfície de rotação

$$X(u, v) = (f(u) \cos v, \ f(u) \ \text{sen} \, v, \ g(u)),$$

onde $u \in I \subset \mathbb{R}$, $v \in \mathbb{R}$ e $f(u) > 0$. Então,

$$
\begin{aligned}
E(u, v) &= (f'(u))^2 + (g'(u))^2, \\
F(u, v) &= 0, \\
G(u, v) &= f^2(u).
\end{aligned}
$$

Observamos que uma mudança de parâmetros, embora modifique os coeficientes da primeira forma quadrática, mantém invariante a primeira forma quadrática. De fato, se $\bar{X}(\bar{u}, \bar{v}) = X \circ h(\bar{u}, \bar{v})$ é uma reparametrização de X, pela mudança de parâmetros h, então já vimos na Observação 3.6 da seção anterior que, para todo $\bar{q} = (\bar{u}, \bar{v})$, os planos tangentes $T_{\bar{q}}\bar{X}$ e $T_{h(\bar{q})}X$ coincidem. Portanto, se w pertence a este plano, então

$$\bar{I}_{\bar{q}}(w) = I_{h(\bar{q})}(w) = |w|^2,$$

onde $\bar{I}$ e I denotam as primeiras formas quadráticas de $\bar{X}$ e X, respectivamente.

4. Primeira Forma Quadrática

A seguir, veremos que os conceitos de comprimento de uma curva da superfície, ângulo entre vetores tangentes e área de uma região da superfície estão relacionados com a primeira forma quadrática.

Seja $X(u,v)$ uma superfície parametrizada regular. Se $\alpha(t) = X(u(t), v(t))$, $t \in I \subset \mathbb{R}$, é uma curva diferenciável da superfície, então, para $t_0, t_1 \in I, t_0 \leq t$, o comprimento de t_0 a t_1 é dado por

$$\int_{t_0}^{t_1} |\alpha'(t)| dt = \int_{t_0}^{t_1} \sqrt{I_{q(t)}(\alpha'(t))} dt,$$

onde usamos o fato de que $\alpha'(t)$ é um vetor tangente à superfície em $q(t) = (u(t), v(t))$.

Se w_1 e w_2 são vetores não nulos tangentes a X em $q = (u, v)$, então o ângulo $0 \leq \theta \leq \pi$ formado por w_1 e w_2 é dado por

$$\cos \theta = \frac{\langle w_1, w_2 \rangle}{|w_1||w_2|}.$$

Para expressar $\cos \theta$ em termos da primeira forma quadrática, observamos que $w_1 + w_2$ é um vetor tangente a X em q e

$$\langle w_1 + w_2, w_1 + w_2 \rangle = |w_1|^2 + 2\langle w_1, w_2 \rangle + |w_2|^2.$$

Portanto,

$$\cos \theta = \frac{I_q(w_1 + w_2) - I_q(w_1) - I_q(w_2)}{2\sqrt{I_q(w_1)I_q(w_2)}}.$$

Se duas curvas da superfície $\alpha(t) = X(u(t), v(t))$ e $\beta(r) = (Xu(r), v(r))$ são tais que $(u(t_0), v(t_0)) = (u(r_0), v(r_0))$, então o ângulo θ com que as curvas se intersectam é dado por

$$\cos \theta = \frac{\langle \alpha'(t_0), \beta'(r_0) \rangle}{|\alpha'(t_0)||\beta'(r_0)|}.$$

Em particular, o ângulo formado pelas curvas coordenadas de $X(u, v)$ em (u_0, v_0) é dado por

$$\cos \theta = \frac{\langle X_u, X_v \rangle}{|X_u||X_v|}(u_0, v_0) = \frac{F(u_0, v_0)}{\sqrt{E(u_0, v_0)G(u_0, v_0)}}.$$

142 III. TEORIA LOCAL DE SUPERFÍCIES

Portanto, concluímos que as curvas coordenadas de uma superfície $X(u, v)$ se intersectam ortogonalmente se, e só se, $F(u, v) = 0$ para todo (u, v). Segue do Exemplo 4.2 e) que os paralelos e os meridianos de uma superfície de rotação se intersectam ortogonalmente.

A seguir, vamos definir a noção de área de regiões de uma superfície, usando a primeira forma quadrática.

Uma região D do plano é um subconjunto de $\mathbb{R}^2$ fechado e limitado, cujo interior é homeomorfo a uma bola aberta de $\mathbb{R}^2$ e cujo bordo, homeomorfo a uma circunferência, é formado por um número finito de traços de curvas regulares.

Se $X : U \subset \mathbb{R}^2 \to \mathbb{R}^3$ é uma superfície regular e $D \subset U$ é uma região de $\mathbb{R}^2$, então dizemos que $X(D)$ é uma *região da superfície* X.

4.3 Definição. Seja $X : U \subset \mathbb{R}^2 \to \mathbb{R}^3$ uma superfície parametrizada regular e $D \subset U$ uma região de $\mathbb{R}^2$, tal que X restrita ao interior de D é injetiva. A *área da região* $X(D)$ é dada por

$$A(X(D)) = \int \int_D \sqrt{EG - F^2} dudv,$$

onde E, F, G são os coeficientes da primeira forma quadrática de X.

Uma justificativa geométrica para essa definição está baseada no seguinte fato. Fixemos um ponto $(u_0, v_0) \in D$. A área do paralelogramo formado pelos vetores $X_u(u_0, v_0)$ e $X_v(u_0, v_0)$ é dada por

$$|X_u(u_0, v_0) \times X_v(u_0, v_0)|.$$

Este valor é aproximadamente igual à área de uma região em $X(\bar{D})$ onde $\bar{D} \subset D$ é um retângulo com vértice em (u_0, v_0) e cujos lados são paralelos aos eixos coordenados u e v (ver Figura 41). Além disso, lembramos que $|X_u \times X_v| = \sqrt{EG - F^2}$. Uma justificativa detalhada pode ser encontrada nos livros de cálculo de funções de várias variáveis (ver, por exemplo, [2] e [5]).

4. Primeira Forma Quadrática

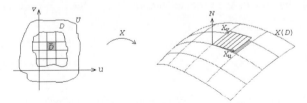

Figura 41

Vamos verificar que a área de uma região da superfície é invariante por mudança de coordenadas. Seja $X(u, v) = X \circ h(\bar{u}, \bar{v})$ uma reparametrização de X por h, onde $X : U \subset \mathbb{R}^2 \to \mathbb{R}^3$ e $h : \bar{U} \subset \mathbb{R}^2 \to U$ é uma mudança de coordenadas. Sejam $\bar{D} \subset \bar{U}$ e $D \subset U$ regiões do plano tais que $D = h(\bar{D})$. Então, $A(X(D)) = A(\bar{X}(\bar{D}))$. De fato, se $h(\bar{u}, \bar{v}) = (u, v)$, então

$$\int\int_{\bar{D}} |\bar{X}_{\bar{u}} \times \bar{X}_{\bar{v}}| d\bar{u} d\bar{v} = \int\int_{\bar{D}} |X_u \times X_v| |\det J(h)| d\bar{u} d\bar{v} = \int\int_{D} |X_u \times X_v| du dv,$$

onde $J(h)$ denota a matriz jacobiana de h e a última igualdade decorre do teorema de mudança de variáveis para integrais duplas.

Se $X : U \subset \mathbb{R}^2 \to \mathbb{R}^3$ é uma superfície regular e Q é um subconjunto de $X(U)$ que pode ser decomposto em um número finito de regiões, então definimos a área de Q como soma das áreas das regiões da decomposição. Pode-se provar que esta soma não depende da maneira como Q é decomposta.

4.4 Exemplo. Consideremos a superfície de rotação

$$X(u, v) = ((a + r \cos u) \cos v, (a + r \cos u) \sen v, r \sen u),$$

$(u, v) \in \mathbb{R}^2$, $0 < r < a$, que descreve um toro. A aplicação $X(u, v)$ é periódica em u e v, já que $X(u + 2\pi, v + 2\pi) = X(u, v)$. Portanto, se considerarmos a região $D = \{(u, v) \in \mathbb{R}^2; 0 \le u \le 2\pi, 0 \le v \le 2\pi\}$, temos

144   *III. TEORIA LOCAL DE SUPERFÍCIES*

que $X(D)$ é o toro e X restrita ao interior de D é injetiva. Daí concluímos que a área do toro é igual a

$$A(X(D)) = \int \int_D |X_u \times X_v| du dv = \int_0^{2\pi} \int_0^{2\pi} r(r\cos u + a) du dv = 4\pi^2 ar.$$

Nos Exemplos 4.2 a) e b) apresentamos superfícies parametrizadas que descrevem o plano e o cilindro circular, tendo os mesmos coeficientes da primeira forma quadrática. Este é um caso particular de uma classe de superfícies que têm essa propriedade. A fim de estudar tais superfícies, vamos considerar superfícies parametrizadas regulares $X : U \subset \mathbb{R}^2 \to \mathbb{R}^3$ tal que a aplicação X é injetiva. Nesse caso, diremos que X é uma *superfície simples*. Como já vimos na Proposição 1.8, dada uma superfície parametrizada regular X, obtemos uma superfície simples restringindo convenientemente o domínio de X.

4.5 Definição. Sejam $X(u, v)$ e $\bar{X}(u, v)$, $(u, v) \in U \subset \mathbb{R}^2$, superfícies simples. Dizemos que X e $\bar{X}$ são superfícies *isométricas* se, para todo $(u, v) \in U$, os coeficientes da primeira forma quadrática de X e $\bar{X}$ coincidem, isto é, $E(u, v) = \bar{E}(u, v)$, $F(u, v) = \bar{F}(u, v)$ e $G(u, v) = \bar{G}(u, v)$.

Se duas superfícies simples X e $\bar{X}$ têm o mesmo domínio U, então podemos definir uma correspondência bijetora entre os traços das superfícies. De fato, se $X(U) = S$ e $\bar{X}(U) = \bar{S}$, como X e $\bar{X}$ são injetivas, existem as funções inversas $X^{-1} : S \to U$ e $\bar{X}^{-1} : \bar{S} \to U$. Portanto, a aplicação $\phi : S \to \bar{S}$, definida por $\phi = \bar{X} \circ X^{-1}$, é bijetora (ver Figura 42), e sua inversa é dada por $\phi^{-1} = X \circ \bar{X}^{-1}$.

Se X e $\bar{X}$ são superfícies isométricas, então a aplicação ϕ (ou ϕ^{-1}) é denominada uma *isometria*. Essa denominação é justificada pela seguinte propriedade: se duas superfícies simples são isométricas, então a aplicação ϕ preserva "distância" entre pontos correspondentes nos traços das superfícies

4. Primeira Forma Quadrática

(ver Exercício 11).

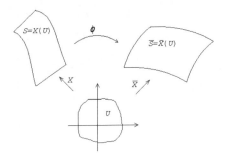

Figura 42

4.6 Exemplos

a) Seja S a região do plano obtida por

$$X(u, v) = (u, v, 0), \quad 0 < u < 2\pi, \quad v \in \mathbb{R},$$

e $\bar{S}$ o cilindro circular menos um meridiano descrito por

$$\bar{X}(u, v) = (\cos u, \operatorname{sen} u, v), \quad 0 < u < 2\pi, \quad v \in \mathbb{R}.$$

X e $\bar{X}$ são superfícies simples que são isométricas. A isometria $\phi: S \to \bar{S}$ (ver Figura 43) consiste em enrolar a região do plano em torno do cilindro de tal forma que os segmentos horizontais de S são levados nos paralelos do cilindro menos um ponto, e as retas verticais de S, nos meridianos.

b) Consideremos a região do helicoide S descrita por

$$X(u, v) = (v \cos u, v \operatorname{sen} u, u), \quad u \in \mathbb{R}, \quad 0 < v < 2\pi.$$

Seja $\bar{S}$ o catenoide menos um meridiano dado por

$$\bar{X}(\bar{u}, \bar{v}) = (\bar{u}, \cosh \bar{u} \cos \bar{v}, \cosh \bar{u} \operatorname{sen} \bar{v}), \quad \bar{u} \in \mathbb{R}, \quad 0 < \bar{v} < 2\pi.$$

146 III. TEORIA LOCAL DE SUPERFÍCIES

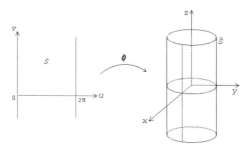

Figura 43

Considerando a seguinte mudança de coordenadas

$$u = \operatorname{senh} \bar{u}, \quad v = \bar{v},$$

obtemos a reparametrização de $\bar{X}$,

$$Y(u, v) = (\operatorname{arc\,senh} u, \sqrt{1+u^2}\, \cos v, \sqrt{1+u^2}\, \operatorname{sen} v),$$

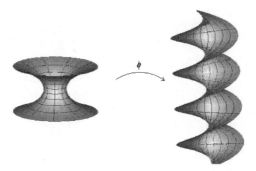

Figura 44

4. Primeira Forma Quadrática

147

onde $u \in \mathbb{R}$, $v \in \mathbb{R}$, $0 < v < 2\pi$. As superfícies X e Y são isométricas, já que os coeficientes da primeira forma quadrática são iguais a

$$E(u, v) = 1, \quad F(u, v) = 0, \quad G(u, v) = 1 + u^2.$$

Geometricamente, a isometria $\phi = X \circ Y^{-1}$ transforma os paralelos (menos um ponto) e as catenárias do catenoide nos arcos de hélice e retas do helicoide, respectivamente (ver Figura 44).

Observamos que, se X e $\bar{X}$ são superfícies isométricas, então as propriedades geométricas das superfícies, que dependem apenas da primeira forma quadrática, são preservadas pela isometria. Por exemplo, se $\alpha(t)$ é uma curva da superfície X e ϕ é a isometria entre os traços de X e $\bar{X}$, então o comprimento de α é igual ao comprimento de $\phi \circ \alpha$. Na proposição a seguir, veremos que esta propriedade caracteriza as superfícies isométricas.

4.7 Proposição. *Sejam X, $\bar{X} : U \to \mathbb{R}^3$ superfícies simples, $S = X(U)$ e $\bar{S} = \bar{X}(U)$. X e $\bar{X}$ são isométricas se, e só se, a aplicação $\phi : S \to \bar{S}$, definida por $\phi = \bar{X} \circ X^{-1}$, preserva comprimento de curvas, isto é, para toda curva α de X o comprimento de α é igual ao comprimento da curva $\phi \circ \alpha$.*

Demonstração. Seja $\alpha(t) = X(u(t), v(t))$ uma curva regular de X e
$$\bar{\alpha}(t) = \phi(\alpha(t)).$$
Como $\phi = \bar{X} \circ X^{-1}$, temos que $\bar{\alpha}(t) = \bar{X}(u(t), v(t))$. Portanto,

$$\alpha'(t) = X_u u'(t) + X_v v'(t),$$
$$\bar{\alpha}'(t) = \bar{X}_u u'(t) + \bar{X}_v v'(t),$$

148   *III. TEORIA LOCAL DE SUPERFÍCIES*

e os comprimentos das curvas α e $\bar{\alpha}$ de t_0 a t_1 são dados por

$$\ell(\alpha) = \int_{t_0}^{t_1} \sqrt{(u')^2\, E + 2u'v'\, F + (v')^2\, G}\, dt,$$

$$\ell(\bar{\alpha}) = \int_{t_0}^{t_1} \sqrt{(u')^2\, \bar{E} + 2u'v'\, \bar{F} + (v')^2\, \bar{G}}\, dt.$$

Se X e $\bar{X}$ são isométricas, então decorre da igualdade dos coeficientes da primeira forma quadrática que

$$\ell(\alpha) = \ell(\bar{\alpha}).$$

Reciprocamente, suponhamos que, para toda curva α, os comprimentos de α e $\bar{\alpha} = \phi(\alpha)$ coincidem, então vamos provar que X e $\bar{X}$ são isométricas. Seja $q = (u_0,\, v_0)$ um ponto de U. Consideremos uma curva $\alpha(t) = X(u(t),\, v(t))$, onde

$$\begin{aligned} u(t) &= u_0 + at, \\ v(t) &= v_0 + bt, \end{aligned}$$

a, b são constantes que não se anulam simultaneamente e $t \in (-\varepsilon, \varepsilon)$ tal que $(u(t),\, v(t)) \in U$. Sejam $s(t)$ e $\bar{s}(t)$ as funções comprimento de arco respectivamente de α e $\bar{\alpha}$, de t_0 a t. Como para todo t, $s(t) = \bar{s}(t)$, derivando esta relação, temos que

$$\begin{aligned} &a^2\, E(u(t),\, v(t)) + 2ab\, F(u(t),\, v(t)) + b^2\, G(u(t),\, v(t)) = \\ &a^2\, \bar{E}(u(t),\, v(t)) + 2ab\, \bar{F}(u(t),\, v(t)) + b^2\, \bar{G}(u(t),\, v(t)), \end{aligned}$$

para todo t. Em particular para $t = 0$, obtemos

$$a^2\, (E(q) - \bar{E}(q)) + 2ab\, (F(q) - \bar{F}(q)) + b^2\, (G(q) - \bar{G}(q)) = 0,$$

que se verifica para quaisquer constantes a e b. Portanto,

$$E(q) = \bar{E}(q),\quad F(q) = \bar{F}(q),\quad G(q) = \bar{G}(q).$$

4. Primeira Forma Quadrática											149

Como q é um ponto arbitrário de U, concluímos que X e $\bar{X}$ são isométricas.

$\square$

4.8 Exercícios

1. Considere a superfície

$$X(u,\,v) = (u+v,\, u-v,\, 4uv),\ \ (u,\,v) \in \mathbb{R}^2,$$

e uma reparametrização de X dada por

$$\bar{X}(\bar{u},\,\bar{v})(\bar{u},\,\bar{v},\,\bar{u}^2 - \bar{v}^2),\ \ (\bar{u},\,\bar{v}) \in \mathbb{R}^2.$$

Verifique que, se h é a mudança de parâmetros tal que $\bar{X} = X \circ h$ e $\bar{q} = (\bar{u}, \bar{v})$, então os coeficientes da primeira forma quadrática de $\bar{X}$ em $\bar{q}$ diferem dos coeficientes da primeira forma quadrática de X em $h(\bar{q})$. (Observe que as primeiras formas quadráticas coincidem: $\bar{I}_{\bar{q}} = I_{h(\bar{q})}$.)

2. Considere a superfície

$$X(u,\,v) = (v\cos u,\, v\,\operatorname{sen} u,\, v),\ \ u \in \mathbb{R}\ \text{e}\ v > 0,$$

e a curva $\alpha(t) = X(\sqrt{2}t,\, e^t)$, $t \in \mathbb{R}$. Obtenha as coordenadas de $\alpha'(t)$ na base X_u, X_v. Prove que, para todo t, $\alpha'(t)$ bissecta o ângulo formado por X_u e X_v.

3. Seja $X(u,\,v)$ uma superfície tal que os coeficientes da primeira forma quadrática são $E = 1$, $F = 0$, $G(u,\,v) = h(u,\,v)$. Prove que duas curvas coordenadas da forma $X(u_1,\,v)$, $X(u_2,\,v)$ determinam segmentos de mesmo comprimento nas curvas em que o parâmetro v é constante. Verifique que esta propriedade é satisfeita por toda superfície da forma

$$X(u,\,v) = (u\cos v,\, u\,\operatorname{sen} v,\, f(v)),$$

onde f é uma função diferenciável.

III. TEORIA LOCAL DE SUPERFÍCIES

4. Considere uma superfície

$$X(u, v) = (u, v, f(u, v)), \quad (u, v) \in \mathbb{R}^2,$$

onde f é uma função real diferenciável.

a) Verifique que as curvas coordenadas de X são ortogonais se, e só se, $f_x f_y = 0$.

b) Se D é uma região de $\mathbb{R}^2$, prove que a área de $X(D)$ é dada por

$$A(X(D)) = \int \int_D \sqrt{1 + f_x^2 + f_y^2} \, dx dy$$

e que $A(X(D)) \geq A(D)$. Quando é que $A(X(D)) = A(D)$?

5. Considere a esfera unitária descrita por

$$X(u, v) = (\operatorname{sen} v \cos u, \ \operatorname{sen} v \ \operatorname{sen} u, \cos v), u \in \mathbb{R}, \ 0 < v < \pi,$$

e a curva $\alpha(t) = X(u(t), v(t))$, onde $u(t) = \log \cot \left(\frac{\pi}{4} - \frac{t}{2}\right)$, $v(t) = \frac{\pi}{2} - t$, $\frac{-\pi}{2} < t < \frac{\pi}{2}$.

a) Calcule o comprimento da curva $\alpha(t)$.

b) Considere os paralelos $X(u, v_0)$, onde v_0 é uma constante. Verifique que a curva α intercepta os paralelos formando um ângulo constante.

6. Seja $X(u, v)$ uma superfície e $\alpha(t) = X(u(t), v(t))$ uma curva regular de X que bissecta o ângulo formado pelas curvas coordenadas de X. Obtenha as equações diferenciais que devem ser satisfeitas pelas funções $u(t)$ e $v(t)$, em termos dos coeficientes da primeira forma quadrática de X.

7. Considere as duas famílias de curvas $\alpha(t) = X(u(t), v(t))$, da superfície

$$X(u, v) = (u \cos v, u \ \operatorname{sen} v, av + b),$$

que satisfazem a condição $((u(t))^2 + a^2)(v'(t))^2 - (u'(t))^2 = 0$. Verifique que as curvas intersectam-se ortogonalmente.

4. Primeira Forma Quadrática

8. Calcule a área do elipsoide $S\left\{(x, y, z) \in \mathbb{R}^3; \frac{x^2}{a^2} + \frac{y^2}{b^2} + \frac{z^2}{c^2} = 1\right\}$, onde a, b, c são números reais positivos.

9. Sejam $X, \bar{X}: U \subset \mathbb{R}^2 \to \mathbb{R}^3$ superfícies simples e $D \subset U$ uma região do plano. Prove que, se X e $\bar{X}$ são isométricas, então as áreas $A(X(D))$ e $A(\bar{X}(D))$ coincidem.

10. Seja $\alpha(s) = (x(s), y(s), 0)$, $s \in \mathbb{R}$, uma curva regular parametrizada pelo comprimento de arco, tal que α é injetiva. Considere a superfície cilíndrica S descrita por

$$X(s, v) = (x(s), y(s), v), \quad (s, v) \in \mathbb{R}^2.$$

Verifique que existe uma isometria entre S e o plano $\mathbb{R}^2$.

11. Seja $x: U \to \mathbb{R}^3$ uma superfície simples e $S = X(U)$. Fixados $p_1, p_2 \in S$, considere a família das curvas regulares de X que ligam p_1 a p_2. A *distância intrínseca* de p_1 a p_2 em S, denotada por $d(p_1, p_2)$, é o ínfimo dos comprimentos dessas curvas.

a) Verifique que $d(p_1, p_2) \geq |p_1 - p_2|$.

b) Sejam X e $\bar{X}: U \to R^3$ superfícies isométricas, $S = X(U)$ e $\bar{S} = \bar{X}(U)$. Prove que a isometria $\phi: S \to \bar{S}$ preserva distância intrínseca entre pontos correspondentes, isto é, se $p_1, p_2 \in S$, então $d(p_1, p_2) = \bar{d}(\phi(p_1), \phi(p_2))$, onde d e $\bar{d}$ são as distâncias intrínsecas de S e $\bar{S}$, respectivamente.

12. Considere o cone menos o vértice descrito por

$$X(r, \theta) = \left(r \, \text{sen} \, \alpha \, \cos(\frac{\theta}{\text{sen} \, \alpha}), \, r \, \text{sen} \, \alpha \, \text{sen} \, (\frac{\theta}{\text{sen} \, \alpha}), \, r \cos \alpha \right),$$

onde $0 < \alpha < \frac{\pi}{2}$ e 2α é o ângulo no vértice do cone. Seja $\bar{X}(r, \theta) = (r \cos \theta, r \, \text{sen} \, \theta, 0)$ o plano descrito em coordenadas polares. Verifique

152   III. TEORIA LOCAL DE SUPERFÍCIES

que X e $\bar{X}$ restritas ao domínio $U = \{(r, \theta) \in \mathbb{R}^2; r > 0, 0 < \theta < 2\pi \operatorname{sen} \alpha\}$ são isométricas.

13. Seja $\alpha(u) = (f(u), 0, g(u))$, $u \in I \subset \mathbb{R}$, uma curva regular parametrizada pelo comprimento de arco, tal que α é injetiva e $f(u) > 0$. Considere as superfícies de rotação

$$X(u, v) = (f(u) \cos v, f(u) \operatorname{sen} v, g(u)),$$

$$X_a(u, v) = \left(af(u) \cos\frac{v}{a}, af(u) \operatorname{sen}\frac{v}{a}, \int_{u_0}^{u} \sqrt{1 - a^2(f')^2}\, du \right),$$

onde $a \neq 0$ e $|f'(u)| \leq \frac{1}{a^2}$, para todo $u \in I$. Prove que as superfícies X e X_a são isométricas quando restringimos convenientemente o domínio das aplicações X e X_a.

5. Segunda Forma Quadrática; Curvatura Normal

O estudo das propriedades geométricas locais de uma superfície regular depende de duas formas quadráticas, das quais definimos a primeira na seção anterior. A segunda será introduzida nesta seção e veremos que está relacionada ao estudo das curvaturas de curvas da superfície.

5.1 Definição. Seja $X : U \subset \mathbb{R}^2 \to \mathbb{R}^3$ uma superfície parametrizada regular. Fixado $q = (u_0, v_0) \in U$, a *segunda forma quadrática* de X em q é uma aplicação $II_q : T_qX \to \mathbb{R}$, que para cada vetor $w \in T_qX$ associa $II_q(w)$ da seguinte forma: se $\alpha(t) = X(u(t), v(t))$ é uma curva diferenciável da superfície, tal que $(u(t_0), v(t_0)) = q$ e $\alpha'(t_0) = w$, então definimos $II_q(w) = \langle \alpha''(t_0), N(u_0, v_0) \rangle$, onde N é o vetor normal a X.

Vamos verificar que $II_q(w)$ não depende da curva escolhida. Seja $w = a X_u(u_0, v_0) + b X_v(u_0, v_0)$, e consideremos uma curva $\alpha(t) = X(u(t), v(t))$

5. Segunda Forma Quadrática; Curvatura Normal

tal que $(u(t_0), v(t)) = q$ e $\alpha'(t_0) = w$, isto é,

$$(u(t_0), v(t_0)) = (u_0, v_0), \quad (u'(t_0), v'(t_0)) = (a, b).$$

Como

$$\alpha'(t) = u'(t)\, X_u(u(t), v(t)) + v'(t)\, X_v(u(t), v(t))$$

e

$$\begin{aligned}
\alpha''(t) &= u''(t)\, X_u(u(t), v(t)) + (u'(t))^2\, X_{uu}(u(t), v(t)) + \\
&\quad + 2u'(t)v'(t)\, X_{uv}(u(t), v(t)) + (v'(t))^2\, X_{vv}(u(t), v(t)) + \\
&\quad + v''(t)\, X_v(u(t), v(t)),
\end{aligned}$$

temos que

$$\begin{aligned}
II_q(w) &= \langle \alpha''(t_0), N(u_0, v_0) \rangle = \\
&= a^2 \langle X_{uu}, N \rangle (u_0, v_0) + 2ab \langle X_{uv}, N \rangle (u_0, v_0) + \\
&\quad + b^2 \langle X_{vv}, N \rangle (u_0, v_0),
\end{aligned}$$

onde a última expressão não depende da curva α.

Usando a notação

$$\begin{aligned}
e(u_0, v_0) &= \langle X_{uu}, N \rangle (u_0, v_0), \\
f(u_0, v_0) &= \langle X_{uv}, N \rangle (u_0, v_0), \\
g(u_0, v_0) &= \langle X_{vv}, N \rangle (u_0, v_0),
\end{aligned}$$

temos que

$$II_q(w) = a^2\, e(u_0, v_0) + 2ab\, f(u_0, v_0) + b^2\, g(u_0, v_0).$$

Variando (u, v), temos funções diferenciáveis $e(u, v)$, $f(u, v)$, $g(u, v)$, que são denominadas *coeficientes da segunda forma quadrática* da superfície parametrizada X.

154   III. TEORIA LOCAL DE SUPERFÍCIES

5.2 Definição. Seja $X(u, v)$ uma superfície parametrizada regular e $q = (u_0, v_0)$. A *função curvatura normal* em q é uma aplicação $k_n : T_qX - \{0\} \to \mathbb{R}$ que, para cada vetor $w \in T_qX$ não nulo, associa

$$k_n(w) = \frac{II_q(w)}{I_q(w)}.$$

5.3 Observação. Se $w \in T_qX, w \neq 0$, então $k_n(\lambda w) = k_n(w)$ para todo número real $\lambda \neq 0$. De fato, seja $w = a\, X_u(u_0, v_0) + b\, X_v(u_0, v_0)$, onde $(a, b) \neq (0, 0)$. Denotando por e_0, f_0, g_0 os coeficientes da segunda forma quadrática em (u_0, v_0), temos

$$
\begin{aligned}
k_n(w) &= \frac{II_q(\lambda w)}{I_q(\lambda w)} = \frac{\lambda^2 a^2\, e_0 + 2\lambda^2 ab\, f_0 + \lambda^2 b^2\, g_0}{\lambda^2\, \langle w, w \rangle} = \\[2mm]
&= \frac{a^2\, e_0 + 2ab\, f_0 + b^2\, g_0}{\langle w, w \rangle} = \frac{II_q(w)}{I_q(w)} = k_n(w).
\end{aligned}
$$

Como consequência desse fato, podemos falar na *curvatura normal em* q *segundo uma direção tangente* à superfície.

Antes de dar alguns exemplos, vejamos a interpretação geométrica da curvatura normal e da segunda forma quadrática. Seja w um vetor unitário de T_qX e $\alpha(s) = X(u(s), v(s))$ uma curva regular da superfície, parametrizada pelo comprimento de arco, tal que $(u(s_0), v(s_0)) = q$ e $\alpha'(s_0) = w$. Se a curvatura de α em s_0, $k(s_0) \neq 0$, então

$$
\begin{aligned}
k_n(w) &= II_q(w) = \langle \alpha''(s_0), N(u(s_0), v(s_0)) \rangle = \\
&= k(s_0)\, \langle n(s_0), N(u(s_0), v(s_0)) \rangle = \\
&= k(s_0)\cos\theta, \hspace{3cm} (2)
\end{aligned}
$$

onde $n(s_0)$ é o vetor normal a α em s_0 e θ é o ângulo formado pelos vetores $n(s_0)$ e $N(u(s_0), v(s_0))$ (ver Figura 45).

5. Segunda Forma Quadrática; Curvatura Normal

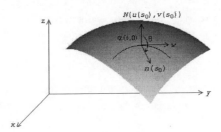

Figura 45

Como $II_q(w)$ e $k_n(w)$ não dependem da curva α escolhida, vamos aplicar a relação (2) para a curva mais conveniente. Esta curva é a chamada *seção normal da superfície determinada por w*, que é obtida pela interseção do traço de $X(u,v)$, para (u,v) suficientemente próximos de (u_0, v_0), com o plano que passa por $X(u_0, v_0)$ ortogonal a $w \times N(u_0, v_0)$ (ver Figura 46).

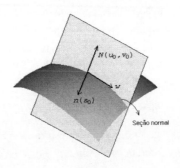

Figura 46

Nestas condições, a seção normal é o traço de uma curva regular plana definida por $\alpha(s) = X(u(s), v(s))$, parametrizada pelo comprimento de arco, tal que

$(u(s_0), v(s_0)) = (u_0, v_0)$ e $\beta'(s_0) = w$. Se $k(s_0) = 0$, isto é, $\beta''(s_0) = 0$, então $k_n(w) = II_q(w) = 0$. Se $k(s_0) > 0$, então o vetor normal $n(s_0) = \pm N(u_0, v_0)$ e, portanto, segue-se de (2) que

$$k_n(w) = II_q(w) = \pm k(s_0).$$

Portanto, concluímos que, se w é um vetor unitário tangente à superfície em q, então $|k_n(w)|$ é igual à curvatura da seção normal em q determinada por w.

Observamos que, se w é um vetor não nulo de T_qX, então $II_q(w) = |w|^2 k_n(w)$, isto é, $|II_q(w)|$ é igual à curvatura da seção normal a X em q, determinada por w, multiplicada por $|w|^2$.

Segue-se da Observação 3.6 que, se $\bar{X} = X \circ h$ é uma reparametrização de X, pela mudança de coordenadas h, então a segunda forma quadrática e a curvatura normal de $\bar{X}$ em $\bar{q}$, e de X em $h(\bar{q})$, permanecem inalteradas ou mudam de sinal se $\bar{N}(\bar{q}) = N(h(\bar{q}))$ ou $\bar{N}(\bar{q}) = -N(h(\bar{q}))$, respectivamente.

5.4 Exemplos

a) Se $X(u, v)$ é uma superfície parametrizada regular que descreve um plano de $\mathbb{R}^3$, então a curvatura normal e a segunda forma quadrática são identicamente nulas. De fato, todas as seções normais são retas que têm curvatura nula.

b) Consideremos a superfície

$$X(u, v) = (a\, \text{sen}\, v \cos u,\ a\, \text{sen}\, v\, \text{sen}\, u,\ a \cos v),$$

$a > 0$, $u \in \mathbb{R}$, $0 < v < \pi$, que descreve a esfera de raio a. Como todas as seções normais são circunferências de raio a, e o vetor normal

$$N(u, v) = (-\,\text{sen}\, v \cos u,\ -\,\text{sen}\, v\, \text{sen}\, u,\ -\cos v)$$

aponta para o interior da esfera, concluímos que a curvatura normal é constante igual a $1/a$ e a segunda forma quadrática $II_q(w)$ é igual a $|w|^2/a$, para todo $q = (u, v)$ e $w \in T_qX$.

5. Segunda Forma Quadrática; Curvatura Normal

c) Seja

$$X(u, v) = (r \cos u, \ r \ \text{sen} \, u, \ v),$$

$r > 0, (u, v) \in \mathbb{R}^2$, a superfície que descreve o cilindro circular. Vamos calcular os coeficientes da primeira e segunda formas quadráticas de X e verificar que existem direções tangentes em que a função admite um máximo e um mínimo. Como

$$\begin{aligned}
X_u &= (-r \ \text{sen} \, u, \ r \cos u, \ 0), \\
X_v &= (0, \ 0, \ 1), \\
N(u, v) &= \frac{X_u \times X_v}{|X_u \times X_v|}(u, v) = (\cos u, \ \text{sen} \, u, \ 0), \\
X_{uu}(u, v) &= (-r \cos u, \ -r \ \text{sen} \, u, \ 0), \\
X_{uv}(u, v) &= (0, \ 0, \ 0), \\
X_{vv} &= (0, \ 0, \ 0),
\end{aligned}$$

temos que

$$\begin{aligned}
E(u, v) &= r^2, \quad F(u, v) = 0, \quad G(u, v) = 1, \\
e(u, v) &= -r, \quad f(u, v) = 0, \quad g(u, v) = 0.
\end{aligned}$$

Portanto, se $w = a\, X_u + b\, X_v$ é um vetor tangente a X em $q = (u, v)$, então

$$\begin{aligned}
I_q(w) &= a^2 r^2 + b^2, \\
II_q(w) &= -a^2 r.
\end{aligned}$$

Logo, para um vetor w não nulo, temos

$$k_n(w) = \frac{-a^2 r}{a^2 r^2 + b^2}.$$

Observamos que $k_n(w) \leq 0$, e a igualdade $k_n(w) = 0$ ocorre se, e só se, $a = 0$ e $b \neq 0$. Se $a \neq 0$, então

$$\frac{a^2 r}{a^2 r^2 + b^2} \leq \frac{1}{r}.$$

Portanto, $k_n(w) \geq -\dfrac{1}{r}$ e essa última igualdade ocorre quando $b=0$. Concluímos que a função k_n admite um máximo e um mínimo nas direções de X_v e X_u, respectivamente.

d) Consideremos a superfície

$$X(u, v) = (u, v, v^2 - u^2), \quad (u, v) \in \mathbb{R}^2,$$

que descreve o paraboloide hiperbólico (ver Figura 47). Calculando os coeficientes da primeira e segunda formas quadráticas em $q = (0, 0)$, obtemos

$$E(0, 0) = 1, \quad F(0, 0) = 0, \quad G(0, 0) = 1,$$
$$e(0, 0) = -2, \quad f(0, 0) = 0, \quad g(0, 0) = 2.$$

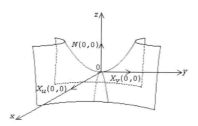

Figura 47

Portanto, se $w = a X_u(0, 0) + b X_v(0, 0) \in T_q X$, temos que

$$I_q(w) = a^2 + b^2,$$
$$II_q(w) = -2a^2 + 2b^2,$$

e, para $w \neq 0$,

$$k_n(w) = \frac{-2a^2 + 2b^2}{a^2 + b^2}.$$

5. Segunda Forma Quadrática; Curvatura Normal

Então concluímos que k_n assume o valor máximo 2 e o mínimo -2 nas direções de X_v e X_u, respectivamente.

e) A superfície

$$X(u, v) = (u, v, u^3 - 3uv^2), \quad (u, v) \in \mathbb{R}^2,$$

descreve a chamada *sela de macaco* (ver Figura 48). É fácil verificar que os coeficientes da segunda forma quadrática se anulam em $q = (0, 0)$. Portanto, a curvatura normal e a segunda forma quadrática em q são funções nulas.

Figura 48

5.5 Exercícios

1. Obtenha a segunda forma quadrática e a função curvatura normal das seguintes superfícies:

   a) Superfície de rotação $X(u, v) = (f(u) \cos v, f(u) \operatorname{sen} v, g(u))$.

   b) Superfície que descreve o gráfico de uma função diferenciável $X(u, v) = (u, v, f(u, v))$.

160   *III. TEORIA LOCAL DE SUPERFÍCIES*

2. Seja $X : U \to \mathbb{R}^3$ uma superfície parametrizada regular e $\bar{X} : V \to \mathbb{R}^3$ uma reparametrização de X pela mudança de parâmetros $h : V \to U$. Relacione os coeficientes da primeira e segunda formas quadráticas de $\bar{X}$ em $\bar{q} \in V$ com os de X em $h(\bar{q})$.

3. Seja X uma superfície parametrizada regular. Consideremos duas curvas da superfície $\alpha(s)$ e $\beta(s)$ parametrizadas pelo comprimento de arco tal que $\alpha(s_0) = \beta(s_0)$. Prove que, se α e β têm o mesmo plano osculador em s_0, então α e β têm a mesma curvatura em s_0, desde que o plano osculador não seja tangente à superfície X.

4. Considere a superfície

$$X(u,\, v) = (f(u),\, g(u),\, v),$$

onde $\alpha(u) = (f(u),\, g(u),\, 0)$ é uma curva regular. Verifique que, para cada $q = (u,\, v)$, existe uma direção w, tangente a X em q, para a qual a curvatura normal se anula.

6. Curvaturas Principais; Curvatura de Gauss; Curvatura Média

Na seção anterior, apresentamos vários exemplos em que obtivemos explicitamente a função curvatura normal e verificamos que essa função admitia um máximo e um mínimo. Esse é um resultado geral que provaremos a seguir. Os valores máximo e mínimo da função curvatura normal em um ponto q serão chamados curvaturas principais e, a partir destas, definiremos a curvatura de Gauss e a curvatura média.

Nesta seção, denotaremos por E_0, F_0, G_0, e_0, f_0 e g_0 os coeficientes da primeira e segunda formas quadráticas de uma superfície parametrizada regular $X(u,\, v)$ em um ponto $q = (u_0,\, v_0)$.

6. *Curvaturas Principais; Curvatura de Gauss; Curvatura Média*   161

6.1 Proposição. *Sejam* $X(u, v)$ *uma superfície parametrizada regular e* k_n *a função curvatura normal de* X *em* $q = (u_0, v_0)$. *Então, existem vetores unitários e ortogonais* w_1, $w_2 \in T_q X$ *tais que* $k_1 = k_n(w_1)$ *e* $k_2 = k_n(w_2)$ *são os valores mínimo e máximo da função* k_n.

Demonstração. Se k_n é uma função constante, então quaisquer dois vetores unitários e ortogonais de $T_q X$ satisfazem as condições da proposição.

Suponhamos que k_n não é constante. Consideremos a função $\tilde{k}_n : \mathbb{R}^2 - \{(0, 0)\} \to \mathbb{R}$ definida por

$$\tilde{k}_n(a, b) = k_n(a\, X_u(q) + b\, X_v(q)), \quad (a, b) \neq (0, 0),$$

isto é,

$$\tilde{k}_n(a, b) = \frac{a^2\, e_0 + 2ab\, f_0 + b^2\, g_0}{a^2\, E_0 + 2ab\, F_0 + b^2\, G_0}.$$

Esta função é diferenciável já que $(a, b) \neq (0, 0)$. Além disso, para todo $\lambda \neq 0$, $\tilde{k}_n(\lambda a, \lambda b) = \tilde{k}_n(a, b)$. Portanto, para obter os valores mínimo e máximo da função $\tilde{k}_n$, basta restringir $\tilde{k}_n$ à circunferência C de $\mathbb{R}^2$ de raio 1 dada por $a^2 + b^2 = 1$. Como $\tilde{k}_n$ é contínua, então existem pontos (a_1, b_1) e (a_2, b_2) de C tais que

$$k_1 = \tilde{k}(a_1, b_1) \quad k_2 = \tilde{k}(a_2, b_2) \tag{3}$$

são, respectivamente, o mínimo e o máximo da função $\tilde{k}_n$ restrita a C (ver Capítulo 0). Portanto,

$$k_1 \leq \tilde{k}_n(a, b) \leq k_2,$$

para todo $(a, b) \in \mathbb{R}^2 \setminus \{(0, 0)\}$. Além disso, como k_n não é constante, $k_1 < k_2$.

Consideremos agora os vetores de $T_q X$

$$\begin{aligned}
\bar{w}_1 &= a_1\, X_u(q) + b_1\, X_v(q), \\
\bar{w}_2 &= a_2\, X_u(q) + b_2\, X_v(q).
\end{aligned}$$

162   *III. TEORIA LOCAL DE SUPERFÍCIES*

Pela própria definição de $\tilde{k}_n$, temos que, para todo $w \in T_q X \setminus 0$,

$$k_1 = k_n(\bar{w}_1) \le k_n(w) \le k_n(\bar{w}_2) = k_2.$$

Vamos provar que $\bar{w}_1$ e $\bar{w}_2$ são vetores ortogonais. Como (a_1, b_1) e (a_2, b_2) dão o mínimo e o máximo da função $\tilde{k}_n$, então as derivadas parciais de $\tilde{k}_n$ são nulas nestes pontos. Calculando essas derivadas parciais e usando (3), obtemos as seguintes expressões

$$(e_0 - k_1 E_0)\, a_1 \;+\; (f_0 - k_1 F_0)\, b_1 = 0, \tag{4}$$

$$(e_0 - k_2 E_0)\, a_2 \;+\; (f_0 - k_2 F_0)\, b_2 = 0, \tag{5}$$

$$(f_0 - k_1 F_0)\, a_1 \;+\; (g_0 - k_1 G_0)\, b_1 = 0, \tag{6}$$

$$(f_0 - k_2 F_0)\, a_2 \;+\; (g_0 - k_2 G_0)\, b_2 = 0. \tag{7}$$

Se a_1, a_2, b_1, b_2 são não nulos, então subtraímos a equação (4) multiplicada por a_2 da equação (5) multiplicada por a_1, em seguida subtraímos a equação (6) multiplicada por b_2 da equação (7) multiplicada por b_1. Finalmente, somando as equações obtidas, temos que

$$(k_1 - k_2)(a_1 a_2\, E_0 + a_1 b_2\, F_0 + a_2 b_1\, F_0 + b_1 b_2\, G_0) = 0.$$

Como $k_1 \ne k_2$, concluímos que

$$\langle \bar{w}_1, \bar{w}_2 \rangle = a_1 a_2\, E_0 + a_1 b_2\, F_0 + a_2 b_1\, F_0 + b_1 b_2\, G_0 = 0.$$

De modo análogo, prova-se que $\bar{w}_1$ e $\bar{w}_2$ são ortogonais quando algum dos números a_1, a_2, b_1, b_2 se anula. Observamos que obtivemos dois vetores ortogonais $\bar{w}_1, \bar{w}_2$, não necessariamente unitários (embora $a_i^2 + b_i^2 = 1$, $i = 1, 2$), que dão o mínimo e o máximo da função k_n. Considerando

$$w_1 = \frac{\bar{w}_1}{|\bar{w}_1|}, \qquad w_2 = \frac{\bar{w}_2}{|\bar{w}_2|},$$

como $k_n(\lambda w) = k_n(w)$, $\forall \lambda \ne 0$, concluímos que w_1 e w_2 satisfazem as condições da proposição. $\qquad\square$

6. Curvaturas Principais; Curvatura de Gauss; Curvatura Média 163

Com a notação da proposição anterior, os vetores w_1 e w_2 são chamados *vetores principais* de X em q e as curvaturas k_1, k_2 são denominadas *curvaturas principais* de X em q. As direções de T_qX determinadas pelos vetores principais são chamadas *direções principais*.

O produto das curvaturas principais $K(q) = k_1 k_2$ denomina-se *curvatura gaussiana* de X em q e a semissoma de k_1 e k_2, $H(q) = \frac{k_1+k_2}{2}$, é chamada *curvatura média* de X em q. Segue-se dessas definições que as curvaturas principais de X em q são as soluções da equação

$$x^2 - 2H(q)x + K(q) = 0.$$

Observamos que uma mudança de parâmetros pode alterar o sinal da curvatura média, entretanto, a curvatura gaussiana permanece inalterada. Mais precisamente, seja $\bar{X} = X \circ h$ uma reparametrização de X por h. Denotemos por $\bar{K}, \bar{H}, \bar{k}_n$ (resp. K, H, k_n) a curvatura gaussiana, curvatura média e a função curvatura normal de $\bar{X}$ em q (resp. de X em $h(\bar{q})$). Já vimos na seção anterior que $\bar{k}_n = \pm k_n$, em que o sinal é positivo se $\det J(h) > 0$ e negativo se $\det J(h) < 0$. Portanto, as curvaturas principais de $\bar{X}$ em $\bar{q}$ e de X em $h(\bar{q})$ permanecem inalteradas ou mudam ambas de sinal. Daí concluímos que $\bar{H}(\bar{q}) = \pm H(h(\bar{q}))$ e $\bar{K}(\bar{q}) = K(h(\bar{q}))$.

6.2 Exemplos

a) Se X é uma superfície parametrizada regular que descreve um plano, já vimos que a curvatura normal em qualquer ponto é identicamente nula, portanto, as curvaturas principais são $k_1 = k_2 = 0$ e todo vetor unitário é um vetor principal. Concluímos que a curvatura gaussiana e a curvatura média são identicamente nulas.

b) No Exemplo 5.4 b), vimos que a esfera de raio $a > 0$ descrita por

$$X(u, v) = (a \operatorname{sen} v \cos u, \ a \operatorname{sen} v \operatorname{sen} u, \ a \cos v),$$

$u \in \mathbb{R}, 0 < v < \pi$, tem a curvatura normal $k_n = \frac{1}{a}$ para todo (u, v). Portanto,

164   *III. TEORIA LOCAL DE SUPERFÍCIES*

todo vetor unitário tangente é um vetor principal e as curvaturas principais são $k_1 = k_2 = 1/a$. Concluímos que $K \equiv 1/a^2$ e $H \equiv 1/a$.

c) Consideremos o cilindro circular descrito por

$$X(u, v) = (r \cos u, \; r \; \text{sen} \, u, \; v),$$

$r > 0$, $(u, v) \in \mathbb{R}^2$. Como vimos no Exemplo 5.4 c), para todo $q = (u, v)$, a curvatura normal satisfaz

$$-\frac{1}{r} \le k_n \le 0$$

e assume o mínimo e o máximo nas direções tangentes às curvas coordenadas. Portanto, considerando os vetores unitários nessas direções, temos que

$$w_1 = (- \; \text{sen} \, u, \cos u, 0), \quad w_2 = (0, 0, 1),$$

são os vetores principais em $q = (u, v)$, e $k_1 = k_n(w_1) = -\frac{1}{r}$, $k_2 = k_n(w_2) = 0$ são as curvaturas principais. Portanto,

$$K \equiv 0 \quad \text{e} \quad H \equiv -\frac{1}{2r}.$$

d) No Exemplo 5.4 e), vimos que a curvatura normal da superfície

$$X(u, v) = (u, v, u^3 - 3uv^2), \quad (u, v) \in \mathbb{R}^2,$$

em $q = (0, 0)$, é identicamente nula. Portanto, as curvaturas principais em q são nulas, e $K(q) = H(q) = 0$.

Mais adiante, usando a demonstração da proposição anterior, obteremos um método algébrico para calcular as curvaturas principais a partir dos coeficientes da primeira e segunda formas quadráticas. Antes, porém, vamos provar que as curvaturas principais k_1 e k_2 determinam a curvatura normal em qualquer direção. Mais precisamente:

6.3 Proposição. (*Fórmula de Euler*)   *Sejam* $X(u, v)$ *uma superfície parametrizada regular,* $q = (u_0, v_0)$, k_1, k_2 *as curvaturas principais de* X

6. Curvaturas Principais; Curvatura de Gauss; Curvatura Média   165

em q e w_1, w_2 vetores principais em q. Para todo vetor $w \in T_q X$ tal que $|w| = 1$, se

$$w = \cos\theta\, w_1 + \operatorname{sen}\theta\, w_2,$$

então

$$k_n(w) = k_1 \cos^2\theta + k_2 \operatorname{sen}^2\theta.$$

Demonstração. Consideremos

$$\begin{aligned} w_1 &= a_1 X_u(q) + b_1 X_v(q),\\ w_2 &= a_2 X_u(q) + b_2 X_v(q), \end{aligned}$$

tais que $k_1 = k_n(w_1) \le k_n(w_2) = k_2$. Como $w = \cos\theta w_1 + \operatorname{sen}\theta w_2$, temos que

$$w = (\cos\theta\, a_1 + \operatorname{sen}\theta\, a_2)X_u + (\cos\theta\, b_1 + \operatorname{sen}\theta\, b_2)X_v.$$

Portanto,

$$\begin{aligned} k_n(w) &= (\cos\theta\, a_1 + \operatorname{sen}\theta\, a_2)^2\, e_0 +\\ &+ 2(\cos\theta\, a_1 + \operatorname{sen}\theta\, a_2)(\cos\theta\, b_1 + \operatorname{sen}\theta\, b_2)\, f_0 +\\ &+ (\cos\theta\, b_1 + \operatorname{sen}\theta\, b_2)^2\, g_0, \end{aligned}$$

onde e_0, f_0, g_0 são os coeficientes da segunda forma quadrática de X em q. Desenvolvendo a expressão acima, obtemos que

$$k_n(w) = \cos^2\theta\, k_1 + \operatorname{sen}^2\theta\, k_2 + 2A\, \operatorname{sen}\theta\, \cos\theta,$$

onde

$$A = a_1 a_2\, e_0 + (a_1 b_2 + a_2 b_1)\, f_0 + b_1 b_2\, g_0.$$

Vamos provar que a constante A é nula. Como $k_n(w) \le k_2$, temos que, para todo θ,

$$\cos^2\theta\, k_1 + \operatorname{sen}^2\theta\, k_2 + 2A\, \operatorname{sen}\theta\cos\theta \le k_2 = k_2\, \operatorname{sen}^2\theta + k_2\, \cos^2\theta.$$

Logo,

$$\cos^2\theta\, (k_2 - k_1) - 2A\, \operatorname{sen}\theta\, \cos\theta \ge 0.$$

166   *III. TEORIA LOCAL DE SUPERFÍCIES*

Portanto, para todo $\theta \neq \pi/2$,

$$k_2 - k_1 - 2A\,\mathrm{tg}\theta \geq 0. \tag{8}$$

Suponhamos que $A \neq 0$. Se $A > 0$, então existe $\theta = \frac{\pi}{2} - \lambda$, λ suficiente-mente pequeno tal que $2A\,\mathrm{tg}\ \theta > k_2 - k_1$, o que contradiz (8). Analogamente, se $A < 0$, então existe $\theta = \pi/2 + \lambda$ tal que $2A\,\mathrm{tg}\ \theta > k_2 - k_1$, o que nova-mente contradiz (8). Concluímos que $A = 0$. Portanto,

$$k_n(w) = \cos^2\theta\ k_1 + \ \mathrm{sen}^2\theta\ k_2.$$

□

Na proposição seguinte, obteremos a curvatura média $H(q)$ e a curvatura gaussiana $K(q)$ a partir dos coeficientes da primeira e segunda formas qua-dráticas.

6.4 Proposição. *Seja* $X(u,v)$ *uma superfície parametrizada regular. Se* $q = (u_0, v_0)$, *então*

$$H(q) \ = \ \frac{1}{2}\frac{e_0 G_0 - 2f_0 F_0 + E_0 g_0}{E_0 G_0 - F_0^2},$$

$$K(q) \ = \ \frac{e_0 g_0 - f_0^2}{E_0 G_0 - F_0^2}.$$

Demonstração. Se um número real k_0 é uma curvatura principal em q, na direção de $w = a_0\,X_u(q) + b_0\,X_v(q)$, então

$$\begin{aligned}(e_0 - k_0 E_0)\,a_0 + (f_0 - k_0 F_0)\,b_0 &= 0,\\ (f_0 - k_0 F_0)\,a_0 + (g_0 - k_0 G_0)\,b_0 &= 0.\end{aligned} \tag{9}$$

De fato (compare com a demonstração da Proposição 6.1), como k_0 é o valor mínimo ou máximo da função

$$\frac{a^2\,e_0 + 2ab\,f_0 + b^2\,g_0}{a^2\,E_0 + 2ab\,F_0 + b^2\,G_0}, \quad (a,\,b) \in \mathbb{R}^2 \setminus \{(0,\,0)\}, \tag{10}$$

em (a_0, b_0), obtemos o sistema de equações (9) calculando as derivadas parciais da função (10) em (a_0, b_0).

Segue-se do fato de que (a_0, b_0) é uma solução não trivial do sistema que o determinante

$$\begin{vmatrix} e_0 - k_0 E_0 & f_0 - k_0 F_0 \\ f_0 - k_0 F_0 & g_0 - k_0 G_0 \end{vmatrix} = 0,$$

isto é, k_0 satisfaz a equação

$$x^2 - \frac{e_0 G_0 - 2 f_0 F_0 + E_0 g_0}{E_0 G_0 - F_0^2} x + \frac{e_0 g_0 - f_0^2}{E_0 G_0 - F_0^2} = 0.$$

Pela relação entre os coeficientes de uma equação do segundo grau e as raízes da equação, concluímos que

$$H(q) = \frac{1}{2} \frac{e_0 G_0 - 2 f_0 F_0 + E_0 g_0}{E_0 G_0 - F_0^2},$$

$$K(q) = \frac{e_0 g_0 - f_0^2}{E_0 G_0 - F_0^2}.$$

$\square$

A proposição que acabamos de demonstrar permite calcular a curvatura gaussiana $K(u, v)$ e a curvatura média $H(u, v)$ de uma superfície parametrizada regular $X(u, v)$ a partir dos coeficientes da primeira e segunda formas quadráticas. Em seguida, resolvendo a equação

$$x^2 - 2H(u, v)x + K(u, v) = 0,$$

obtemos as curvaturas principais k_1 e k_2 da superfície. A seguir, veremos como obter os vetores principais de k_1 e k_2.

6.5 Proposição. *Seja $X(u, v)$ uma superfície parametrizada regular. Um vetor não nulo $w = a_0 X_u(q) + b_0 X_v(q)$ tangente a X em $q = (u_0, v_0)$ é uma direção principal de curvatura principal k_0 se, e só se, a_0, b_0 satisfazem o*

168   *III. TEORIA LOCAL DE SUPERFÍCIES*

sistema de equações

$$(e_0 - k_0 E_0)\, a_0 + (f_0 - k_0 F_0)\, b_0 = 0,$$
$$(f_0 - k_0 F_0)\, a_0 + (g_0 - k_0 G_0)\, b_0 = 0. \tag{11}$$

Demonstração. Se w é uma direção principal e $k_0 = k_n(w)$ é uma curvatura principal, então já vimos na demonstração da proposição anterior que (11) se verifica.

Reciprocamente, se a_0, b_0 satisfazem (11), então, como (a_0, b_0) é uma solução não trivial de (11),

$$\begin{vmatrix} e_0 - k_0 E_0 & f_0 - k_0 F_0 \\ f_0 - k_0 F_0 & g_0 - k_0 G_0 \end{vmatrix} = 0.$$

Concluímos usando a demonstração da Proposição 6.4, que k_0 é uma curvatura principal. Para provar que w é uma direção principal, vamos provar que $k_n(w) = k_0$. Suponhamos que a_0 e b_0 são não-nulos. Somando a primeira equação de (11) multiplicada por a_0 com a segunda multiplicada por b_0, obtemos

$$e_0\, a_0^2 + 2 f_0\, a_0 b_0 + g_0\, b_0^2 = k_0\, (E_0\, a_0^2 + 2 F_0\, a_0 b_0 + G_0\, b_0^2).$$

Portanto,

$$k_n(w) = \frac{e_0\, a_0^2 + 2 f_0\, a_0 b_0 + g_0\, b_0^2}{E_0\, a_0^2 + 2 F_0\, a_0 b_0 + G_0\, b_0^2} = k_0.$$

Se $a_0 = 0$ ou $b_0 = 0$, obtém-se facilmente que $k_n(w) = k_0$.

$\square$

Observamos que as soluções do sistema (11) fornecem direções principais. Para obter os vetores principais, basta considerar os vetores unitários nessas direções.

6.6 Exemplos
a) Consideremos o paraboloide hiperbólico descrito por

$$X(u, v) = (u, v, v^2 - u^2), \quad (u, v) \in \mathbb{R}^2.$$

Já vimos no Exemplo 5.4 d) que

$$E(0, 0) = 1, \quad F(0, 0) = 0, \quad G(0, 0) = 1,$$
$$e(0, 0) = -2, \quad f(0, 0) = 0, \quad g(0, 0) = 2.$$

Segue-se da Proposição 6.4 que $H(0, 0) = 0$ e $K(0, 0) = -4$. Considerando as soluções da equação $x^2 - 4 = 0$, concluímos que as curvaturas principais em $q = (0, 0)$ são $k_1 = -2, k_2 = 2$. As direções principais são as soluções do sistema (8), quando substituímos k_0 respectivamente por k_1 e k_2. Portanto, obtemos o vetor principal $w_1 = X_u(0, 0) = (1, 0, 0)$ para $k_1 = -2$ e $w_2 = X_v(0, 0) = (0, 1, 0)$ para $k_2 = 2$.

b) Consideremos o conjunto de pontos de $\mathbb{R}^3$ obtido pela rotação da curva $\alpha(u) = (0, u, u^3)$, $-1 < u < 1$ em torno da reta $z = 1$ contida no plano yoz. Esta superfície, chamada *Chapéu de Scherlock*, é dada por

$$X(u, v) = ((1 - u^3) \cos v, u, (1 - u^3) \operatorname{sen} v + 1),$$

$-1 < u < 1$ e $v \in \mathbb{R}$ (Figura 49).

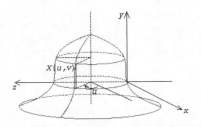

Figura 49

III. TEORIA LOCAL DE SUPERFÍCIES

Para todo $v \in \mathbb{R}$, temos que

$$E(0, v) = 1, \quad F(0, v) = 0, \quad G(0, v) = 1,$$
$$e(0, v) = 0, \quad f(0, v) = 0, \quad g(0, v) = -1.$$

Portanto, $K(0, v) = 0$ e $H(0, v) = -1/2$ para todo v. As curvaturas principais em $(0, v)$ são $k_1 = -1$ e $k_2 = 0$ e os vetores principais são

$$X_v(0, v) = (-\operatorname{sen} v, 0, \cos v),$$
$$X_u(0, v) = (0, 1, 0).$$

Dentre as superfícies de $\mathbb{R}^3$, destacam-se as que têm a curvatura gaussiana constante e as que têm curvatura média nula. Uma superfície que tem a curvatura média identicamente nula é denominada *superfície mínima*. Dizemos que uma superfície tem *curvatura gaussiana constante* se a função K é constante.

O plano é um exemplo de superfície mínima cuja curvatura gaussiana é constante igual a zero.

Não é difícil verificar que a catenoide e o helicoide são superfícies mínimas (Exercícios 3 e 7 de 6.7). Observamos que, em uma superfície mínima, a curvatura gaussiana $K \leq 0$. De fato, como $H = \frac{k_1 + k_2}{2} = 0$, temos que $k_1 = -k_2$ e, portanto, $K = k_1 k_2 \leq 0$.

Além do plano, o cilindro circular tem curvatura gaussiana identicamente nula (Exemplo 6.2 c)). A esfera de raio $a > 0$ é uma superfície de curvatura gaussiana $K = 1/a^2$ (Exemplo 6.2 b)). A pseudoesfera obtida pela rotação da tratriz tem curvatura gaussiana constante igual a -1 (Exercício 5).

As superfícies mínimas e as superfícies de curvatura gaussiana constante têm propriedades geométricas interessantes. Por exemplo, pode-se provar

6. Curvaturas Principais; Curvatura de Gauss; Curvatura Média — 171

que, se X e $\bar{X}$ são superfícies que têm a mesma curvatura gaussiana constante, então, restringindo convenientemente os domínios de X e $\bar{X}$, existe uma isometria entre os traços de X e $\bar{X}$. Em uma superfície mínima, se considerarmos uma região suficientemente pequena, pode-se provar que a área dessa região é menor que a área de qualquer outra superfície que tem a mesma fronteira da região.

6.7 Exercícios

1. Sejam $X(u, v)$ uma superfície parametrizada regular e $q = (u_0, v_0)$. Prove que um vetor $w = a\,X_u(q) + b\,X_v(q)$ é um vetor principal de X em q se, e só se,

$$\begin{vmatrix} b^2 & -ab & a^2 \\ E_0 & F_0 & G_0 \\ e_0 & f_0 & g_0 \end{vmatrix} = 0.$$

2. Considere a esfera de raio $a > 0$ descrita por

$$X(u, v) = (a\,\operatorname{sen} v\,\cos u,\ a\,\operatorname{sen} v\,\operatorname{sen} u,\ a\,\cos v),$$

$u \in \mathbb{R}$, $v \in (0, \pi)$. Verifique que a curvatura gaussiana é constante igual a $1/a^2$, usando a Proposição 6.4. Dê um exemplo de uma curva regular de X cuja curvatura k é constante e diferente de $1/a$.

3. Prove que o helicoide

$$X(u, v) = (v\,\cos u,\ v\,\operatorname{sen} u,\ bu),\quad b > 0,$$

é uma superfície mínima cuja curvatura gaussiana K satisfaz a relação $-1/b^2 \le K < 0$.

4. Seja $X(u, v)$ uma superfície parametrizada regular. Denotemos por $k_n(\theta)$ a curvatura normal de X em $q = (u_0, v_0)$, em uma direção do plano tangente, que forma um ângulo θ com uma direção principal. Prove que:

III. TEORIA LOCAL DE SUPERFÍCIES

a) $H(q) = \frac{1}{2}\left(k_n(\theta) + k_n\left(\theta + \frac{\pi}{2}\right)\right)$;

b) $H(q) = \frac{1}{m}(k_n(\theta_1) + k_n(\theta_2) + \cdots + k_n(\theta_m))$,

onde $\theta_i = 2\pi i/m$, $i = 1, 2, \cdots, m$ e $m > 2$;

c) $H(q) = \dfrac{1}{2\pi}\displaystyle\int_0^{2\pi} k_n(\theta)d\theta$.

5. Considere a superfície de rotação gerada pela tratriz

$$\alpha(t) = (\,\mathrm{sen}\,t,\ 0,\ \cos t + \log(\mathrm{tg}\frac{t}{2})),\ \ t \in (0, \frac{\pi}{2}).$$

Esta superfície é denominada *pseudoesfera*. Verifique que sua curvatura gaussiana é constante igual a -1.

6. Verifique que a curvatura gaussiana de um hiperboloide de uma folha é negativa.

7. Verifique que a catenoide é uma superfície mínima.

8. Considere uma superfície de rotação

$$X(u,\ v) = (f(u)\ \cos v,\ f(u)\ \mathrm{sen}\,v,\ g(u)).$$

Obtenha $K(u,\ v)$ e $H(u,\ v)$ em função de $f,\ g$ e suas derivadas. Verifique que, se a curva geratriz $(f(u)),\ 0,\ g(u))$ é parametrizada pelo comprimento de arco, então a curvatura gaussiana é dada por $-\dfrac{f''}{f}$.

9. Obtenha a curvatura gaussiana e a curvatura média de um elipsoide.

10. Considere a superfície

$$X(x,\ y) = (x,\ y,\ f(x,y)),$$

que descreve o gráfico de uma função diferenciável $f(x,\ y)$. Obtenha $K(x,\ y)$ e $H(x,\ y)$.

6. *Curvaturas Principais; Curvatura de Gauss; Curvatura Média*   173

a) Prove que X tem curvatura gaussiana identicamente nula se, e só se,
$f_{xx}f_{yy} - f_{xy}^2 = 0$.

b) Verifique que X é uma superfície mínima se, e só se,

$$(1 + f_x^2)\, f_{yy} + (1 + f_y^2)\, f_{xx} - 2f_x\, f_y\, f_{xy} = 0.$$

11. Verifique que a superfície

$$X(u, v) = (u, v, uv), \quad (u, v) \in \mathbb{R}^2,$$

possui as seguintes propriedades:

a) $K(u, v) < 0$;

b) $K(u, v)$ só depende da distância r de $X(u, v)$ ao eixo $0z$;

c) $K(u, v) \to 0$ quando $r \to \infty$.

12. Considere a superfície da forma

$$X(u, v) = (u, v, h(u) + \ell(v)),$$

onde h e ℓ são funções reais diferenciáveis.

a) Verifique que X é mínima se, e só se,

$$\frac{h''}{1 + (h')^2} = -\frac{\ell''}{1 + (\ell')^2} = a,$$

onde a é uma constante.

b) Mostre que as únicas superfícies mínimas deste tipo são dadas por

$$h(u) = \frac{\lambda}{a} \log \cos(au + b), \quad \ell(v) = \frac{\delta}{a} \log \cos(-av + b),$$

onde a, b, λ, δ são constante e $a \neq 0$ ou

$$h(u) = \lambda u + b, \quad \ell(v) = \delta v + b,$$

onde λ, δ, b são constantes.

174   III. TEORIA LOCAL DE SUPERFÍCIES

13. Determine as superfícies de rotação que têm curvatura gaussiana constante (ver Exercício 8).

14. Verifique que, para toda superfície de rotação, as direções tangentes aos meridianos e paralelos são direções principais.

15. Uma superfície parametrizada regular $X(u, v)$, $(u, v) \in U \subset \mathbb{R}^2$, é denominada uma *superfície de Weingarten*, se existe uma relação entre as curvaturas principais, isto é, existe uma função diferenciável $\psi:$ $\mathbb{R}^2 \to \mathbb{R}$, não constante, tal que $\psi(k_1(u, v), k_2(u, v)) = 0$ para todo $(u, v) \in U$. Por exemplo, as superfícies mínimas e as superfícies de curvatura gaussiana constante são superfícies de Weingarten. Prove que:

a) Se X é uma superfície de Weingarten, então

$$\begin{vmatrix} \dfrac{\partial k_1}{\partial u} & \dfrac{\partial k_2}{\partial u} \\[2mm] \dfrac{\partial k_1}{\partial v} & \dfrac{\partial k_2}{\partial v} \end{vmatrix} = 0.$$

b) O paraboloide de rotação

$$X(u, v) = \left(u \cos v, \, u \, \operatorname{sen} v, \, \frac{u^2}{2a} \right),$$

onde a é uma constante não nula, é uma superfície de Weingarten, pois $k_2(u, v) - a^2 \, k_1^3(u, v) = 0$.

7. Classificação dos Pontos de uma Superfície

Nesta seção, veremos que o sinal da curvatura gaussiana em um ponto q permite o estudo do comportamento da superfície em pontos próximos de q. Inicialmente, vamos considerar a seguinte classificação.

7.1 Definição. Seja $X(u,v)$ uma superfície parametrizada da regular. Dizemos que $q = (u, v)$ é um ponto

7. Classificação dos Pontos de uma Superfície

a) *elítico* se $K(q) > 0$;
b) *hiperbólico* se $K(q) < 0$;
c) *parabólico* se $K(q) = 0$ e $H(q) \neq 0$;
d) *planar* se $K(q) = 0$ e $H(q) = 0$.

7.2 Exemplos

a) Todos os pontos de uma esfera são elíticos.

b) A origem em um paraboloide hiperbólico (ver Exemplo 6.6 a)) é um ponto hiperbólico.

c) Todo ponto de um cilindro é parabólico. No chapéu de Sherlock descrito no Exemplo 6.6 b), vimos que os pontos da forma $(0,v)$ são parabólicos.

d) Todo ponto do plano é planar. Na sela do macaco (ver Exemplo 5.4 e)), a origem é um ponto planar.

e) O toro descrito por

$$X(u,v) = ((a+r\cos u)\cos v, (a+r\cos u)\sen v, r\sen u),$$

$(u,v) \in \mathbb{R}^2$, onde $0 < r < a$, tem pontos elípticos quando $-\frac{\pi}{2} < u < \frac{\pi}{2}$, pontos parabólicos quando $u = \frac{\pi}{2}$ ou $u = \frac{3\pi}{2}$ e pontos hiperbólicos quando $\frac{\pi}{2} < u < \frac{3\pi}{2}$ (Exercício 3) (ver Figura 50).

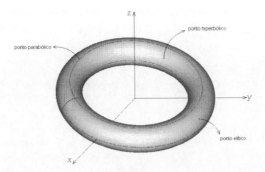

Figura 50

Sejam $X(u, v)$ uma superfície parametrizada regular e $q = (u_0, v_0)$. O sinal da curvatura gaussiana em q permite determinar, para (u, v) próximos de q, a posição dos pontos $X(u, v)$, relativamente ao plano tangente em q. Se N_0 é o vetor unitário normal à superfície em q, podemos identificar T_qX com o plano de $\mathbb{R}^3$ que passa por $X(q)$ ortogonal a N_0. Com essa identificação, denominamos os conjuntos

$$\left\{ p \in \mathbb{R}^3;\ \langle p - X(q), N_0 \rangle > 0 \right\} \ \text{ e } \ \left\{ p \in \mathbb{R}^3;\ \langle p - X(q), N_0 \rangle < 0 \right\}$$

$$\left(resp. \ \left\{ p \in \mathbb{R}^3;\ \langle p - X(q), N_0 \rangle \geq 0 \right\} \ \text{ e } \ \left\{ p \in \mathbb{R}^3;\ \langle p - X(q), N_0 \rangle \leq 0 \right\} \right)$$

de semiespaço (resp. de semiespaços fechados) determinados por T_qX.

Em um ponto elítico, as curvaturas principais têm sinais iguais, portanto, as concavidades das curvas da superfície neste ponto estão voltadas para um mesmo semiespaço determinado por T_qX. Em um ponto hiperbólico, como as curvaturas principais têm sinais distintos, existem curvas na superfície cujas concavidades estão voltadas para os dois semiespaços determinados por T_qX. Mais precisamente,

7.3 Proposição. *Sejam* $X(u, v)$, $(u, v) \in U \subset \mathbb{R}^2$ *uma superfície parametrizada regular e* $q = (u_0, v_0)$. *Se* q *é um ponto elítico, então existe uma vizinhança* W *de* q, $W \subset U$, *tal que* $X(W)$ *está contida em um dos semiespaços fechados determinados pelos planos tangentes* T_qX. *Se* q *é um ponto hiperbólico, então em toda vizinhança* W *de* q, $W \subset U$, *existem* q_1 *e* q_2 *tais que* $X(q_1)$, $X(q_2)$ *pertencem a semiespaços distintos determinados por* T_qX.

Demonstração. Suponhamos, sem perda de generalidades, que o ponto $q = (0, 0) \in U$. Consideramos a função que, para cada $(u, v) \in U$, associa

$$h(u, v) = \langle X(u, v) - X(q), N_0 \rangle,$$

7. Classificação dos Pontos de uma Superfície

onde $N_0 = \dfrac{X_u \times X_v}{|X_u \times X_v|}(0, 0)$.

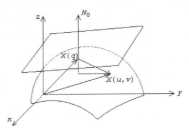

Figura 51

Observamos que o sinal da função $h(u, v)$ indica o semiespaço determinado por T_qX, ao qual $X(u, v)$ pertence.

Consideremos o desenvolvimento de Taylor da função $X(u, v)$ em torno de $(0, 0)$,

$$\begin{aligned}X(u, v) &= X(0, 0) + X_u(0, 0)\, u + X_v(0, 0)\, v + \\ &\quad + \frac{1}{2}(X_{uu}(0, 0)\, u^2 + 2X_{uv}(0, 0)\, uv + X_{vv}(0, 0)\, v^2) + R(u, v),\end{aligned}$$

onde $R(u, v)$ é de grau maior ou igual a 3 em relação a u e v. Denotando por e_0, f_0, g_0 os coeficientes da segunda forma quadrática em $q = (0, 0)$, segue-se que

$$\begin{aligned}h(u, v) &= \frac{1}{2}(e_0\, u^2 + 2f_0\, uv + g_0\, v^2) + \langle R(u, v), N_0 \rangle = \\ &= \frac{1}{2} II_q(w) + \bar{R}(u, v),\end{aligned}$$

onde $w = u\, X_u(q) + v\, X_v(q)$, definimos $\bar{R}(u, v) = \langle R(u, v), N_0 \rangle$ e temos $\lim_{(u, v) \to (0, 0)} \bar{R}(u, v) = 0$. Portanto, para $w \neq 0$, temos que

$$h(u, v) = \frac{1}{2} k_n(w) |w|^2 + \bar{R}(u, v), \tag{12}$$

178   III. TEORIA LOCAL DE SUPERFÍCIES

onde k_n é a função curvatura normal em q.

Suponhamos que q é um ponto elítico, então $k_n(w)$ tem o mesmo sinal para todo w. Como para todo (u, v) suficientemente próximo de $(0, 0)$, temos $\lim\limits_{(u, v)\to(0, 0)} \bar{R}(u, v) = 0$, então $h(u, v)$ tem o mesmo sinal que k_n. Concluímos que existe uma vizinhança W de q tal que $X(W)$ está contido em um dos semiespaços fechados determinados por T_qX.

Se q é um ponto hiperbólico, então k_n muda de sinal. Portanto, existem vetores não nulos $w_1 = u_1 X_u(q) + v_1 X_v(q)$ e $w_2 = u_2 X_u(q) + v_2 X_v(q)$ tais que $k_n(w_1) < 0$ e $k_n(w_2) > 0$. Como para todo número real λ não nulo, $k_n(\lambda w_1) = k_n(w_1) < 0$ e $k_n(\lambda w_2) = k_n(w_2) > 0$, concluímos de (12) que, para toda vizinhança W de q, existe λ suficientemente próximo de 0 tal que $h(\lambda u_1, \lambda v_1) < 0$ e $h(\lambda u_2, \lambda v_1) > 0$, isto é, $X(\lambda u_1, \lambda v_1)$ e $X(\lambda u_2, \lambda v_2)$ pertencem a semiespaços distintos determinados por T_qX.

$\square$

Se q é um ponto parabólico ou planar de uma superfície $X(u, v)$, então, para (u, v) próximo de q, a posição do ponto $X(u, v)$, relativamente ao plano tangente T_qX, não é determinada. De fato, se considerarmos o cilindro circular

$$X(u, v) = (a \cos u, \ a \ \operatorname{sen} u, \ v), \ (u, v) \in \mathbb{R}^2$$

e $q = (u_0, v_0)$, então q é parabólico e $X(u, v)$ pertence a um dos semiespaços fechados determinados por T_qX. Enquanto que, para um ponto parabólico $q = (0, v_0)$ do chapéu de Scherlock

$$X(u, v) = ((1 - u^3) \cos v, u, (1 - u^3) \ \operatorname{sen} v + 1), \ -1 < u < 1, v \in \mathbb{R},$$

existem pontos $X(u, v)$ nos dois semiespaços determinados por T_qX (ver Exercício 10).

Se considerarmos o ponto $q = (0, 0)$ da sela do macaco

$$X(u, v) = (u, v, u^3 - 3uv^2), \ (u, v) \in \mathbb{R}^3,$$

7. Classificação dos Pontos de uma Superfície

(ver Exemplo 5.4 e)), temos que q é um ponto planar e existem pontos $X(u, v)$ nos dois semiespaços determinados pelo plano tangente a X em q. Isto já não ocorre para os pontos de um plano, que são todos planares.

A seguir vamos considerar os pontos de uma superfície em que as curvaturas principais coincidem.

7.4 Definição. Seja $X : U \subset \mathbb{R}^2 \to \mathbb{R}^3$ uma superfície parametrizada regular. Um ponto $q \in U$ é dito *ponto umbílico* da superfície X se as curvaturas principais de X em q coincidem.

Em um ponto umbílico q de uma superfície X, a curvatura normal de qualquer vetor não nulo é constante igual a $k_1 = k_2$. Consequentemente, todo vetor unitário de $T_q X$ é um vetor principal.

7.5 Observação. Para toda superfície parametrizada regular $X(u, v)$, segue-se das definições de curvatura gaussiana e de curvatura média que $H^2(u, v) - K(u, v) \geq 0$. De fato, $H^2(u, v) - K(u, v) = (k_1 - k_2)^2/4 \geq 0$. Portanto, um ponto $q = (u, v)$ é umbílico se, e só se, $H^2(q) - K(q) = 0$.

7.6 Exemplos

a) Todo ponto planar de uma superfície é um ponto umbílico. Em particular, todo ponto de um plano é umbílico.

b) Todo ponto de uma esfera é um ponto umbílico (ver Exemplo 5.4 b)).

c) Consideremos o paraboloide elítico descrito por $X(u, v) = (u, v, u^2 + v^2)$, $(u, v) \in \mathbb{R}^2$. Então, $q = (0, 0)$ é um ponto umbílico.

A proposição seguinte dá uma caracterização de um ponto umbílico em termos dos coeficientes da primeira e segunda formas quadráticas.

7.7 Proposição. *Seja $X : U \subset \mathbb{R}^2 \to \mathbb{R}^3$ uma superfície parametrizada regular. Um ponto $q \in U$ é umbílico se, e só se, existe um número real λ tal*

180　　　　　　　　　*III. TEORIA LOCAL DE SUPERFÍCIES*

que

$$e_0 = \lambda E_0, \quad f_0 = \lambda F_0, \quad g_0 = \lambda G_0,$$

onde E_0, F_0, G_0, e_0, f_0, g_0 *indicam os coeficientes da primeira e segunda formas quadráticas em* q. *Neste caso,* λ *é igual às curvaturas principais de* X *em* q.

Demonstração. Se q é um ponto umbílico, então, $\forall\, w \in T_q X$, $w \neq 0$, temos que $k_n(w) = \lambda$ é constante. Isto é,

$$II_q(w) = \lambda I_q(w).$$

Portanto, se $w = a\, X_u(q) + b\, X_v(v)$, então

$$a^2\, e_0 + 2ab\, f_0 + b^2\, g_0 = a^2 \lambda\, E_0 + 2ab\lambda\, F_0 + b^2\, \lambda G_0.$$

Em particular, se $w = X_u(q)$, obtemos $e_0 = \lambda E_0$. Analogamente, se $w = X_v(q)$, obtemos $g_0 = \lambda G_0$ e, finalmente, usando essas duas igualdades e considerando $w = X_u(q) + X_v(q)$, obtemos $f_0 = \lambda F_0$.

Reciprocamente, se os coeficientes da primeira e segunda formas quadráticas em q são proporcionais, então, para todo $w \in T_q X$, $w \neq 0$, temos

$$II_q(w) = \lambda I_q(w),$$

consequentemente, $k_n(w) = \lambda$, isto é, q é um ponto umbílico de X.

$\square$

Vamos utilizar a proposição anterior no seguinte exemplo.

7.8 Exemplo. Consideremos o elipsoide menos dois pontos, descrito por

$$X(u, v) = (a\, \operatorname{sen} u \cos v,\, b\, \operatorname{sen} u\, \operatorname{sen} v,\, c\, \cos u),$$

onde $0 < u < \pi$ e $v \in \mathbb{R}$. Vamos obter seus pontos umbílicos quando as constantes a, b, c satisfazem a relação $a > b > c > 0$.

7. Classificação dos Pontos de uma Superfície

Inicialmente, observamos que os coeficientes da primeira e segunda formas quadráticas de X são dados por

$$
\begin{aligned}
E(u, v) &= a^2 \cos^2 u \cos^2 v + b^2 \cos^2 u \ \text{sen}^2 v + c^2 \ \text{sen}^2 u, \\
F(u, v) &= (-a^2 + b^2) \ \text{sen}\, u \cos u \ \text{sen}\, v \cos v, \\
G(u, v) &= a^2 \ \text{sen}^2 u \ \text{sen}^2 v + b^2 \ \text{sen}^2 u \cos^2 v, \\
e(u, v) &= \frac{-abc \ \text{sen}\, u}{\sqrt{EG - F^2}}, \\
f(u, v) &= 0, \\
g(u, v) &= \frac{-abc \ \text{sen}^3 u}{\sqrt{EG - F^2}},
\end{aligned}
$$

portanto, a curvatura gaussiana $K(u, v) > 0$, para todo (u, v). Pela Proposição 7.7, um ponto (u, v) é umbílico se, e só se,

$$
e(u, v) = \lambda E(u, v), \quad f(u, v) = \lambda F(u, v), \quad g(u, v) = \lambda G(u, v),
$$

onde λ é igual às curvaturas principais de X em (u, v). Neste caso, $\lambda \neq 0$, já que $K(u, v) > 0$. Como $f = 0$, temos que (u, v) é umbílico se, e só se, $F = 0$ e $eG = gE$, isto é,

$$
\cos u \ \text{sen}\, v \cos v = 0,
$$
$$
eG = gE.
$$

Como $a > b > c > 0$, é fácil ver que não existe (u, v) satisfazendo as equações acima, tal que $\cos u = 0$ ou $\cos v = 0$. Portanto, $\text{sen}\, v = 0$, e da segunda equação obtemos que

$$
b^2 = a^2 \cos^2 u + c^2 \ \text{sen}^2 u.
$$

Logo concluímos que

$$
\text{sen}^2 u = \frac{a^2 - b^2}{a^2 - c^2}, \qquad \cos^2 u = \frac{b^2 - c^2}{a^2 - c^2}.
$$

182   III. TEORIA LOCAL DE SUPERFÍCIES

Portanto, os pontos umbílicos são os que satisfazem

$$\text{sen } v = 0, \quad\text{ e }\quad \text{sen}^2 u = \frac{a^2 - b^2}{a^2 - c^2}.$$

Os pontos correspondentes no elipsoide são os quatro pontos de coordenadas

$$x = \pm a\sqrt{\frac{a^2 - b^2}{a^2 - c^2}}, \quad y = 0, \quad z = \pm c\sqrt{\frac{b^2 - c^2}{a^2 - c^2}}.$$

Nos Exemplos 7.6, vimos que todos os pontos de uma esfera ou de um plano são umbílicos. A seguir, veremos que estas são essencialmente as únicas superfícies com esta propriedade. Antes, porém, vamos obter algumas relações que serão úteis daqui por diante.

Sejam $X : U \subset \mathbb{R}^2 \to \mathbb{R}^3$ uma superfície parametrizada regular e $N : U \to \mathbb{R}^3$ a aplicação definida por $N(u, v) = \frac{X_u \times X_v}{|X_u \times X_v|}(u, v)$, $(u, v) \in U$. Consideremos as seguintes funções constantes definidas em U :

$$\langle X_u(u, v), N(u, v)\rangle = 0,$$
$$\langle X_v(u, v), N(u, v)\rangle = 0,$$
$$\langle N(u, v), N(u, v)\rangle = 1.$$

Tomando as derivadas em relação a u e v para cada função, obtemos

$$\langle X_u, N_u\rangle = -\langle X_{uu}, N\rangle = -e, \tag{13}$$
$$\langle X_u, N_v\rangle = -\langle X_{uv}, N\rangle = -f, \tag{14}$$
$$\langle X_v, N_u\rangle = -\langle X_{vu}, N\rangle = -f, \tag{15}$$
$$\langle X_v, N_v\rangle = -\langle X_{vv}, N\rangle = -g, \tag{16}$$
$$\langle N_u, N\rangle = 0, \tag{17}$$
$$\langle N_v, N\rangle = 0. \tag{18}$$

A seguir, vamos provar que uma superfície $X(u, v)$, cujos pontos são todos umbílicos e cujo domínio $U \subset \mathbb{R}^2$ é conexo (ver Capítulo 0), tem o

7. Classificação dos Pontos de uma Superfície

traço contido em uma esfera ou em um plano. A propriedade de U ser conexo pode ser sempre satisfeita restringindo-se convenientemente o domínio de X.

7.9 Proposição. *Seja* $X : U \subset \mathbb{R}^2 \to \mathbb{R}^3$ *uma superfície parametrizada regular onde* U *é um subconjunto aberto e conexo de* $\mathbb{R}^2$. *Se, para todo* $q \in U$, q *é um ponto umbílico de* X, *então a curvatura gaussiana* K *é constante em* U *e* $K \geq 0$. *Além disso, se* $K = 0$, *então* $X(U)$ *está contido em um plano, e se* $K > 0$, *então* $X(U)$ *está contido em uma esfera de raio* $\dfrac{1}{\sqrt{K}}$.

Demonstração. Como todo $(u, v) \in U$ é um ponto umbílico de X, segue-se, da Proposição 7.7, que existe um número real $\lambda(u, v)$ tal que

$$e(u,v) = \lambda(u,v)E(u,v), \quad f(u,v) = \lambda(u,v)F(u,v), \quad g(u,v) = \lambda(u,v)G(u,v).$$

Além disso, $\lambda(u,v)$ coincide com as curvaturas principais de X em (u, v).

a) Inicialmente, vamos provar que $\lambda(u, v)$ é constante em U. Como U é conexo, basta verificar que as derivadas parciais de λ são identicamente nulas. Substituindo $e = \lambda E$ na relação (13) obtemos

$$\langle N_u + \lambda X_u, X_u \rangle = 0. \tag{19}$$

Analogamente, substituindo $f = \lambda F$ em (15) e (14), obtemos respectivamente

$$\langle N_u + \lambda X_u, X_v \rangle = 0, \tag{20}$$

$$\langle N_v + \lambda X_v, X_v \rangle = 0. \tag{21}$$

Finalmente, substituindo $g = \lambda G$ em (17), obtemos

$$\langle N_v + \lambda X_v, X_v \rangle = 0. \tag{22}$$

Segue-se de (17) e (18) que N_u e N_v são vetores tangentes a X, portanto, $N_u + \lambda X_u$ e $N_v + \lambda X_v$ são também vetores tangentes. Concluímos de (19) e (20) que

$$N_u + \lambda X_u = 0, \tag{23}$$

III. TEORIA LOCAL DE SUPERFÍCIES

e das equações (21) e (22), que

$$N_v + \lambda X_v = 0. \tag{24}$$

Derivando (23) em relação a v e (24) em relação a u e subtraindo, obtemos

$$\lambda_v X_u - \lambda_u X_v = 0.$$

Como X_u e X_v são linearmente independentes, temos que $\lambda_v = \lambda_u = 0$ em U e, portanto, como U é conexo, concluímos que λ é uma função constante em U. Consequentemente, a curvatura gaussiana $K = \lambda^2 \geq 0$ é constante em U.

b) Se $K = 0$, isto é, $\lambda = 0$ em U, então, segue-se de (23) e (24) que $N_u = N_v = 0$ em U. Como U é conexo, temos que N é constante. Vamos provar que $X(U)$ está contido em um plano ortogonal a N. De fato, fixado $q \in U$, consideremos a função $\langle X(u, v) - X(q), N \rangle$, que se anula em $q = (u, v)$. Como as derivadas parciais desta função são identicamente nulas, segue-se que a função é constante em U, isto é,

$$\langle X(u,v) - X(q), N \rangle \equiv 0.$$

Portanto, $X(U)$ está contido no plano, que contém $X(q)$, ortogonal a N.

c) Se $K = \lambda^2 > 0$, consideramos a função

$$h(u, v) = X(u, v) + \frac{1}{\lambda} N(u, v).$$

Segue-se de (23) e (24) que as derivadas parciais desta função se anulam, portanto, $h(u, v) = c$ é constante em U. Além disso,

$$|X(u,v) - c| = \left| \frac{1}{\lambda} N(u,v) \right| = \frac{1}{|\lambda|} = \frac{1}{\sqrt{K}}.$$

Portanto, concluímos que $X(U)$ está contido em uma esfera centrada em c e de raio $\dfrac{1}{\sqrt{K}}$.

$\square$

7. Classificação dos Pontos de uma Superfície

7.10 Exercícios

1. Classifique o ponto $q = (0, 0)$ para as seguintes superfícies e indique a posição de $X(u, v)$ em relação ao plano tangente $T_q X$, para (u, v) suficientemente próximos de q.

   a) $X(u, v) = (u, v, u^2 + v^4)$,

   b) $X(u, v) = (u, v, u^2 - v^3)$,

   c) $X(u, v) = (u, v, u^2 + au^3 + bv^2)$, onde a e b são números reais constantes.

2. Verifique que:

   a) Se X é uma superfície de curvatura gaussiana $K < 0$, então X não possui pontos umbílicos.

   b) Os pontos umbílicos de uma superfície mínima são planares.

3. Verifique que o toro possui pontos elíticos, hiperbólicos e parabólicos (ver Exemplo 7.2 e)).

4. Verifique que todos os pontos do cone de uma folha menos o vértice,

$$X(u, v) = (u, v, \sqrt{u^2 + v^2}),$$

   são parabólicos.

5. Sejam $X(u, v)$ uma superfície e $\alpha(t) = X(u(t)), v(t))$ uma curva regular de X tal que o plano tangente a X em $(u(t), v(t))$ é constante independente de t. Prove que, para todo t, $(u(t), v(t))$ é um ponto planar ou parabólico de X.

6. Seja $X(u, v)$ uma superfície e $N(u, v)$ o vetor normal unitário. Prove que

$$N_u \times N_v = K(X_u \times X_v),$$

   onde K é a função curvatura gaussiana de X.

186   *III. TEORIA LOCAL DE SUPERFÍCIES*

7. Considere a superfície de rotação gerada pela curva regular $\alpha(u) = (f(u),\, 0,\, u)$, onde $f : I \to \mathbb{R}$ é tal que $f(u) > 0$. Prove que todos os pontos da superfície são parabólicos se, e só se, a superfície descreve um cilindro circular ou um cone.

8. Considere uma superfície parametrizada regular $X(u,v)$ e uma curva regular, parametrizada pelo comprimento de arco $\alpha(s) = X(u(s)),\, v(s))$, de curvatura não nula. Prove que, se $k_n(\alpha'(s)) = 0$ para todo s, então $|\tau(s)| = \sqrt{-K(u(s),\, v(s))}$.

9. Sejam $X(u,\, v)$ uma superfície e $q = (u_0,\, v_0)$ um ponto não umbílico. Prove que:

   a) As direções determinadas por $X_u(q)$ e $X_v(q)$ são direções principais em q se, e só se, $F(q) = f(q) = 0$.

   b) Se $X_u(q)$ e $X_v(q)$ são direções principais, então as curvaturas principais em q são dadas por

   $$k_1 = \frac{e(q)}{E(q)}, \qquad k_2 = \frac{g(q)}{G(q)}.$$

10. Considere o chapéu de Scherlock descrito por

    $$X(u,\, v) = ((1 - u^3)\,\cos v,\, u,\, (1 - u^3)\,\operatorname{sen} v + 1),$$

    $-1 < u < 1$, $v \in \mathbb{R}$. Verifique que, em toda vizinhança W de um ponto parabólico $(0,\, v_0)$ existem pontos q_1 e q_2 tais que $X(q_1)$, $X(q_2)$ pertencem a semiespaços distintos determinados pelo plano tangente a X em $(0,\, v_0)$.

11. Verifique que todos os pontos de uma superfície da forma

    $$X(u,\, v) = (u\,\cos v,\, u\,\operatorname{sen} v,\, f(v)),$$

    onde f é uma função diferenciável, estritamente monótona, são hiperbólicos.

8. Linhas de Curvatura; Linhas Assintóticas; Geodésicas 187

12. Seja $X(u, v), (u, v) \in U \subset \mathbb{R}^2$, uma superfície parametrizada regular e $q = (0, 0)$. Considere um plano de $\mathbb{R}^3$ paralelo ao plano tangente a X em q, passando pelo ponto $X(q) + \varepsilon N(q)$, onde ε é uma constante suficientemente pequena. Seja C o conjunto dos pontos da superfície que interceptam este plano. Prove que:

a) Se q é um ponto elítico, então os pontos $(u, v) \in U$, tais que $X(u, v) \in C$, descrevem aproximadamente uma elipse.

b) Se q é um ponto hiperbólico, então os pontos $(u, v) \in U$, tais que $X(u, v) \in C$, descrevem aproximadamente uma hipérbole.

8. Linhas de Curvatura; Linhas Assintóticas; Geodésicas

Se $X(u, v)$, $(u, v) \in U$, é uma superfície parametrizada regular de $\mathbb{R}^3$ e u e v são funções diferenciáveis de um parâmetro t, $t \in I \subset \mathbb{R}$, então a curva diferenciável $\alpha(t) = X(u(t), v(t))$ é uma curva da superfície X. Se α é regular, dizemos que α é uma curva regular da superfície. Dentre as diversas curvas regulares de uma superfície, vamos apresentar três tipos de curvas que merecem um estudo especial. São as chamadas linhas de curvatura, linhas assintóticas e as geodésicas.

8.1 Definição. Seja $X(u, v)$ uma superfície parametrizada regular. Uma curva regular $\alpha(t) = X(u(t), v(t))$, $t \in I \subset \mathbb{R}$, é uma *linha de curvatura* da superfície X se, para todo $t \in I$, o vetor $\alpha'(t)$ é uma direção principal de X em $(u(t), v(t))$.

8.2 Exemplos

a) Toda curva regular de um plano é uma linha de curvatura.

b) Toda curva regular de uma esfera é uma linha de curvatura.

c) Os paralelos e os meridianos de uma superfície de rotação são linhas de curvatura (Exercício 2).

188   *III. TEORIA LOCAL DE SUPERFÍCIES*

A seguir, vamos obter as equações diferenciais que permitem determinar as linhas de curvatura de uma superfície.

8.3 Proposição. *Seja* $\alpha(t) = X(u(t), v(t))$, $t \in I \subset \mathbb{R}$, *uma curva regular de uma superfície parametrizada regular* $X(u, v)$. *Então,* α *é uma linha de curvatura de* X *se, e só se,* $u(t)$ *e* $v(t)$ *satisfazem*

$$\begin{vmatrix} (v')^2 & -u'v' & (u')^2 \\ E & F & G \\ e & f & g \end{vmatrix} = 0, \tag{25}$$

onde E, F, G, e, f, g *são os coeficientes da primeira e segunda formas quadráticas de* X *em* $(u(t), v(t))$.

Demonstração. Segue-se da Proposição 6.5 que o vetor não nulo

$$\alpha'(t) = u'(t)\, X_u(u(t),\, v(t)) + v'(t)\, X_v(u(t),\, v(t))$$

é uma direção principal se, e só se,

$$(e - k_n(\alpha'(t))\, E)\ u'(t) + (f - k_n(\alpha'(t))\, F)\ v'(t) = 0,$$
$$(f - k_n(\alpha'(t))\, F)\ u'(t) + (g - k_n(\alpha'(t))\, G)\ v'(t) = 0,$$

onde os coeficientes das formas quadráticas estão sendo considerados em $(u(t),\, v(t))$. Eliminando $k_n(\alpha'(t))$ nas equações acima, obtemos que α é uma linha de curvatura se, e só se, as funções $u(t)$ e $v(t)$ satisfazem (25).

$\square$

8.4 Exemplo. Considerando o helicoide descrito por

$$X(u, v) = (u\cos v,\, u\ \text{sen}\, v,\, v)\quad (u, v) \in \mathbb{R}^2,$$

vamos determinar suas linhas de curvatura. Os coeficientes da primeira e

8. Linhas de Curvatura; Linhas Assintóticas; Geodésicas

segunda formas quadráticas são dados por

$$E(u, v) = 1, \quad F(u, v) = 0, \quad G(u, v) = 1 + u^2,$$
$$e(u, v) = 0, \quad f(u, v) = -\frac{1}{\sqrt{1+u^2}}, \quad g(u, v) = 0.$$

Segue-se da proposição anterior que uma curva $\alpha(t) = X(u(t), v(t))$ é uma linha de curvatura se, e só se, as funções $u(t)$ e $v(t)$ satisfazem a equação

$$\frac{1+u^2}{\sqrt{1+u^2}}(v')^2 - \frac{1}{\sqrt{1+u^2}}(u')^2 = 0,$$

o que é equivalente a dizer que $u(t)$ e $v(t)$ satisfazem uma das seguintes equações

$$v' = \frac{u'}{\sqrt{1+u^2}},$$
$$v' = -\frac{u'}{\sqrt{1+u^2}}.$$

Resolvendo a primeira equação, obtemos

$$u(t) = \operatorname{senh}(t+b), \quad v(t) = a+t,$$

e, resolvendo a segunda, temos

$$\bar{u}(t) = \operatorname{senh}(t+b), \quad v(t) = a-t,$$

onde a e b são constantes quaisquer. Portanto, concluímos que as linhas de curvatura do helicoide são dadas por

$$\alpha(t) = (\operatorname{senh}(t+b)\cos(a+t), \operatorname{senh}(t+b)\operatorname{sen}(a+t), a+t),$$
$$\beta(t) = (\operatorname{senh}(t+b)\cos(a-t), \operatorname{senh}(t+b)\operatorname{sen}(a-t), a-t).$$

A proposição seguinte permite uma outra caracterização das linhas de curvatura.

190   III. TEORIA LOCAL DE SUPERFÍCIES

8.5 Proposição. (*Olinde Rodrigues*) *Seja* $\alpha(t) = X(u(t), v(t))$, $t \in I \subset \mathbb{R}$, *uma curva regular de uma superfície parametrizada regular* $X(u, v)$. *Então,* α *é uma linha de curvatura de* X *se, e só se, existe uma função* $\lambda(t)$ *tal que, para todo* $t \in I$,

$$\frac{dN}{dt} + \lambda(t)\, \alpha'(t) = 0,$$

onde $N(t) = N(u(t), v(t))$. *Neste caso,* $\lambda(t) = k_n(\alpha'(t))$ *é uma curvatura principal de* X *em* $(u(t), v(t))$.

Demonstração. Suponha que α é uma linha de curvatura. Considere $\lambda(t) = k_n(\alpha'(t))$. Vamos provar que, para todo t, o vetor tangente a X em $(u(t), v(t))$, definido por

$$w(t) = \frac{dN}{dt} + k_n(\alpha'(t))\, \alpha'(t),$$

é nulo. De fato, como

$$w(t) = N_u\, u' + N_v\, v' + k_n(\alpha'(t))\, (X_u\, u' + X_v\, v'),$$

segue-se das relações (13) a (18) da seção anterior que

$$
\begin{aligned}
\langle w, X_u \rangle &= -e\, u' - f\, v' + k_n(\alpha'(t))\, (E\, u' + F\, v') = \\
&= -(e - k_n(\alpha'(t))\, E)\, u' - (f - k_n(\alpha'(t))F)\, v'.
\end{aligned}
$$

Analogamente,

$$\langle w, X_v \rangle = -(f - k_n(\alpha'(t))F)\, u' - (g - k_n(\alpha'(t))\, G)\, v'.$$

Como $k_n(\alpha'(t))$ é uma direção principal, decorre da Proposição 6.5 que $\langle w, X_u \rangle = \langle w, X_v \rangle = 0$, isto é, $w(t) \equiv 0$. Portanto, $\frac{dN}{dt} + \lambda(t)\, \alpha'(t) = 0$, onde $\lambda(t) = k_n(\alpha'(t))$.

8. Linhas de Curvatura; Linhas Assintóticas; Geodésicas

Reciprocamente, se $\frac{dN}{dt} + \lambda(t)\alpha'(t) = 0$, então o produto interno desse vetor com X_u e X_v se anula, isto é,

$$(e - \lambda(t) E)\, u' + (f - \lambda\, F)\, v' = 0,$$
$$(f - \lambda(t) F)\, u' + (g - \lambda\, G)\, v' = 0.$$

Portanto, segue-se da Proposição 6.5 que $\alpha'(t)$ é uma direção principal de X em $(u(t),\, v(t))$, cuja curvatura principal é $\lambda(t)$, ou seja, $\lambda(t) = k_n(\alpha'(t))$. Concluímos que α é uma linha de curvatura.

$\square$

A seguir, veremos que por cada ponto não umbílico, de uma superfície parametrizada regular, passam duas linhas de curvatura. Mais precisamente:

8.6 Proposição. *Seja* $X(u,\, v)$, $(u,\, v) \in U \subset \mathbb{R}^2$, *uma superfície parametrizada regular. Se* $(u_0,\, v_0) \in U$ *é um ponto não umbílico de* X, *então existe uma vizinhança* V *de* $(u_0,\, v_0)$, $V \subset U$, *de pontos não umbílicos, tal que, para todo* $q \in V$, *existem duas linhas de curvatura* $\alpha(t) = X(u(t),\, v(t))$ *satisfazendo* $(u(0),\, v(0)) = q$.

Demonstração. Como $(u_0,\, v_0)$ não é um ponto umbílico de X, segue-se da Observação 7.5 que

$$H^2(u_0,\, v_0) - K(u_0,\, v_0) > 0.$$

Da continuidade da função $H^2 - K$ em U, decorre que existe uma vizinhança V de $(u_0,\, v_0)$, $V \subset U$, onde esta função é positiva. Portanto, V não contém pontos umbílicos.

Fixado $q \in V$, queremos provar a existência de duas curvas da superfície, $\alpha(t) = X(u(t),\, v(t))$ tais que as funções $u(t)$ e $v(t)$ satisfazem (ver Proposição 8.3)

$$\begin{vmatrix} (v')^2 & -u'v' & (u')^2 \\ E & F & G \\ e & f & g \end{vmatrix} = 0$$

192   III. TEORIA LOCAL DE SUPERFÍCIES

e $(u(0), v(0)) = q$.

Considerando essa condição como uma equação do segundo grau em v', temos que o discriminante é igual a $(u')^2 4(EG - F^2)^2(H^2 - K)$, que é positivo. Portanto, podemos fatorar o determinante acima em duas equações diferenciais da forma $A u' + B v' = 0$. O teorema de existência e unicidade de soluções para equações diferenciais [11] fornece as soluções dessas duas equações com a condição inicial $(u(0), v(0)) = q$.

$\square$

Observamos que, se (u_0, v_0) é um ponto umbílico de uma superfície $X(u, v)$, então, nada podemos afirmar a respeito da existência de linhas de curvatura passando por (u_0, v_0). Por exemplo, no paraboloide elítico $X(u,v) = (u, v, u^2 + v^2)$, o ponto $(0, 0)$ é umbílico e existem infinitas linhas de curvatura $X(u(t), v(t))$ tais que $(u(0), v(0)) = (0, 0)$ (ver Exercício 3). Já no caso do elipsoide, pode-se provar que não existem linhas de curvatura passando pelos seus pontos umbílicos.

A seguir, vamos introduzir o conceito de linha assintótica. Iniciamos definindo uma direção assintótica.

8.7 Definição. Sejam $X : U \subset \mathbb{R}^2 \to \mathbb{R}^3$ uma superfície parametrizada regular e q um ponto de U. Uma direção tangente a X em q, para a qual a curvatura normal se anula, é chamada *direção assintótica* de X em q.

Podemos determinar a quantidade de direções assintóticas em q em termos da curvatura gaussiana em q.

8.8 Proposição. *Sejam* $X : U \subset \mathbb{R}^2 \to \mathbb{R}^3$ *uma superfície parametrizada regular e* q *um ponto de* U.
a) Se q *é um ponto elítico, então não existem direções assintóticas em* q.
b) Se q *é hiperbólico, então existem exatamente duas direções assintóticas em* q.

8. Linhas de Curvatura; Linhas Assintóticas; Geodésicas

c) Se q é parabólico, então existe uma única direção assintótica, que é também principal.

d) Se q é planar, então toda direção é assintótica.

Demonstração. Todos os casos decorrem da fórmula de Euler para a curvatura normal (Proposição 6.3),

$$k_n(w) = k_1 \cos^2 \theta + k_2 \ \text{sen}^2 \theta,$$

onde k_1 e k_2 são as curvaturas principais em q, $w = \cos\theta \ w_1 + \text{sen}\,\theta \ w_2$ é um vetor unitário tangente em q, e w_1, w_2 são os vetores principais. As direções assintóticas são determinadas pelos valores de θ que anulam a expressão acima de $k_n(w)$.

a) Se $K(q) > 0$, então k_1 e k_2 têm o mesmo sinal, portanto, $k_n(w) \neq 0$, $\forall w \neq 0$.

b) Se $K(q) < 0$, então k_1 e k_2 têm sinais opostos. Portanto, podemos resolver a equação em θ, $k_1 \cos^2 \theta + k_2 \ \text{sen}^2 \theta = 0$, obtendo as duas direções assintóticas.

c) Se q é parabólico, podemos supor que $k_1 = 0$ e $k_2 \neq 0$. Resolvendo a equação $k_2 \ \text{sen}^2 \theta = 0$, obtemos a única direção assintótica determinada pelo vetor principal w_1.

d) Se q é planar, então $k_1 = k_2 = 0$. Portanto, para todo $w \neq 0$, $k_n(w) = 0$.

$\square$

8.9 Definição. Seja $X(u, v)$ uma superfície parametrizada regular. Uma curva regular $\alpha(t) = X(u(t), v(t))$, $t \in I \subset \mathbb{R}$, é uma *linha assintótica* de X, se, para todo $t \in I$, $\alpha'(t)$ é uma direção assintótica de X em $(u(t), v(t))$.

8.10 Exemplos

a) Toda curva regular de um plano é uma linha assintótica (ver item d) da Proposição 8.8).

194 III. TEORIA LOCAL DE SUPERFÍCIES

b) Se $X(u, v)$ é uma superfície regular e $\alpha(t) = X(u(t), v(t))$ é uma reta, então α é uma linha assintótica de X.

A seguir, vamos obter as equações diferenciais que permitem determinar as linhas assintóticas de uma superfície.

8.11 Proposição. *Seja* $\alpha(t) = X(u(t), v(t))$, $t \in I \subset \mathbb{R}$, *uma curva regular de uma superfície* $X(u, v)$. *Então,* α *é uma linha assintótica de* X *se, e só se, as funções* $u(t)$, $v(t)$ *satisfazem a equação*

$$e\,(u')^2 + 2f\,u'v' + g\,(v')^2 = 0, \tag{26}$$

onde e, f, g *são os coeficientes da segunda forma quadrática de* X *em* $(u(t), v(t))$.

Demonstração. Segue-se da definição acima que α é uma linha assintótica de X quando $k_n(\alpha'(t)) = 0$, para todo t, isto é, as funções $u(t)$ e $v(t)$ satisfazem (26).

$\square$

Na proposição que segue, vamos provar a existência de linhas assintóticas em uma vizinhança de um ponto hiperbólico.

8.12 Proposição. *Seja* $X(u, v)$, $(u, v) \in U \subset \mathbb{R}^2$, *uma superfície parametrizada regular. Se* $(u_0, v_0) \in U$ *é um ponto hiperbólico de* X, *então existe uma vizinhança* V *de* (u_0, v_0), $V \subset U$, *de pontos hiperbólicos tal que, para todo* $q \in V$, *existem duas linhas assintóticas,* $\alpha(t) = X(u(t), v(t))$, *satisfazendo* $(u(0), v(0)) = q$.

Demonstração. Como (u_0, v_0) é um ponto hiperbólico, temos que a curvatura $K(u_0, v_0) < 0$. Segue-se da continuidade da função K em U que existe uma vizinhança V de (u_0, v_0), $V \subset U$, onde $K < 0$.

8. Linhas de Curvatura; Linhas Assintóticas; Geodésicas

Fixado $q \in V$, queremos obter duas curvas $\alpha(t) = X(u(t), v(t))$, tais que as funções $u(t)$, $v(t)$ satisfazem a equação

$$e\,(u')^2 + 2f\,u'v' + g\,(v')^2 = 0,$$

onde $(u(t), v(t)) \in V$ e $(u(0), v(0)) = q$.

Como os pontos $(u(t), v(t)) \in V$ são hiperbólicos, temos que $eg - f^2 < 0$ nesses pontos. Portanto, podemos fatorar a equação acima em duas equações diferenciais da forma $A\,u' + B\,v' = 0$. O teorema de existência e unicidade de equações diferenciais lineares [11] fornece as soluções dessas equações com a condição inicial $(u(0), v(0)) = q$.

$\square$

8.13 Exemplo. Consideremos o helicoide descrito por

$$X(u,\,v) = (u \cos v,\, u\,\mathrm{sen}\,v,\, v),\ (u,\,v) \in \mathbb{R}^2.$$

Vamos obter suas linhas assintóticas. Os coeficientes da segunda forma quadrática são dados por

$$e = 0, \quad f(u,v) = -\frac{1}{\sqrt{1+u^2}}, \quad g = 0.$$

Neste caso, a equação (26) se reduz a

$$-\frac{2}{\sqrt{1+u^2}}\,u'v' = 0.$$

Portanto, temos as equações $u' = 0$, $v' = 0$. Concluímos que as curvas coordenadas são as linhas assintóticas.

A seguir, vamos introduzir a noção de curva geodésica de uma superfície. As geodésicas são as curvas mais importantes das superfícies.

8.14 Definição. Seja $X(u,\,v)$ uma superfície parametrizada regular. Uma curva regular $\alpha(t) = X(u(t),\,v(t))$ é uma *geodésica* da superfície X se, para todo $t \in I$, $\alpha''(t)$ é um vetor normal a X em $u(t)$, $v(t)$.

8.15 Observação. Se $\alpha(t) = X(u(t), v(t))$ é uma geodésica da superfície X, então $|\alpha'(t)|$ é constante. De fato, como $\alpha''(t)$ é normal a X em $(u(t), v(t))$, em particular $\langle \alpha''(t), \alpha'(t) \rangle = 0$. Concluímos que

$$\frac{d}{dt}|\alpha'(t)|^2 = 2\langle \alpha''(t), \alpha'(t) \rangle = 0.$$

Se $\alpha(s) = X(u(s), v(s))$ é uma curva, parametrizada pelo comprimento de arco, cuja curvatura não se anula, então podemos obter uma condição necessária para que α seja uma geodésica, envolvendo o triedro de Frenet. De fato, se $\alpha(s)$ é uma geodésica, então $\alpha''(s)$ e, portanto, o vetor normal $n(s)$ é normal à superfície. Daí temos que

$$n(s) = \pm N(u(s), v(s)).$$

Segue-se das equações de Frenet que

$$\pm \frac{dN}{ds}(u(s), v(s)) = -k(s)\, t(s) - \tau(s)\, b(s), \qquad (27)$$

onde $t(s)$ e $b(s)$ indicam respectivamente o vetor tangente e o vetor binormal de α em s.

8.16 Exemplos

a) Toda reta contida em uma superfície é uma geodésica da superfície.

b) Consideremos uma esfera de raio $r > 0$. Veremos que todo círculo máximo, parametrizado pelo comprimento de arco, é uma geodésica da esfera, e, reciprocamente, toda geodésica da esfera tem o traço contido em um círculo máximo. De fato, todo círculo máximo, parametrizado pelo comprimento de arco, tem o vetor α'' apontando para o centro da esfera, portanto, normal à esfera.

Reciprocamente, se α é uma geodésica da esfera, podemos supor α parametrizada pelo comprimento de arco. Segue-se do Exercício 6 da seção

8. *Linhas de Curvatura; Linhas Assintóticas; Geodésicas* 197

4.7 do Capítulo II que a curvatura $k(s) \geq \frac{1}{r} > 0$. Portanto, da relação (27), temos que

$$\pm \frac{dN}{ds} = -k(s)\, t(s) - \tau(s)\, b(s).$$

Por outro lado, toda curva da esfera é uma linha de curvatura e $k_n(\alpha'(t)) = \pm\frac{1}{r}$. Segue-se da Proposição 8.5 que

$$\frac{dN}{ds} \pm \frac{1}{r}\, t(s) = 0,$$

onde o sinal nas duas equações acima é positivo (resp. negativo) se $n(s) = N(u(s), v(s))$ (resp. $n(s) = -N(u(s), v(s))$). Concluímos dessas duas relações que $k(s) = \frac{1}{r}$ e $\tau(s) = 0$, isto é, o traço de α está contido em um círculo máximo da esfera (ver Proposição 4.3, Capítulo II). Observamos que a recíproca que acabamos de provar pode ser obtida mais facilmente usando a Proposição 8.18, que veremos mais adiante.

A seguir, vamos obter as equações diferenciais que permitem obter as geodésicas de uma superfície. Consideremos uma superfície parametrizada regular $X(u, v)$, $(u, v) \in U \subset \mathbb{R}^2$. Como para cada $(u, v) \in U$ os vetores X_u, X_v, N são linearmente independentes, temos que X_{uu}, X_{uv}, X_{vv}, N_u e N_v podem ser expressos como combinação linear de X_u, X_v, N. Isto é,

$$
\begin{aligned}
X_{uu} &= \Gamma_{11}^1 X_u + \Gamma_{11}^2 X_v + a_{11} N, \\
X_{uv} &= \Gamma_{12}^1 X_u + \Gamma_{12}^2 X_v + a_{12} N, \\
X_{vv} &= \Gamma_{22}^1 X_u + \Gamma_{22}^2 X_v + a_{22} N, \\
N_u &= b_{11} X_u + b_{12} X_v, \\
N_v &= b_{21} X_u + b_{22} X_v,
\end{aligned}
\tag{28}
$$

onde os coeficientes Γ_{ij}^k, a_{ij}, b_{ij} devem ser determinados. Nas duas últimas igualdades, usamos o fato de que N_u e N_v são vetores tangentes à superfície. Os coeficientes Γ_{ij}^k são ditos *símbolos de Christoffel* da superfície X.

198   *III. TEORIA LOCAL DE SUPERFÍCIES*

Considerando o produto interno das três primeiras relações em (28) com N, obtemos

$$a_{11} = e, \quad a_{12} = f, \quad a_{22} = g. \tag{29}$$

Para determinar os outros coeficientes, consideramos o produto interno de cada uma das relações em (28) com X_u e X_v, obtendo

$$
\begin{aligned}
\Gamma_{11}^1 E + \Gamma_{11}^2 F &= \langle X_{uu}, X_u \rangle = \frac{1}{2} E_u, \\
\Gamma_{11}^1 F + \Gamma_{11}^2 G &= \langle X_{uu}, X_v \rangle = F_u - \frac{1}{2} E_v, \\
\Gamma_{12}^1 E + \Gamma_{12}^2 F &= \langle X_{uv}, X_u \rangle = \frac{1}{2} E_v, \\
\Gamma_{12}^1 F + \Gamma_{12}^2 G &= \langle X_{uv}, X_v \rangle = \frac{1}{2} G_u, \\
\Gamma_{22}^1 E + \Gamma_{22}^2 F &= \langle X_{vv}, X_u \rangle = F_v - \frac{1}{2} G_u, \\
\Gamma_{22}^1 F + \Gamma_{22}^2 G &= \langle X_{vv}, X_v \rangle = \frac{1}{2} G_v, \\
b_{11} E + b_{12} F &= \langle N_u, X_u \rangle = -e, \\
b_{11} F + b_{12} G &= \langle N_u, X_v \rangle = -f, \\
b_{21} E + b_{22} F &= \langle N_v, X_u \rangle = -f, \\
b_{21} F + b_{22} G &= \langle N_v, X_v \rangle = -g,
\end{aligned}
\tag{30}
$$

onde usamos (13) a (16), da seção 7, nas quatro últimas relações.

Resolvendo as duas primeiras equações de (30) para Γ_{11}^1 e Γ_{11}^2, as duas seguintes para Γ_{12}^1 e Γ_{12}^2 e assim sucessivamente, obtemos

8. Linhas de Curvatura; Linhas Assintóticas; Geodésicas

$$\Gamma_{11}^1 = \frac{GE_u - 2FF_u + FE_v}{2(EG - F^2)}, \quad \Gamma_{11}^2 = \frac{2EF_u - EE_v - FE_u}{2(EG - F^2)},$$

$$\Gamma_{12}^1 = \frac{GE_v - FG_u}{2(EG - F^2)}, \quad \Gamma_{12}^2 = \frac{EG_u - FE_v}{2(EG - F^2)}, \tag{31}$$

$$\Gamma_{22}^1 = \frac{2GF_v - GG_u - FG_v}{2(EG - F^2)}, \quad \Gamma_{22}^2 = \frac{EG_v - 2FF_v + FG_u}{2(EG - F^2)},$$

$$b_{11} = \frac{fF - eG}{EG - F^2}, \quad b_{12} = \frac{eF - fE}{EG - F^2},$$

$$b_{21} = \frac{gF - fG}{EG - F^2}, \quad b_{22} = \frac{fF - gE}{EG - F^2}. \tag{32}$$

8.17 Proposição. *Seja* $\alpha(t) = X(u(t), v(t))$, $t \in I \subset \mathbb{R}$, *uma curva regular de uma superfície* $X(u, v)$. *Então,* α *é uma geodésica de* X *se, e só se, as funções* $u(t)$, $v(t)$ *satisfazem o sistema de equações*

$$u'' + (u')^2 \, \Gamma_{11}^1 + 2u'v' \, \Gamma_{12}^1 + (v')^2 \, \Gamma_{22}^1 = 0,$$

$$v'' + (u')^2 \, \Gamma_{11}^2 + 2u'v' \, \Gamma_{12}^2 + (v')^2 \, \Gamma_{22}^2 = 0, \tag{33}$$

onde Γ_{ij}^k *são os símbolos de Christoffel da superfície* X.

Demonstração. Por definição, $\alpha(t)$ é uma geodésica de X se, e só se, para todo $t \in I$, $\alpha''(t)$ não tem componente tangencial à superfície. Vamos obter $\alpha''(t)$ como combinação linear de X_u, X_v, N e, em seguida, exigindo que os coeficientes de X_u e X_v sejam nulos, obteremos o sistema de equação (33).

$$\alpha' = u' X_u + v' X_v,$$

$$\alpha'' = u'' X_u + (u')^2 X_{uu} + 2u'v' X_{uv} + (v')^2 X_{vv} + v'' X_v.$$

III. TEORIA LOCAL DE SUPERFÍCIES

Substituindo X_{uu}, X_{uv} e X_{vv} pelas relações (28), obtemos

$$\alpha'' = [u'' + (u')^2 \Gamma_{11}^1 + 2u'v' \Gamma_{12}^1 + (v')^2 \Gamma_{22}^1] X_u +$$
$$+ [v'' + (u')^2 \Gamma_{11}^2 + 2u'v' \Gamma_{12}^2 + (v')^2 \Gamma_{22}^2] X_v +$$
$$+ [(u')^2 e + 2u'v' f + (v')^2 g] N.$$

Concluímos que $\alpha(t) = X(u(t), v(t))$ é uma geodésica de X se, e só se, $u(t)$ e $v(t)$ satisfazem o sistema de equações diferenciais (33).

$\square$

Observamos que decorre das relações (31) que os símbolos de Christoffel só dependem dos coeficientes da primeira forma quadrática e suas derivadas. Portanto, segue-se da Definição 4.5 de superfícies isométricas e do fato de que as geodésicas são caracterizadas pelo sistema de equações (33) que, se duas superfícies são isométricas, então as geodésicas de uma superfície são levadas em geodésicas da outra superfície, através da isometria.

O teorema de existência para geodésicas afirma que, por cada ponto da superfície, passa uma geodésica tangente a qualquer vetor dado. Mais precisamente:

8.18 Proposição. *Seja* $X(u, v)$, $(u, v) \in U \subset \mathbb{R}^2$, *uma superfície parametrizada regular. Para todo* $q \in U$ *e para todo vetor não nulo* $w \in T_q X$, *existe* $\varepsilon > 0$ *e uma única geodésica* $\alpha(t) = X(u(t), v(t))$, $t \in (-\varepsilon, \varepsilon)$, *da superfície* X, *tal que* $(u(0), v(0)) = q$ *e* $\alpha'(t) = w$.

Demonstração. Se $q = (u_0, v_0)$, consideremos $w = a X_u(u_0, v_0) + b X_v(u_0, v_0)$. Pelo teorema de existência e unicidade de soluções de equações diferenciais, existem $\varepsilon > 0$ e funções $u(t), v(t)$ definidas em $(-\varepsilon, \varepsilon)$ satisfazendo o sistema (33), com as condições iniciais fixadas $u(0) = u_0$, $v(0) = v_0, u'(0) = a$ e $v'(0) = b$. Além disso, tais funções são únicas. Segue-se da proposição anterior que a curva $\alpha(t) = X(u(t), v(t))$ é uma geodésica de X

8. Linhas de Curvatura; Linhas Assintóticas; Geodésicas

tal que $(u(0), v(0)) = q$ e $\alpha'(0) = w$.

$\square$

A Proposição 8.18 garante a existência de uma única geodésica definida em um intervalo $(-\varepsilon, \varepsilon)$. Vamos descrever uma forma de obter a geodésica definida em um intervalo maior possível. Sejam $\alpha_1(t) = X(u_1(t), v_1(t))$, $t \in I_1$, e $\alpha_2(t) = X(u_2(t), v_2(t))$, $t \in I_2$, geodésicas satisfazendo as condições $(u_1(0), v_1(0)) = (u_2(0), v_2(0)) = q$ e $\alpha'_1(0) = \alpha'_2(0) = w$. Pela unicidade da proposição, temos que α_1 e α_2 coincidem em $I_1 \cap I_2$. Usando esse argumento para todas as geodésicas nessas condições, obtemos uma única geodésica maximal (isto é, definida no intervalo maior possível) satisfazendo as condições iniciais.

8.19 Exemplos

a) Consideremos um plano de $\mathbb{R}^3$. Sabemos que as retas do plano são geodésicas. Usando a Proposição 8.18, podemos concluir que estas são as únicas geodésicas do plano. De fato, fixados um ponto q e um vetor $w \neq 0$ tangente em q, existe uma única reta do plano passando por q e tangente a w que é uma geodésica. Pela unicidade da Proposição 8.18, concluímos que as retas são as únicas geodésicas de um plano. É claro que poderíamos chegar a essa mesma conclusão usando o sistema de equações (32), pois os símbolos de Christoffel para o plano são identicamente nulos.

b) Com um argumento análogo ao anterior, concluímos que os círculos máximos são as únicas geodésicas de uma esfera.

c) Consideremos o cilindro circular descrito por

$$X(u, v) = (\cos u, \ \operatorname{sen} u, \ v), \quad (u, v) \in \mathbb{R}^2.$$

Vamos obter as geodésicas do cilindro. Inicialmente, observamos que os meridianos e os paralelos de X, parametrizados pelo comprimento de arco, são geodésicas, já que os meridianos são retas e os paralelos são circunferências $\alpha(s)$ com $\alpha''(s)$ normal ao cilindro. Vamos provar que, fixado $q = (u_0, v_0)$,

202   III. TEORIA LOCAL DE SUPERFÍCIES

além do meridiano e paralelo que passam por $X(q)$, as hélices são as únicas geodésicas de X passando por $X(q)$.

Não é difícil verificar que as hélices $\alpha(t) = X(u(t), v(t))$, que satisfazem $(u(0), v(0)) = (u_0, v_0)$, são da forma

$$\alpha(t) = (\cos(at + u_0), \ \text{sen}\,(at + u_0), \ ct + v_0), \quad t \in \mathbb{R},$$

onde a e c são constantes não nulas e estas curvas satisfazem o sistema (32), portanto, são geodésicas do cilindro. Usando a Proposição 8.18, por um argumento análogo ao do Exemplo a), concluímos que os meridianos, os paralelos e as hélices são as únicas geodésicas do cilindro.

Poderíamos obter as geodésicas do cilindro usando a observação, feita anteriormente, de que uma isometria entre superfícies preserva geodésicas. De fato, consideremos a isometria ϕ do Exemplo 4.6 a), entre o aberto do plano $S = \{(u, v) \in \mathbb{R}^2, 0 < u < 2\pi, v \in \mathbb{R}\}$ e $\bar{S}$, o cilindro menos um meridiano que é o traço da aplicação

$$\bar{X}(u, v) = (\cos u, \ \text{sen}\,u, \ v), \quad 0 < u < 2\pi, \ v \in \mathbb{R}.$$

A isometria ϕ é dada por

$$\phi(u, v) = (\cos u, \ \text{sen}\,u, \ v).$$

Fixemos um ponto $q = (u_0, v_0) \in S$. Pelo Exemplo a), sabemos que as únicas geodésicas em S passando por q são as retas (ou segmentos de retas). Observamos que a isometria ϕ leva as retas (u_0, v), (u, v_0) e $(at + u_0, bt + v_0)$, $a \neq 0$, $b \neq 0$, respectivamente, no meridiano, paralelo e uma hélice do cilindro passando por $\bar{X}(u_0, v_0)$. Essas curvas do cilindro são também levadas pela isometria ϕ^{-1} nas retas de S que passam por (u_0, v_0). Como ϕ e ϕ^{-1} preservam geodésicas, concluímos que os meridianos, os paralelos e as hélices são as únicas geodésicas do cilindro.

8. Linhas de Curvatura; Linhas Assintóticas; Geodésicas 203

Observamos que, entre os três tipos de curvas apresentadas nesta seção, as geodésicas são as mais importantes. Pode-se provar que, se uma curva $\alpha(s) = X(u(s), v(s))$, $s \in I$, é uma geodésica de uma superfície X, então, para todo $s_0, s_1 \in I$ suficientemente próximos, o arco da curva α de s_0 a s_1 tem comprimento menor que o de qualquer outra curva da superfície que liga $\alpha(s_0)$ a $\alpha(s_1)$. Além disso, dados dois pontos p e $\bar{p}$ de uma superfície, se existe uma curva da superfície de p a $\bar{p}$ cujo comprimento é menor ou igual ao de qualquer outra curva da superfície que liga p a $\bar{p}$, então a curva é uma geodésica. Devido a essas propriedades, as geodésicas desempenham um papel no estudo das superfícies equivalente ao das retas na geometria euclidiana do plano. As demonstrações dessas propriedades podem ser encontradas em [6] e serão omitidas, já que fogem ao caráter introdutório deste texto.

8.20 Exercícios

1. Seja $X(u, v)$ uma superfície que não tem pontos umbílicos. Verifique que as curvas coordenadas são linhas de curvatura se, e só se, $f \equiv F \equiv 0$. Neste caso, as curvaturas principais são dadas por

$$k_1(u, v) = \frac{e(u, v)}{E(u, v)}, \quad k_2(u, v) = \frac{g(u, v)}{G(u, v)}.$$

2. Verifique que os meridianos e paralelos de uma superfície de rotação são linhas de curvatura.

3. Considere a superfície

$$X(u, v) = (u, v, u^2 + v^2), \quad (u, v) \in \mathbb{R}^2.$$

Verifique que $q = (0, 0)$ é um ponto umbílico que satisfaz a seguinte propriedade: para todo vetor não nulo w tangente a X em q, existe uma linha de curvatura $\alpha(t) = X(u(t), v(t))$ tal que $(u(0), v(0)) = q$ e $\alpha'(0) = w$.

204 III. TEORIA LOCAL DE SUPERFÍCIES

4. Seja $\alpha(s) = X(u(s), v(s))$, $s \in I \subset \mathbb{R}$, uma curva regular de uma superfície X. Prove que, se o traço de α está contido em um plano π, que forma um ângulo constante com o plano tangente a X ao longo da curva, então α é uma linha de curvatura de X.

5. Seja $X(u, v)$, $(u, v) \in U \subset \mathbb{R}^2$, uma superfície cujas curvas coordenadas são linhas de curvatura. Suponha que a curvatura gaussiana de X não se anula, então a aplicação $N(u, v)$, onde N é o vetor normal a X, é uma superfície parametrizada regular (veja Exercício 6 da seção 7.10). Prove que os coeficientes da primeira forma quadrática de N são dados por $\bar{E} = k_1^2 E$, $\bar{F} = 0$, $\bar{G} = k_2^2 G$, onde k_1, k_2 são as curvaturas principais de X e E, G são os coeficientes da primeira forma quadrática.

6. Considere duas superfícies $X(u, v)$ e $\bar{X}(u, v)$, $(u, v) \in U \subset \mathbb{R}^2$. Seja α uma curva comum às duas superfícies, isto é, $\alpha(t) = X(u(t), v(t)) = \bar{X}(u(t), v(t))$. Suponha que o ângulo entre as duas superfícies é constante ao longo de α. Verifique que α é uma linha de curvatura de X se, e só se, α é uma linha de curvatura de $\bar{X}$.

7. Seja $X(u, v)$ uma superfície. Verifique que as curvas coordenadas são linhas assintóticas se, e só se, $e = g = 0$.

8. Seja $X(u, v) = (u, v, f(u,v))$ uma superfície que descreve o gráfico de uma função diferenciável f. Obtenha as equações diferenciais que determinam as linhas de curvatura e as linhas assintóticas de X.

9. Obtenha as linhas assintóticas de um hiperboloide de uma folha.

10. Seja $\alpha(s) = X(u(s), v(s))$ uma curva regular de uma superfície X. Prove que α é uma linha assintótica de X se, e só se, para cada s, a curvatura $k(s) = 0$ ou o plano osculador de α em s é tangente à superfície.

8. Linhas de Curvatura; Linhas Assintóticas; Geodésicas 205

11. Prove que, em um ponto hiperbólico de uma superfície, as direções principais bissectam as direções assintóticas.

12. Seja X uma superfície em que todos os pontos são hiperbólicos. Prove que, se as linhas assintóticas são ortogonais, então X é uma superfície mínima.

13. Seja α uma curva regular de uma superfície. Prove que o traço de α é um segmento de reta se, e só se, α é uma geodésica e uma linha assintótica da superfície.

14. Considere uma superfície de rotação gerada pela curva $\alpha(s)$. Verifique que todo meridiano, parametrizado pelo comprimento de arco, é uma geodésica. Além disso, o paralelo que passa por $\alpha(s)$ é uma geodésica se, e só se, $\alpha'(s)$ é paralelo ao eixo de rotação.

15. Seja $X(u, v)$ uma superfície e $\alpha(s)$ uma curva de X, parametrizada pelo comprimento de arco. Prove que:

a) α é uma geodésica e uma linha de curvatura de X se, e só se, α é uma curva plana contida em um plano ortogonal a X ao longo de α.

b) α é uma linha de curvatura e uma linha assintótica de X se, e só se, o traço de α está contido em um plano tangente a X ao longo de α.

16. Determine as geodésicas de um cone de uma folha menos o vértice.

17. Seja $X(u, v)$, $(u, v) \in U \subset \mathbb{R}^2$, uma superfície que tem todos os pontos parabólicos. Verifique que, para cada $q \in U$, existe uma única linha assintótica $\alpha(t) = X(u(t), v(t))$ tal que $(u(0), v(0)) = q$. Prove que o traço de α é um segmento de reta.

18. Considere a superfície

$$X(u, v) = (u \cos v, u \operatorname{sen} v, f(u) + cv), (u, v) \in \mathbb{R}^2,$$

III. TEORIA LOCAL DE SUPERFÍCIES

onde c é uma constante não nula. Verifique que as curvas de X ortogonais às hélices $u = cte$ são geodésicas.

19. Considere o toro descrito por

$$X(u, v) = ((a + r \cos u) \cos v, (a + r \cos u) \operatorname{sen} v, r \operatorname{sen} u),$$

$(u, v) \in \mathbb{R}^2$. Verifique que apenas duas geodésicas têm o traço contido em um plano paralelo ao plano xy.

20. Considere a superfície $X(u, v) = (u, v, uv)$. Verifique que:

a) As curvas coordenadas de X são linhas assintóticas.

b) As linhas de curvatura de X podem ser representadas por

$$\operatorname{arc senh} v \pm \operatorname{arc senh} u = c,$$

onde c é uma constante.

c) A curva determinada por $u = v$ é uma geodésica de X.

21. Seja $X(u, v) = (u, v, f(u, v))$, $(u, v) \in \mathbb{R}^2$, onde f é uma função diferenciável, tal que $f(u, -v) = f(u, v)$. Verifique que a curva $v = 0$ é uma geodésica de X.

22. Seja $\alpha(s) = X(u(s), v(s))$ uma curva da superfície X, parametrizada pelo comprimento de arco. Prove que, se α é uma linha de curvatura de X tal que o seu plano osculador forma um ângulo constante com o plano tangente a X ao longo da curva, então α é uma curva plana.

23. Seja $X(u, v)$ uma superfície cujos coeficientes da primeira forma quadrática são E, F, G. Prove que:

a) A curva $X(u, v_0)$, onde v_0 é constante, é uma geodésica se, e só se, $E_u = 0$ e $E_v = 2F_u$ para todo (u, v_0).

b) A curva $X(u_0, v)$, onde u_0 é constante, é uma geodésica se, e só se, $G_v = 0$ e $G_u = 2F_v$ para todo (u_0, v).

9. Teorema Egregium de Gauss; Equações de Compatibilidade; Teorema Fundamental das Superfícies

Nesta seção, veremos um dos teoremas mais importantes da teoria das superfícies, que afirma que a curvatura gaussiana, definida a partir da segunda forma quadrática, depende somente da primeira forma quadrática. Em seguida, veremos a importância da primeira e segunda formas quadráticas para a teoria das superfícies no teorema fundamental das superfícies.

Inicialmente, lembramos que, se $X(u, v)$ é uma superfície e N é a aplicação normal de Gauss, então, como vimos na seção anterior, X_{uu}, X_{uv}, X_{vv} são combinações lineares de X_u, X_v e N. Além disso, N_u, N_v, por serem tangentes à superfície, são combinações lineares de X_u e X_v. Os coeficientes destas combinações lineares, que foram obtidas em (31) e (32), não são independentes, pois devem satisfazer as relações

$$\begin{aligned}
(X_{uu})_v &= (X_{uv})_u, \\
(X_{vv})_u &= (X_{uv})_v, \\
N_{uv} &= N_{vu}.
\end{aligned} \tag{34}$$

Substituindo (28) em (34), cada equação de (34) se reduz a anular uma combinação linear de X_u, X_v e N. Como esses são vetores linearmente independentes de $\mathbb{R}^3$, anulando os coeficientes dessas combinações lineares, obteremos nove relações, das quais destacamos as seguintes:

$$-EK = \left(\Gamma_{12}^2\right)_u - \left(\Gamma_{11}^2\right)_v + \Gamma_{12}^1\Gamma_{11}^2 - \Gamma_{11}^1\Gamma_{12}^2 + \left(\Gamma_{12}^2\right)^2 - \Gamma_{11}^2\Gamma_{22}^2, \tag{35}$$

onde K é a curvatura gaussiana e

$$\begin{aligned}
e_v - f_u &= e\Gamma_{12}^1 + f\left(\Gamma_{12}^2 - \Gamma_{11}^1\right) - g\Gamma_{11}^2, \tag{36} \\
f_v - g_u &= e\Gamma_{22}^1 + f\left(\Gamma_{22}^2 - \Gamma_{12}^1\right) - g\Gamma_{12}^2. \tag{37}
\end{aligned}$$

As outras seis relações são formas equivalentes dessas três relações. A equação (35) é dita *equação de Gauss*, e as relações (36) e (37) são chamadas *equações*

208   III. TEORIA LOCAL DE SUPERFÍCIES

de Codazzi-Mainardi. As equações de Gauss e de Codazzi-Mainardi são ditas *equações de compatibilidade.* A seguir, veremos com detalhes as relações que resultam da primeira equação de (34).

Substituindo (28) e (29) da seção anterior na primeira equação de (34), temos que

$$\frac{\partial}{\partial v}\left(\Gamma^1_{11}X_u+\Gamma^2_{11}X_v+eN\right)=\frac{\partial}{\partial u}\left(\Gamma^1_{12}X_u+\Gamma^2_{12}X_v+fN\right).$$

Efetuando essas derivadas parciais e substituindo X_{uu}, X_{uv}, X_{vv}, N_u e N_v em função de X_u, X_v e N pela relações (28), obtemos as seguintes equações após a substituição dos coeficientes b_{ij} de N_u e N_v pelas relações (32), obtidas na seção anterior:

$$\begin{aligned}
F\frac{eg-f^2}{EG-F^2}&=\left(\Gamma^1_{12}\right)_u-\left(\Gamma^1_{11}\right)_v+\Gamma^2_{12}\Gamma^1_{12}-\Gamma^2_{11}\Gamma^1_{22},\\
-E\frac{eg-f^2}{EG-F^2}&=\left(\Gamma^2_{12}\right)_u-\left(\Gamma^2_{11}\right)_v+\Gamma^1_{12}\Gamma^2_{11}-\Gamma^1_{11}\Gamma^2_{12}+\Gamma^2_{12}\Gamma^2_{12}-\Gamma^2_{11}\Gamma^2_{22},\\
e_v-f_u&=e\Gamma^1_{12}+f\left(\Gamma^2_{12}-\Gamma^1_{11}\right)-g\Gamma^2_{11}.
\end{aligned}$$

As duas últimas equações são precisamente as equações (35) e (36).

De modo análogo, considerando os coeficientes de X_u, X_v e N das duas últimas equações de (34), obtemos outras seis relações. Em particular, o coeficiente de N da segunda equação de (34) fornece a relação (37).

Como os símbolos de Christoffel só dependem da primeira forma quadrática, da equação de Gauss (35) obtemos o seguinte resultado, que é um dos teoremas mais importantes da teoria de superfícies.

9.1 Teorema Egregium de Gauss. *A curvatura gaussiana só depende da primeira forma quadrática.*

Como consequência desse teorema, temos que superfícies isométricas têm a mesma curvatura gaussiana em pontos correspondentes. Observamos que a recíproca dessa propriedade, em geral, não é verdadeira. Isto é, podem

9. Teorema Egregium de Gauss; Equações de Compatibilidade

existir superfícies $X(u, v)$ e $\bar{X}(u, v)$ que não são isométricas, mas cujas curvaturas gaussianas coincidem (ver Exercício 4). Porém, no caso particular de superfícies X e $\bar{X}$ de mesma curvatura gaussiana constante, pode-se provar que, restringindo convenientemente o domínio de X e $\bar{X}$, existe uma isometria entre os traços de X e $\bar{X}$.

Observamos que o teorema Egregium de Gauss permite concluir que determinadas superfícies não são isométricas. Por exemplo, não existe uma isometria, portanto, uma transformação que preserva comprimento de curvas, entre uma região do plano e uma região da esfera, já que a curvatura gaussiana do plano é identicamente nula e a curvatura da esfera é estritamente positiva. De modo análogo, pode-se concluir que o toro e o cilindro ou a esfera e o toro não são isométricos mesmo nos restringindo a regiões dessas superfícies.

A importância das equações de compatibilidade deve-se ao fato de que os coeficientes da primeira e segunda formas quadráticas, satisfazendo tais equações, determinam uma superfície, a menos de sua posição no espaço. Este é precisamente o conteúdo do seguinte teorema, cuja demonstração envolve conhecimentos de equações diferenciais parciais.

9.2 Teorema fundamental das superfícies. *Sejam* E, F, G, e, f, g *funções reais diferenciáveis definidas em um aberto conexo* $U \subset \mathbb{R}^2$, *tais que* $E > 0$, $G > 0$, $EG - F^2 > 0$. *Se as funções satisfazem as equações de Gauss e Codazzi-Mainardi, então*

a) Existe uma superfície parametrizada regular $X : U \to \mathbb{R}^3$ *tal que as funções* E, F, G, e, f, g *são coeficientes da primeira e segunda formas quadráticas de* X.

b) Se X *e* $\bar{X}$ *são duas superfícies satisfazendo a), então existe um movimento rígido* ψ *de* $\mathbb{R}^3$ *tal que* $\bar{X} = \psi \circ X$.

Ao leitor interessado em prosseguir seus estudos em geometria, recomendamos a leitura de [6, 8, 10, 12, 16, 17, 20], que incluem propriedades globais de curvas e superfícies.

210   III. TEORIA LOCAL DE SUPERFÍCIES

9.3 Exercícios

1. Seja $X(u, v)$ uma superfície tal que as curvas coordenadas são ortogonais. Prove que, neste caso, a equação de Gauss se reduz a

$$K = -\frac{1}{\sqrt{EG}} \left[\left(\frac{(\sqrt{E})_v}{\sqrt{G}} \right)_v + \left(\frac{(\sqrt{G})_u}{\sqrt{E}} \right)_u \right]$$

e as equações de Codazzi-Mainardi são dadas por

$$2EG(e_v - f_u) - (Eg + Ge)E_v - f(EG_u - GE_u) = 0,$$
$$2EG(f_v - g_u) - (Eg + Ge)G_u - f(EG_v - GE_v) = 0.$$

2. Seja $X(u, v)$ uma superfície tal que as curvas coordenadas são linhas de curvatura. Verifique que, neste caso, as equações de Codazzi-Mainardi são da forma

$$e_v = \frac{E_v}{2} \left(\frac{e}{E} + \frac{g}{G} \right),$$
$$g_u = \frac{G_u}{2} \left(\frac{e}{E} + \frac{g}{G} \right).$$

3. Seja $X(u, v)$ uma superfície parametrizada regular sem pontos umbílicos e tal que as curvas coordenadas são linhas de curvatura. Se k_1 e k_2 são as curvaturas principais de X, verifique que as equações de Codazzi-Mainardi são dadas por

$$\frac{1}{k_1 - k_2} \frac{\partial k_1}{\partial v} = -\frac{\partial (\log \sqrt{E})}{\partial v},$$
$$\frac{1}{k_2 - k_1} \frac{\partial k_2}{\partial u} = -\frac{\partial (\log \sqrt{G})}{\partial u}.$$

4. Verifique que as superfícies

$$X(u, v) = (u \cos v, u \operatorname{sen} v, \log u),$$
$$\bar{X}(u, v) = (u \cos v, u \operatorname{sen} v, v),$$

9. Teorema Egregium de Gauss; Equações de Compatibilidade

onde $u > 0$ e $0 < v < 2\pi$, têm a mesma curvatura gaussiana, mas não são isométricas.

5. Verifique que não existe isometria entre regiões de duas quaisquer das seguintes superfícies: cilindro, toro, esfera, catenoide.

6. Considere as funções $E = 1$, $F = 0$, $G = 1$, $e = -1$, $f = 0$, $g = 0$, definidas em $\mathbb{R}^2$. Obtenha uma superfície parametrizada regular que tenha as funções dadas, como coeficientes da primeira e segunda formas quadráticas.

7. Considere as funções $E = 1$, $F = 0$, $G = \text{sen}^2 u$, $e = 1$, $f = 0$ e $g = \text{sen}^2 u$, definidas para $0 < u < \pi$, $v \in \mathbb{R}$. Verifique que o traço da superfície, cujos coeficientes da primeira e segunda formas quadráticas são as funções acima, está contido em uma esfera.

8. Seja $X(u, v)$ uma superfície. Verifique que:

a) A curvatura gaussiana é dada por

$$K = \frac{1}{(EG - F^2)^2} \left[\langle X_{uu}, X_u \times X_v \rangle \langle X_{vv}, X_u \times X_v \rangle - \langle X_{uv}, X_u \times X_v \rangle^2 \right].$$

b) $\langle X_{uu}, X_{vv} \rangle - \langle X_{uv}, X_{uv} \rangle = -\dfrac{1}{2} E_{vv} + F_{uv} - \dfrac{1}{2} G_{uu}$.

c) $K = \dfrac{1}{(EG - F^2)^2} \left\{ \begin{vmatrix} -\dfrac{1}{2} E_{vv} + F_{uv} - \dfrac{1}{2} G_{uu} & \dfrac{1}{2} E_u & F_u - \dfrac{1}{2} E_v \\ F_v - \dfrac{1}{2} G_u & E & F \\ \dfrac{1}{2} G_v & F & G \end{vmatrix} - \right.$

$$\left. - \begin{vmatrix} 0 & \dfrac{1}{2} E_v & \dfrac{1}{2} G_u \\ \dfrac{1}{2} E_v & E & F \\ \dfrac{1}{2} G_u & F & G \end{vmatrix} \right\}.$$

212   *III. TEORIA LOCAL DE SUPERFÍCIES*

10. Aplicações Computacionais

Vamos concluir este capítulo com algumas aplicações de computação gráfica na teoria de superfícies parametrizadas regulares. Mais precisamente, vamos aplicar métodos numéricos e gráficos na visualização de linhas de curvatura, curvas assintóticas e geodésicas, que são curvas especiais das superfícies.

Na Proposição 8.6, provamos que, em uma vizinhança V de um ponto não umbílico da superfície, existem duas linhas de curvatura passando por qualquer ponto de V. Todo ponto desta vizinhança deve ser não umbílico. Na Proposição 8.12, provamos que, em uma vizinhança V de um ponto hiperbólico da superfície, existem duas curvas assintóticas passando por qualquer ponto de V. Todo ponto desta vizinhança deve ser hiperbólico. Finalmente, na Proposição 8.18, provamos que, fixado um ponto qualquer p da superfície e fixado qualquer vetor $w \neq 0$ tangente em p, existe uma geodésica que passa por p tangente a w.

Essas três propriedades sobre essas curvas especiais da superfície são resultados de existência dessas curvas, provados com base no teorema de existência e unicidade de soluções de equações diferenciais ordinárias, com condições iniciais dadas. Na seção 8 deste capítulo, vimos alguns exemplos simples. Entretanto, dada uma superfície, em geral não é possível obter essas curvas explicitamente. Os resultados de existência permitem que sejam usados métodos numéricos e gráficos para visualizar as curvas. A seguir, veremos alguns exemplos, obtidos com o programa ACOGEO (Apoio Computacional à Geometria Diferencial) [4].

Consideremos uma superfície parametrizada regular $X(u,v)$ e $V \subset \mathbb{R}^2$ uma vizinhança que não contém pontos umbílicos. Para obter as linhas de curvatura $\alpha(t) = X(u(t), v(t))$, inicialmente resolvemos a equação diferencial (25) para $(u(t), v(t))$ (integrando ou usando métodos numéricos) nos pontos da vizinhança V. Como cada ponto (u_0, v_0) de V não é umbílico, passam duas soluções de (25) por este ponto. Em seguida, considerando a imagem dessas

10. Aplicações Computacionais

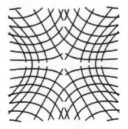

Figura 52

curvas pela parametrização, obtemos as linhas de curvatura $X(u(t), v(t))$ sobre a superfície.

Vamos visualizar as linhas de curvatura da sela do macaco (Exemplo 5.4) em uma região que exclui a origem que é um ponto umbílico.

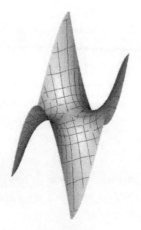

Figura 53

Inicialmente, resolvemos a equação (25) em cada uma das quatro regiões

214   *III. TEORIA LOCAL DE SUPERFÍCIES*

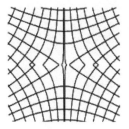

Figura 54

$(-1,0) \times (-1,0)$, $(-1,0) \times (0,1)$, $(0,1) \times (0,1)$ e $(0,1) \times (-1,0)$, que não contêm pontos umbílicos. A Figura 52 permite visualizar soluções $(u(t), v(t))$ da equação (25) em cada uma das quatro regiões do plano.

A Figura 53 mostra as linhas de curvatura na sela do macaco, que são as imagens $X(u(t), v(t))$ destas curvas pela parametrização X da sela do macaco.

Consideremos uma superfície parametrizada regular $X(u,v)$ e $V \subset \mathbb{R}^2$ uma vizinhança de pontos hiperbólicos. Para obter as curvas assintóticas $\alpha(t) = X(u(t), v(t))$, inicialmente resolvemos a equação diferencial (26) para $(u(t), v(t))$ na vizinhança V (integrando ou usando métodos numéricos). Como cada ponto (u_0, v_0) de V é hiperbólico, passam duas soluções de (26) por (u_0, v_0). Em seguida, considerando as imagens dessas soluções pela parametrização, obtemos as linhas de curvatura $X(u(t), v(t))$.

Vamos visualizar as curvas assintóticas da sela do macaco em uma região que exclui a origem, já que a origem não é um ponto hiperbólico.

A Figura 54 visualiza soluções $(u(t), v(t))$ da equação (26) em cada uma das quatro regiões do plano, $(-1,0) \times (-1,0)$, $(-1,0) \times (0,1)$, $(0,1) \times (0,1)$ e $(0,1) \times (-1,0)$. Cada uma dessas regiões só tem pontos hiperbólicos. As

10. Aplicações Computacionais

curvas assintóticas sobre a sela do macaco são exibidas na Figura 55, que mostra a imagem $X(u(t), v(t))$ dessas curvas pela parametrização X da sela do macaco.

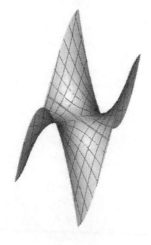

Figura 55

Como vimos na Proposição 8.17, uma geodésica $\alpha(t) = X(u(t), v(t))$, de uma superfície parametrizada regular $X(u, v)$, é determinada pelas soluções $(u(t), v(t))$ do sistema de equações (33), com condições iniciais $u(t_0), v(t_0))$ e $u'(t_0), v'(t_0))$ dadas.

A Figura 56 permite visualizar as soluções de (33) para a sela do macaco, em uma vizinhança da origem. A Figura 57 mostra as geodésicas que são as imagens $X(u(t), v(t))$ dessas curvas pela parametrização da superfície.

216   *III. TEORIA LOCAL DE SUPERFÍCIES*

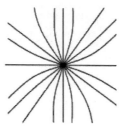

Figura 56

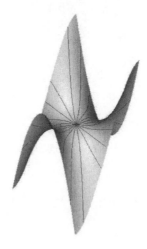

Figura 57

Observamos que as curvas apresentadas nesta seção são exemplos de aplicações da computação gráfica na visualização da geometria diferencial. Outras aplicações podem ser encontradas no programa ACOGEO [4], que inclui curvas, superfícies e os teoremas fundamentais das curvas e superfícies.

Capítulo IV

MÉTODO DO TRIEDRO MÓVEL

A teoria das superfícies, apresentada no capítulo anterior, foi desenvolvida considerando os vetores X_u, X_v, N associados a uma superfície $X(u, v)$. Para cada (u, v), esses vetores formam uma base de $\mathbb{R}^3$ que, de modo geral, não é ortonormal. Neste capítulo, vamos desenvolver a teoria das superfícies utilizando o chamado método do triedro móvel. Esse método, que foi introduzido por E. Cartan, consiste essencialmente em escolher adequadamente, para cada ponto da superfície, uma base ortonormal $e_1(u, v)$, $e_2(u, v)$, $e_3(u, v)$ de $\mathbb{R}^3$ de tal forma que os vetores e_1, e_2 são tangentes à superfície. Vamos iniciar introduzindo a noção de formas diferenciais em $\mathbb{R}^2$.

1. Formas Diferenciais em $\mathbb{R}^2$

Consideremos o espaço vetorial $\mathbb{R}^2$ e denotemos por $\mathbb{R}^{2^*}$ o *espaço dual* de $\mathbb{R}^2$, isto é, o conjunto das aplicações lineares de $\mathbb{R}^2$ em $\mathbb{R}$. O espaço dual, munido com as operações usuais de funções, é um espaço vetorial. Dada uma base e_1, e_2 de $\mathbb{R}^2$, definimos uma base f_1, f_2 de $\mathbb{R}^{2^*}$ por: $f_i(e_j) = 0$ se $i \neq j$, e $f_i(e_j) = 1$ se $i = j$, $1 \leq i, j \leq 2$. f_1, f_2 é chamada *base dual* de e_1, e_2.

Denotemos por $q = (u, v)$ os pontos de um aberto U de $\mathbb{R}^2$. Daqui por diante, vamos denotar por $\frac{\partial}{\partial u} = (1, 0)$, $\frac{\partial}{\partial v} = (0, 1)$ a base canônica de $\mathbb{R}^2$. Denotemos também por u e v as projeções de $U \subset \mathbb{R}^2$ em $\mathbb{R}$ na primeira e segunda coordenadas, respectivamente. As funções u e v são diferenciáveis e, para cada $q \in U$, as diferenciais de u e v em q, du_q, dv_q formam a base dual da base canônica de $\mathbb{R}^2$. Portanto, se considerarmos um vetor

218   *IV. MÉTODO DO TRIEDRO MÓVEL*

$V = (a, b) \in \mathbb{R}^2$, isto é, $V = a \frac{\partial}{\partial u} + b \frac{\partial}{\partial v}$, então $du_q(V) = a$ e $dv_q(V) = b$.

1.1 Definição. Uma *forma de grau* 1 ou uma *1-forma* em um aberto U de $\mathbb{R}^2$ é uma aplicação ω que, para cada $q \in U$, associa $\omega_q \in \mathbb{R}^{2*}$. Isto é, ω_q é uma função linear de $\mathbb{R}^2$ em $\mathbb{R}$ e, portanto, ω_q é da forma

$$\omega_q = P(q)\, du_q + Q(q)\, dv_q.$$

ω é dita uma *forma diferencial de grau* 1 ou uma *1-forma diferencial* em U se P e Q são funções diferenciáveis de U em $\mathbb{R}$.

1.2 Exemplos

a) Com a notação anterior, definindo du e dv como sendo as aplicações que, para cada $q \in U$, associam du_q e dv_q, temos que du e dv são 1-formas diferenciais.

b) Seja $f(u, v)$ uma função diferenciável (C^{∞}) de um aberto U de $\mathbb{R}^2$ em $\mathbb{R}$. Então a aplicação $df : U \to \mathbb{R}^{2*}$ que, para cada $q \in U$, associa df_q, a diferencial de f em q, é uma 1-forma diferencial, pois

$$df_q = f_u(q)\, du_q + f_v(q)\, dv_q. \tag{1}$$

Para verificar esta igualdade, observamos que, se $q = (u_0, v_0)$, então, para todo vetor $V = (a, b) \in \mathbb{R}^2$, temos que

$$\begin{aligned}
df_q(V) &= \left. \frac{d}{dt} f(u_0 + ta, v_0 + tb) \right|_{t=0} = \\
&= f_u(u_0, v_0)\, a + f_v(u_0, v_0) b = \\
&= f_u(q)\, du_q(V) + f_v(q)\, dv_q(V),
\end{aligned}$$

e concluímos a igualdade (1).

c) Observamos que, se ω é uma 1-forma diferencial em $U \subset \mathbb{R}^2$, então, fixados $q \in U$ e um vetor $V \in \mathbb{R}^2$, $\omega_q(V)$ é um número real. Por exemplo,

1. Formas Diferenciais em $\mathbb{R}^2$

consideremos a 1-forma diferencial definida por

$$\omega = (2u - v)\, du - u^2\, dv,$$

isto é, $\omega = P\, du + Q\, dv$, onde P e Q são as funções definidas por $P(u, v) = 2u - v$ e $Q(u, v) = -u^2$. Sejam $q = (2, 1)$ e $V = (-1, -2)$, então

$$\begin{aligned}
\omega_q &= P(2, 1)\, du_q + Q(2, 1)\, dv_q = \\
&= 3\, du_q - 4\, dv_q,
\end{aligned}$$

e, portanto, $\omega_q(V) = 5$.

A *soma* de 1-formas diferenciais ω e $\bar{\omega}$ em $U \subset \mathbb{R}^2$ é definida como soma de funções, isto é, $\omega + \bar{\omega}$ é uma 1-forma diferencial que, para cada $q \in U$, associa

$$(\omega + \bar{\omega})_q = \omega_q + \bar{\omega}_q.$$

Se ω é uma 1-forma diferencial em $U \subset \mathbb{R}^2$ e $f : U \to \mathbb{R}$ é uma função diferenciável, definimos o *produto* $f\omega$ como sendo a 1-forma diferencial tal que, para cada $q \in U$, associa

$$(f\omega)_q = f(q)\, \omega_q.$$

Segue-se dessas definições que, se $\omega = P\, du + Q\, dv$ e $\bar{\omega} = \bar{P}\, du + \bar{Q}\, dv$ são formas diferenciais em $U \subset \mathbb{R}^2$, então

$$\omega + \bar{\omega} = (P + \bar{P})\, du + (Q + \bar{Q})\, dv.$$

Se f é uma função real diferenciável em U, então

$$f\omega = (fP)\, du + (fQ)\, dv,$$

onde fP e fQ são as funções produto.

IV. MÉTODO DO TRIEDRO MÓVEL

1.3 Exemplo. Consideremos as 1-formas diferenciais

$$\begin{aligned}
\omega &= (u+v)\,du + dv, \\
\bar{\omega} &= v\,du - u\,dv,
\end{aligned}$$

e a função $f(u,v) = u - v$. Então,

$$\begin{aligned}
\omega + \bar{\omega} &= (u+2v)\,du + (1-u)\,dv, \\
f\omega &= (u^2 - v^2)\,du + (u-v)\,dv.
\end{aligned}$$

Sejam ω e $\bar{\omega}$ 1-formas diferenciais em $U \subset \mathbb{R}^2$. Dizemos que ω e $\bar{\omega}$ são *linearmente independentes* se, para todo $q \in U$, ω_q e $\bar{\omega}_q$ são linearmente independentes como elementos do espaço vetorial $\mathbb{R}^{2^*}$.

Segue-se desta definição que $\omega = P\,du + Q\,dv$ e $\bar{\omega} = \bar{P}\,du + \bar{Q}\,dv$ são linearmente independentes se, e só se, para todo q,

$$\begin{vmatrix} P(q) & \bar{P}(q) \\ Q(q) & \bar{Q}(q) \end{vmatrix} \neq 0.$$

A seguir, vamos definir duas operações de produto para 1-formas diferenciais. Para isso, lembramos que uma aplicação $B : \mathbb{R}^2 \times \mathbb{R}^2 \to \mathbb{R}$ é dita bilinear se for linear em cada componente, isto é, para quaisquer vetores $V_1, V_2, V_3 \in \mathbb{R}^2$ e números reais a e b

$$\begin{aligned}
B(aV_1 + BV_2, V_3) &= aB(V_1, V_3) + bB(V_2, V_3), \\
B(V_1, aV_2 + bV_3) &= aB(V_1, V_2) + bB(V_1, V_3).
\end{aligned}$$

Uma aplicação $B : \mathbb{R}^2 \times \mathbb{R}^2 \to \mathbb{R}$ é dita alterada ou antissimétrica se

$$B(V_1, V_2) = -B(V_2, V_1).$$

1.4 Definição. Sejam ω e $\bar{\omega}$ 1-formas diferenciais em um aberto U de $\mathbb{R}^2$. O *produto tensorial* de ω e $\bar{\omega}$, denotado por $\omega \otimes \bar{\omega}$ ou simplesmente

1. Formas Diferenciais em $\mathbb{R}^2$

$\omega\bar{\omega}$, é uma aplicação que, para cada $q \in U$, associa uma transformação bilinear $(\omega\bar{\omega})_q : \mathbb{R}^2 \times \mathbb{R}^2 \to \mathbb{R}$ definida por

$$(\omega\bar{\omega})_q(V_1, V_2) = \omega_q(V_1)\,\bar{\omega}_q(V_2),$$

onde $V_1, V_2 \in \mathbb{R}^2$.

Observamos que a bilinearidade de $(\omega\bar{\omega})_q$ decorre da linearidade de ω_q e $\bar{\omega}_q$. Na definição acima, a ordem dos fatores ω e $\bar{\omega}$ deve ser observada, já que $\omega\bar{\omega}$ em geral é diferente de $\bar{\omega}\omega$. Por exemplo, $dudv \neq dvdu$, pois

$$(dudv)_q\left(\frac{\partial}{\partial u}, \frac{\partial}{\partial v}\right) = 1 \quad \text{e} \quad (dvdu)_q\left(\frac{\partial}{\partial u}, \frac{\partial}{\partial v}\right) = 0.$$

O produto tensorial $\omega\omega$ será denotado por ω^2. A operação de produto tensorial satisfaz as seguintes propriedades.

1.5 Proposição. *Sejam ω, $\bar{\omega}$, $\bar{\bar{\omega}}$ 1-formas diferenciais em um aberto U de $\mathbb{R}^2$ e $f : U \to \mathbb{R}$ uma função diferenciável. Então,*
a) $(\omega + \bar{\omega})\bar{\bar{\omega}} = \omega\bar{\bar{\omega}} + \bar{\omega}\bar{\bar{\omega}}$,
b) $\omega(\bar{\omega} + \bar{\bar{\omega}}) = \omega\bar{\omega} + \omega\bar{\bar{\omega}}$,
c) $(f\omega)\bar{\omega} = \omega(f\bar{\omega}) = f\omega\bar{\omega}$,
d) *se $\omega = P\,du + Q\,dv$ e $\bar{\omega} = \bar{P}\,du + \bar{Q}\,dv$, então*

$$\omega\bar{\omega} = P\bar{P}\,du^2 + P\bar{Q}\,dudv + Q\bar{P}\,dvdu + Q\bar{Q}\,dv^2,$$

onde $f\omega\bar{\omega}$ é a aplicação que, para cada $q \in U$, associa $f(q)(\omega\bar{\omega})_q$.

Demonstração.
a) Para cada $q \in U$ e para vetores $V_1, V_2 \in \mathbb{R}^2$, temos que

$$
\begin{aligned}
[(\omega+\bar\omega)\bar{\bar\omega}]_q(V_1,\,V_2) &= (\omega+\bar\omega)_q(V_1)\,\bar{\bar\omega}_q(V_2) = \\
&= (\omega_q(V_1)+\bar\omega_q(V_1))\,\bar{\bar\omega}_q(V_2) = \\
&= \omega_q(V_1)\,\bar{\bar\omega}_q(V_2)+\bar\omega_q(V_1)\,\bar{\bar\omega}(V_2) = \\
&= (\omega\bar{\bar\omega})_q(V_1,\,V_2)+(\bar\omega\bar{\bar\omega})_q(V_1,\,V_2) = \\
&= (\omega\bar{\bar\omega}+\bar\omega\bar{\bar\omega})_q(V_1,\,V_2),
\end{aligned}
$$

onde, na terceira igualdade, usamos a propriedade de distributividade de números reais. Como a igualdade acima se verifica para todo q, V_1 e V_2, concluímos a demonstração da propriedade a).

De modo inteiramente análogo, demonstram-se as propriedades b) e c).

d) Se $\omega = P\,du + Q\,dv$ e $\bar\omega = \bar P\,du + \bar Q\,dv$, então

$$
\omega\bar\omega = (P\,du + Q\,dv)(\bar P\,du + \bar Q\,dv).
$$

Portanto, segue-se das propriedades a), b) e c) que

$$
\omega\bar\omega = P\bar P\,du^2 + P\bar Q\,dudv + Q\bar P\,dvdu + Q\bar Q\,dv^2.
$$

$\square$

1.6 Exemplo Consideremos as 1-formas diferenciais

$$
\begin{aligned}
\omega &= (u+v)\,du + dv, \\
\bar\omega &= (u-v)\,du + dv.
\end{aligned}
$$

Então, segue-se da propriedade d) da Proposição 1.5 que

$$
\begin{aligned}
\omega\bar\omega &= (u^2-v^2)\,du^2 + (u+v)\,dudv + (u-v)\,dvdu + dv^2, \\
\bar\omega\omega &= (u^2-v^2)\,du^2 + (u-v)\,dudv + (u+v)\,dvdu + dv^2.
\end{aligned}
$$

A partir do produto tensorial de duas 1-formas, podemos definir uma outra operação chamada produto exterior.

1. Formas Diferenciais em $\mathbb{R}^2$ 223

1.7 Definição. Sejam ω e $\bar{\omega}$ 1-formas diferenciais em um aberto $U \subset \mathbb{R}^2$. O *produto exterior* de ω e $\bar{\omega}$, denotado por $\omega \wedge \bar{\omega}$, é uma aplicação que, para cada $q \in U$, associa uma transformação bilinear e alternada $(\omega \wedge \bar{\omega})_q : \mathbb{R}^2 \times \mathbb{R}^2 \to \mathbb{R}$ definida por

$$(\omega \wedge \bar{\omega})_q = (\omega \bar{\omega})_q - (\bar{\omega} \omega)_q.$$

1.8 Observação. Segue-se dessa definição que, para quaisquer vetores $V_1, V_2 \in \mathbb{R}^2$,

$$(\omega \wedge \bar{\omega})_q(V_1, V_2) = \begin{vmatrix} \omega_q(V_1) & \omega_q(V_2) \\ \bar{\omega}_q(V_1) & \bar{\omega}_q(V_2) \end{vmatrix}.$$

Portanto,

$$(du \wedge dv)_q \left(\frac{\partial}{\partial u}, \frac{\partial}{\partial v} \right) = 1,$$
$$du \wedge du = dv \wedge dv = 0,$$
$$du \wedge dv = -dv \wedge du.$$

O produto exterior satisfaz as seguintes propriedades:

1.9 Proposição. *Sejam* ω, $\bar{\omega}$ *e* $\bar{\bar{\omega}}$ *1-formas diferenciais em um aberto* U *de* $\mathbb{R}^2$. *Então,*
a) $\omega \wedge (\bar{\omega} + \bar{\bar{\omega}}) = \omega \wedge \bar{\omega} + \omega \wedge \bar{\bar{\omega}}$;
b) $(\omega + \bar{\omega}) \wedge \bar{\bar{\omega}} = \omega \wedge \bar{\bar{\omega}} + \bar{\omega} \wedge \bar{\bar{\omega}}$;
c) $(f\omega) \wedge \bar{\omega} = \omega \wedge (f\bar{\omega}) = f\omega \wedge \bar{\omega}$;
d) se $\omega = P\,du + Q\,dv$ e $\bar{\omega} = \bar{P}\,du + \bar{Q}\,dv$, então

$$\omega \wedge \bar{\omega} = (P\bar{Q} - Q\bar{P})\,du \wedge dv;$$

e) $\omega \wedge \bar{\omega} = -\bar{\omega} \wedge \omega$;

224   *IV. MÉTODO DO TRIEDRO MÓVEL*

f) ω e $\bar{\omega}$ *são linearmente independentes se, e só se, para todo* $q \in U$, *temos* $(\omega \wedge \bar{\omega})_q \not\equiv 0$.

Demonstração.

a) Para cada $q \in U$, temos que

$$
\begin{aligned}
(\omega \wedge (\bar{\omega} + \bar{\bar{\omega}}))_q &= (\omega(\bar{\omega} + \bar{\bar{\omega}}))_q - ((\bar{\omega} + \bar{\bar{\omega}})\omega)_q = \\
&= (\omega\bar{\omega})_q + (\omega\bar{\bar{\omega}})_q - (\bar{\omega}\omega)_q - (\bar{\bar{\omega}}\omega)_q = \\
&= (\omega \wedge \bar{\omega})_q + (\omega \wedge \bar{\bar{\omega}})_q,
\end{aligned}
$$

onde, na segunda igualdade, usamos as propriedades a) e b) da Proposição 1.5. Como a igualdade acima se verifica para todo $q \in U$, concluímos a demonstração da propriedade a). De modo inteiramente análogo, demonstramos as propriedades b) e c).

d) Se $\omega = P\,du + Q\,dv$ e $\bar{\omega} = \bar{P}\,du + \bar{Q}\,dv$, então

$$
\omega \wedge \bar{\omega} = (P\,du + Q\,dv) \wedge (\bar{P}\,du + \bar{Q}\,dv).
$$

Usando as propriedades a), b) e c), temos que

$$
\omega \wedge \bar{\omega} = P\bar{P}\,du \wedge du + P\bar{Q}\,du \wedge dv + Q\bar{P}\,dv \wedge du + Q\bar{Q}\,dv \wedge dv.
$$

Como vimos na Observação 1.8, $du \wedge du = dv \wedge dv = 0$ e $du \wedge dv = -dv \wedge du$. Portanto,

$$
\omega \wedge \bar{\omega} = (P\bar{Q} - Q\bar{P})\,du \wedge dv.
$$

A propriedade e) decorre trivialmente de d).

Para provar f), consideramos $\omega = P\,du + Q\,dv$ e $\bar{\omega} = \bar{P}\,du + \bar{Q}\,dv$. Já vimos que ω e $\bar{\omega}$ são linearmente independentes se, e só se, para todo $q \in U$,

$$
\begin{vmatrix} P(q) & \bar{P}(q) \\ Q(q) & \bar{Q}(q) \end{vmatrix} \neq 0.
$$

1. Formas Diferenciais em $\mathbb{R}^2$

Como $(du \wedge dv)_q$ não é uma aplicação identicamente nula (ver Observação 1.8), concluímos, da propriedade d), que $(\omega \wedge \bar{\omega})_q \neq 0$.

$\square$

1.10 Exemplos

a) Consideremos as 1-formas diferenciais

$$\begin{aligned} \omega &= (2u+v)\,du - (u^2 - v)\,dv, \\ \bar{\omega} &= u\,du + v\,dv. \end{aligned}$$

Então,

$$\omega \wedge \bar{\omega} = (u^3 + v^2 + uv)\,du \wedge dv.$$

b) Se $V_1 = (a_1, b_1)$ e $V_2 = (a_2, b_2)$ são vetores de $\mathbb{R}^2$, então, segue-se da definição de produto exterior que, para todo q,

$$(du \wedge dv)_q(V_1, V_2) = \begin{vmatrix} a_1 & b_1 \\ a_2 & b_2 \end{vmatrix}.$$

1.11 Definição. Uma *forma diferencial de grau* 2 ou uma *2-forma diferencial* em um aberto U de $\mathbb{R}^2$ é uma aplicação ϕ que, para cada $q \in U$, associa uma transformação bilinear e alternada $\phi_q : \mathbb{R}^2 \times \mathbb{R}^2 \to \mathbb{R}$, dada por

$$\phi_q = f(q)\,(du \wedge dv)_q,$$

onde f é uma função diferenciável de U em $\mathbb{R}$. A 2-forma será denotada por $\phi = f\,du \wedge dv$.

Segue-se da propriedade d) da Proposição 1.9 que o produto exterior de duas formas diferenciáveis de grau 1 é uma 2-forma diferencial. A soma de 2-formas diferenciais é definida como soma de funções, isto é, se $\phi = f\,du \wedge dv$ e $\bar{\phi} = \bar{f}\,du \wedge dv$, então a soma de ϕ e $\bar{\phi}$ é uma 2-forma diferencial

$$\phi + \bar{\phi} = (f + \bar{f})\,du \wedge dv.$$

226   *IV. MÉTODO DO TRIEDRO MÓVEL*

Se h é uma função real diferenciável, o produto $h\phi$ é definida por

$$h\phi = (hf)\,du \wedge dv.$$

Uma função diferenciável $f : U \subset \mathbb{R}^2 \to \mathbb{R}$ é dita uma 0-*forma diferencial* em U.

No Exemplo 1.2 b), vimos que, dada uma 0-forma diferencial f, a aplicação df é uma 1-forma diferencial. A seguir, vamos introduzir o conceito de diferencial exterior de uma 1-forma obtendo uma 2-forma.

1.12 Definição. Seja $\omega = P\,du + Q\,dv$ uma 1-forma diferencial. A *diferencial exterior* de ω, denotada por $d\omega$, é a 2-forma diferencial definida por

$$d\omega = dP \wedge du + dQ \wedge dv.$$

A diferencial exterior satisfaz as seguintes propriedades:

1.13 Proposição. *Sejam ω e $\bar{\omega}$ 1-formas diferenciais em um aberto U de $\mathbb{R}^2$ e $f : U \to \mathbb{R}$ uma função diferenciável.*
    a) *Se* $\omega = P\,du + Q\,dv$, *então* $d\omega = (Q_u - P_v)\,du \wedge dv$;
    b) $d(df) = 0$;
    c) $d(\omega + \bar{\omega}) = d\omega + d\bar{\omega}$;
    d) $d(f\omega) = df \wedge \omega + f\,d\omega$;
onde Q_u e P_v indicam as derivadas parciais das funções Q e P.

Demonstração.
    a) Se $\omega = P\,du + Q\,dv$, então

$$d\omega = dP \wedge du + dQ \wedge dv.$$

1. Formas Diferenciais em $\mathbb{R}^2$ {227}

Substituindo $dP = P_u \, du + P_v \, dv$ e $dQ = Q_u \, du + Q_v \, dv$ na expressão anterior e usando as propriedades do produto exterior, concluímos que

$$d\omega = (Q_u - P_v) \, du \wedge dv.$$

b) Como $df = f_u \, du + f_v \, dv$, segue-se de a) que

$$d(df) = (f_{vu} - f_{uv}) \, du \wedge dv = 0.$$

c) Se $\omega = P \, du + Q \, dv$ e $\bar{\omega} = \bar{P} \, du + \bar{Q} \, dv$, então

$$\omega + \bar{\omega} = (P + \bar{P}) \, du + (Q + \bar{Q}) \, dv.$$

Portanto,

$$d(\omega + \bar{\omega}) = d(P + \bar{P}) \wedge du + (Q + \bar{Q}) \wedge dv.$$

Como a diferencial de uma soma de funções em um ponto q é igual à soma das diferenciais das funções em q, temos que

$$d(\omega + \bar{\omega}) = (dP + d\bar{P}) \wedge du + (dQ + d\bar{Q}) \wedge dv.$$

Usando as propriedades do produto exterior, temos

$$d(\omega + \bar{\omega}) = dP \wedge du + d\bar{P} \wedge du + dQ \wedge dv + d\bar{Q} \wedge dv,$$

e concluímos que

$$d(\omega + \bar{\omega}) = d\omega + d\bar{\omega}.$$

d) Se $\omega = P du + Q dv$, então

$$f\omega = fP \, du + fQ \, dv.$$

Portanto,

$$d(f\omega) = d(fP) \wedge du + d(fQ) \wedge dv. \tag{2}$$

Como fP é um produto de funções para todo q,

$$d(fP)_q = df_q \, P(q) + f(q) \, dP_q,$$

228   IV. MÉTODO DO TRIEDRO MÓVEL

isto é,
$$d(fP) = P\,df + f\,dP.$$

Substituindo essa expressão e a análoga para $d(fQ)$ em (2), obtemos que
$$d(f\omega) = (P\,df + f\,dP)\wedge du + (Q\,df + f\,dQ)\wedge dv,$$

e usando as propriedades do produto exterior, concluímos que
$$\begin{aligned} d(f\omega) &= df \wedge (P\,du + Q\,dv) + f\,(dP \wedge du + dQ \wedge dv) = \\ &= df \wedge \omega + f d\omega. \end{aligned}$$

$\square$

A teoria apresentada nesta seção é uma breve introdução ao estudo de formas diferenciais em $\mathbb{R}^2$ e é basicamente suficiente para desenvolver o método do triedro móvel.

Vamos concluir esta seção com algumas observações sobre ternos de formas diferenciais, que serão úteis mais adiante. O conceito de terno de formas diferenciais surge naturalmente quando consideramos uma aplicação diferencial $F : U \subset \mathbb{R}^2 \to \mathbb{R}^3$. Se F é definida por
$$F(u,\,v) = (F^1(u,\,v),\,F^2(u,\,v),\,F^3(u,\,v)),$$

então, para cada $q = (u,\,v) \in U$, a diferencial de F em q é a aplicação linear $dF_q : \mathbb{R}^2 \to \mathbb{R}^3$ que, para cada $V \in \mathbb{R}^2$, associa
$$dF_q(V) = (dF_q^1(V),\,dF_q^2(V),\,dF_q^3(V)).$$

Observamos que $dF^1,\,dF^2,\,dF^3$ são 1-formas diferenciais em U. Portanto, é natural considerar $dF = (dF^1,\,dF^2,\,dF^3)$ como um terno de 1-formas diferenciais em U.

1.14 Definição. Um *terno (ordenado) de 1-formas* em $U \subset \mathbb{R}^2$ é uma aplicação Ω que, para cada $q \in U$, associa uma transformação linear

1. Formas Diferenciais em $\mathbb{R}^2$

$\Omega_q : \mathbb{R}^2 \to \mathbb{R}^3$, isto é,

$$\Omega_q = ((\omega^1)_q, \ (\omega^2)_q, \ (\omega^3)_q),$$

onde ω^1, ω^2, ω^3 são 1-formas em U. Ω é um *terno de 1-formas diferenciais* se ω^1, ω^2 e ω^3 são 1-formas diferenciais.

Se Ω e $\bar{\Omega}$ são dois ternos de 1-formas diferenciais em $U \subset \mathbb{R}^2$ e f é uma função real diferenciável em U, definimos a soma $\Omega + \bar{\Omega}$ e o produto $f\Omega$ como soma e produto de funções. Mais precisamente, se

$$\begin{aligned} \Omega &= (\omega^1, \ \omega^2, \ \omega^3), \\ \bar{\Omega} &= (\bar{\omega}^1, \ \bar{\omega}^2, \ \bar{\omega}^3), \end{aligned}$$

então,

$$\Omega + \bar{\Omega} = (\omega^1 + \bar{\omega}^1, \ \omega^2 + \bar{\omega}^2, \ \omega^3 + \bar{\omega}^3)$$

e

$$f\Omega = (f\,\omega^1, \ f\,\omega^2, \ f\,\omega^3).$$

Se $F : U \subset \mathbb{R}^2 \to \mathbb{R}^3$ é uma aplicação diferenciável, cujas funções coordenadas são F^1, F^2, F^3 e ω é uma 1-forma diferencial em U, definimos $F\omega$ como sendo o terno de 1-formas diferenciais

$$F\omega = (F^1\omega, \ F^2\omega, \ F^3\omega).$$

Segue-se das definições anteriores que, se $F : U \subset \mathbb{R}^2 \to \mathbb{R}^3$ é uma aplicação diferenciável, cujas funções coordenadas são F^1, F^2, F^3, então o terno de 1-formas $dF = (dF^1, dF^2, dF^3)$ é igual a

$$dF = F_u\,du + F_v\,dv,$$

onde F_u e F_v são as derivadas parciais de $F(u, v)$.

De modo inteiramente análogo, definimos um *terno de 2-formas diferenciais em* $U \subset \mathbb{R}^2$ como sendo uma aplicação ϕ que, para cada $q \in U$,

230   *IV. MÉTODO DO TRIEDRO MÓVEL*

associa uma transformação $\phi_q : \mathbb{R}^2 \times \mathbb{R}^2 \to \mathbb{R}^3$ cujas funções coordenadas $(\phi^1)_q$, $(\phi^2)_q$, $(\phi^3)_q$ são 2-formas diferenciais em U.

Se ϕ e $\bar{\phi}$ são dois ternos de 2-formas diferenciais em $U \subset \mathbb{R}^2$ e f é função real diferenciável em U, a soma $\phi + \bar{\phi}$ e o produto $f\phi$, definidos da forma usual, são ternos de 2-formas diferenciais. Se $F : U \subset \mathbb{R}^2 \to \mathbb{R}^3$ é uma aplicação diferenciável e ϕ é uma 2-forma diferencial em U, definimos $F\phi$ como sendo o terno de 2-formas diferenciais

$$F\phi = (F^1\phi, \, F^2\phi, \, F^3\phi),$$

onde F^1, F^2, F^3 são as funções coordenadas de F.

A diferencial exterior de um terno $\Omega = (\omega^1, \, \omega^2, \, \omega^3)$ de 1-formas diferenciais é definida por

$$d\Omega = (d\omega^1, \, d\omega^2, \, d\omega^3).$$

Portanto, $d\Omega$ é um terno de 2-formas diferenciais.

Segue-se dessa definição e da propriedade b) da Proposição 1.13 que, se $F : U \subset \mathbb{R}^2 \to \mathbb{R}^3$ é uma aplicação diferenciável, então

$$d(dF) = 0. \tag{3}$$

Quanto ao produto exterior, se $\Omega = (\omega^1, \, \omega^2, \, \omega^3)$ é um terno de 1-formas diferenciais e ω é uma forma diferencial de grau 1 em $U \subset \mathbb{R}^2$, então podemos definir o produto exterior $\Omega \wedge \omega$ como sendo o terno de 2-formas diferenciais dado por

$$\Omega \wedge \omega = (\omega^1 \wedge \omega, \, \omega^2 \wedge \omega, \, \omega^3 \wedge \omega).$$

De modo análogo, definimos $\omega \wedge \Omega$.

Observamos que, a partir das propriedades já obtidas para formas diferenciais, obtém-se facilmente as correspondentes para ternos de formas diferenciais.

1. Formas Diferenciais em $\mathbb{R}^2$

1.15 Exercícios

1) Considere as formas diferenciais

$$\omega = v^2\,du,$$

$$\bar{\omega} = v\,du - u\,dv,$$

$$\bar{\bar{\omega}} = (u^2 - 1)\,du + dv,$$

o ponto $q = (-2,\,1)$ e os vetores $V_1 = (2, -3)$, $V_2 = (1,\,2)$.

a) Obtenha as 2-formas $\omega \wedge \bar{\omega}$, $\omega \wedge \bar{\bar{\omega}}$ e $\bar{\omega} \wedge \bar{\bar{\omega}}$.

b) Calcule o valor das formas ω, $\bar{\omega}$, $\bar{\bar{\omega}}$ em q nos vetores V_1 e V_2.

c) Calcule o valor das 2-formas do item a) em q para o par de vetores $(V_1,\,V_2)$.

2) Seja $\omega = P\,du + Q\,dv$ e $V = (a,\,b)$. Verifique que, para todo $q \in \mathbb{R}^2$, $\omega_q(V) = P\,a + Q\,b$.

3) Seja $f : \mathbb{R}^2 \to \mathbb{R}$ uma função diferenciável. Obtenha a diferencial das funções f^3 e $\log(1 + f^2)$ em termos de df.

4) Considere as funções
   a) $f(u,v) = \sqrt{u^2 + v^2}$, $(u,\,v) \neq (0,\,0)$,
   b) $f(u,v) = \operatorname{sen}(u,\,v)$.
   Obtenha df e calcule $df_q(V)$, onde $q = (1,\,0)$ e $V = (2,\,1)$.

5) Sejam f e g funções reais diferenciáveis em $\mathbb{R}^2$. Obtenha as seguintes diferenciais em termos de df e dg:

   a) $d(fdg)$,

   b) $d(fdg + gdf)$,

   c) $d((f - g)(df + dg))$,

   d) $d(gfdf) + d(fdg)$.

232 IV. MÉTODO DO TRIEDRO MÓVEL

6) Se f e g são funções reais diferenciáveis em $\mathbb{R}^2$, verifique que

$$df \wedge dg = \begin{vmatrix} f_u & f_v \\ g_u & g_v \end{vmatrix} du \wedge dv.$$

7) Seja $f(u, v)$ uma função real diferenciável. Verifique que, para cada q e $V \in \mathbb{R}^2$,

$$df_q(V) = \langle \text{grad } f(q), V \rangle.$$

8) Se ω é uma forma de grau 1 em $U \subset \mathbb{R}^2$ e ϕ é uma 2-forma em U, verifique que

$$\omega = P\, du + Q\, dv,$$
$$\phi = f\, du \wedge dv,$$

onde, para cada $q \in U$, $P(q) = \phi_q\left(\dfrac{\partial}{\partial u}\right)$, $Q(q) = \omega_q\left(\dfrac{\partial}{\partial v}\right)$ e $f(q) = \omega_q\left(\dfrac{\partial}{\partial u}, \dfrac{\partial}{\partial v}\right).$

9) Sejam ω e $\bar{\omega}$ 1-formas diferenciais em $U \subset \mathbb{R}^2$. Se existe V um vetor não nulo de $\mathbb{R}^2$ e $q \in U$ tal que $\omega_q(V) = \bar{\omega}_q(V) = 0$, prove que $(\omega \wedge \bar{\omega})_q \equiv 0$.

10) Sejam F e G aplicações diferenciáveis de um aberto $U \subset \mathbb{R}^2$ tomando valores em $\mathbb{R}^3$, Ω um terno de 1-formas diferenciais e ω uma 1-forma diferencial em U. Prove que:

a) A aplicação $\omega = \langle \Omega, G \rangle$ que, para cada $q \in U$, associa a função

$$\omega_q = \langle \Omega_q, G(q) \rangle \ : \ \mathbb{R}^2 \to \mathbb{R}$$
$$V \mapsto \langle \Omega_q(V), G(q) \rangle,$$

onde $\langle\,,\,\rangle$ é o produto escalar de $\mathbb{R}^3$, é uma 1-forma diferencial em U. Em particular, $\langle dF, G \rangle$ é uma 1-forma diferencial.

2. Triedro Móvel; Equações de Estrutura

b) A diferencial exterior da função real $\langle F, G\rangle$ é a 1-forma diferencial dada por

$$d\langle F, G\rangle = \langle dF, G\rangle + \langle F, dG\rangle.$$

c) $d(F\omega) = dF \wedge \omega + F\, d\omega.$

2. Triedro Móvel; Equações de Estrutura

Seja $X : U \subset \mathbb{R}^2 \to \mathbb{R}^3$ uma superfície parametrizada regular. Denotemos por $q = (u, v)$ os pontos de U. Um *triedro móvel* associado à superfície X é um terno de funções diferenciáveis e_1, e_2, e_3 de U em $\mathbb{R}^3$ tal que, para todo $q \in U$, o conjunto de vetores $e_1(q), e_2(q), e_3(q)$ é uma base ortonormal de $\mathbb{R}^3$ e $e_1(q), e_2(q)$ são vetores tangentes à superfície X em q.

Segue-se dessa definição que os vetores $e_1(q), e_2(q)$ formam uma base no plano tangente T_qX e $e_3(q)$ é um vetor normal à superfície X em q.

Observamos que um triedro móvel existe para qualquer superfície parametrizada regular. De fato, basta considerar, por exemplo,

$$e_3(q) = \frac{X_u \times X_v}{|X_u \times X_v|}(q), \quad e_1(q) = \frac{X_u}{|X_u|}(q) \quad \text{e} \quad e_2(q) = e_3(q) \times e_1(q).$$

Além disso, podemos sempre nos restringir a triedros tais que

$$\langle e_1 \times e_2, e_3\rangle = 1.$$

2.1 Exemplos

a) Consideremos uma superfície de rotação

$$X(u, v) = (f(u)\cos v, f(u)\operatorname{sen} v, g(u))$$

gerada por uma curva regular $\alpha(u) = (f(u), 0, g(u))$, onde a função f não se anula. Como os vetores X_u e X_v são ortogonais, as funções definidas por

$$e_1 = \frac{X_u}{|X_u|}, \quad e_2 = \frac{X_v}{|X_v|}, \quad e_3 = \frac{X_u \times X_v}{|X_u \times X_v|},$$

234   *IV. MÉTODO DO TRIEDRO MÓVEL*

formam um triedro móvel associado a X.

b) Seja $X(u, v)$, $(u, v) \in U \subset \mathbb{R}^2$ uma superfície regular. Consideremos uma aplicação $V : U \to \mathbb{R}^3$ definida por

$$V(u,v) = a(u,v)\, X_u(x,v) + b(u,v)\, X_v(u,v),$$

onde a e b são funções reais diferenciáveis, que não se anulam simultaneamente. $V(u, v)$ é um vetor não nulo do plano tangente a X em (u, v). A partir da aplicação V, vamos definir um triedro móvel associado a X da seguinte forma:

$$e_1 = \frac{V}{|V|}, \quad e_3 = \frac{X_u \times X_v}{|X_u \times X_v|}, \quad e_2 = e_3 \times e_1.$$

Como as funções a e b são arbitrárias, este exemplo mostra que existe uma infinidade de triedros móveis associados a uma superfície.

c) Se $X(u, v)$ é uma superfície parametrizada regular, sem pontos umbílicos, então podemos associar a X um triedro móvel tal que e_1, e_2 são vetores principais. De fato, vimos no capítulo anterior (Exemplo 1 da seção 6.7) que um vetor $w = a\, X_u + b\, X_v$ é uma direção principal de X em (u, v) se, e só se,

$$\begin{vmatrix} b^2 & -ab & a^2 \\ E & F & G \\ e & f & g \end{vmatrix} = 0.$$

Considerando essa igualdade como uma equação de segundo grau em b, temos que o discriminante é igual a $4a^2\,(EG - F^2)^2 (H^2 - K)$, que é positivo, já que a superfície não tem pontos umbílicos. Portanto, as duas soluções da equação acima fornecem as duas direções principais w e $\bar{w}$ de X em (u, v). Concluímos que

$$e_1 = \frac{w}{|w|}, \quad e_2 = \frac{\bar{w}}{|\bar{w}|}, \quad e_3 = e_1 \times e_2$$

é um triedro móvel associado a X tal que e_1 e e_2 são vetores principais.

2. Triedro Móvel; Equações de Estrutura

Seja e_1, e_2, e_3 um triedro móvel associado a uma superfície parametrizada regular $X : U \subset \mathbb{R}^2 \to \mathbb{R}^3$. Para cada $q \in U$ e cada $V \in \mathbb{R}^2$, temos que $dX_q(V)$ pertence ao plano tangente a X em q. Como os vetores $e_1(q)$, $e_2(q)$ formam uma base de T_qX, temos que $dX_q(V)$ é uma combinação linear de $e_1(q)$ e $e_2(q)$. Isto é,

$$dX_q(V) = (\omega_1)_q(V)\, e_1(q) + (\omega_2)_q(V)\, e_2(q),$$

onde

$$
\begin{aligned}
(\omega_1)_q(V) &= \langle dX_q(V), e_1(q)\rangle, \\
(\omega_2)_q(V) &= \langle dX_q(V), e_2(q)\rangle.
\end{aligned}
$$

De modo análogo, considerando as funções diferenciais $e_i : U \to \mathbb{R}^3$, $i = 1, 2, 3$, temos que, para cada $q \in U$, a diferencial de e_i em q é uma aplicação linear $(de_i)_q : \mathbb{R}^2 \to \mathbb{R}^3$. Como os vetores $e_1(q)$, $e_2(q)$, $e_3(q)$ formam uma base ortonormal de $\mathbb{R}^3$, para cada $V \in \mathbb{R}^2$, $(de_i)_q(V)$ é uma combinação linear dos elementos dessa base, isto é,

$$(de_i)_q(V) = (\omega_{i1})_q(V)\, e_1(q) + (\omega_{i2})_q(V)\, e_2(q) + (\omega_{i3})_q(V)\, e_3(q),$$

onde

$$(\omega_{ij})_q(V) = \langle (de_i)_q(V), e_j(q)\rangle, \; 1 \le i, j \le 3.$$

Para cada q, temos que $(\omega_1)_q$, $(\omega_2)_q$ e $(\omega_{ij})_q$ são funções lineares de $\mathbb{R}^2$ em $\mathbb{R}$, portanto, ω_1, ω_2, e ω_{ij} são 1-formas diferenciais em U.

Considerando os ternos de 1-formas em U, dX e de_i (veja seção 1 desse capítulo), as expressões anteriores podem ser escritas da seguinte forma:

$$
\begin{aligned}
dX &= \omega_1\, e_1 + \omega_2\, e_2, & &\text{(4)} \\
de_i &= \omega_{i1}\, e_1 + \omega_{i2}\, e_2 + \omega_{i3}\, e_3, & 1 \le i \le 3, &\text{(5)}
\end{aligned}
$$

onde

$$\begin{aligned}
\omega_1 &= \langle dX, e_1 \rangle, \\
\omega_2 &= \langle dX, e_2 \rangle, \\
\omega_{ij} &= \langle de_i, e_j \rangle, \quad 1 \le i, j \le 3,
\end{aligned} \tag{6}$$

são 1-formas diferenciais em U. Além disso, como $dX = X_u\, du + X_v\, dv$ e $de_i = (e_i)_u\, du + (e_i)_v\, dv$, segue-se de (6) que

$$\begin{aligned}
\omega_1 &= \langle X_u, e_1 \rangle\, du + \langle X_v, e_1 \rangle\, dv, \\
\omega_2 &= \langle X_u, e_2 \rangle\, du + \langle X_v, e_2 \rangle\, dv, \\
\omega_{ij} &= \langle (e_i)_u, e_j \rangle\, du + \langle (e_i)_v, e_j \rangle\, dv.
\end{aligned} \tag{7}$$

A seguir, vamos verificar que qualquer 1-forma diferencial em U é uma combinação linear de ω_1 e ω_2. Como, para cada $q \in U$, os dois pares de vetores $X_u(q), X_v(q)$ e $e_1(q), e_2(q)$ formam bases do plano tangente $T_q X$, temos que

$$\begin{aligned}
X_u &= a_{11}\, e_1 + a_{12}\, e_2, \\
X_v &= a_{21}\, e_1 + a_{22}\, e_2,
\end{aligned} \tag{8}$$

onde $a_{11} = \langle X_u, e_1 \rangle$, $a_{12} = \langle X_u, e_2 \rangle$, $a_{21} = \langle X_v, e_1 \rangle$, $a_{22} = \langle X_v, e_2 \rangle$ são funções diferenciáveis em U tais que

$$\begin{vmatrix} a_{11} & a_{12} \\ a_{21} & a_{22} \end{vmatrix}(q) \ne 0.$$

Decorre de (7) que

$$\begin{aligned}
\omega_1 &= a_{11}\, du + a_{21}\, dv, \\
\omega_2 &= a_{12}\, du + a_{22}\, dv.
\end{aligned} \tag{9}$$

Portanto,

$$\omega_1 \wedge \omega_2 = \begin{vmatrix} a_{11} & a_{12} \\ a_{21} & a_{22} \end{vmatrix} du \wedge dv.$$

Dessas relações concluímos que ω_1 e ω_2 são 1-formas linearmente independentes. Portanto, qualquer 1-forma diferencial em U é uma combinação

2. Triedro Móvel; Equações de Estrutura

linear de ω_1 e ω_2 em que os coeficientes são funções diferenciáveis. Além disso, observamos que, se V_1 e V_2 são os vetores de $\mathbb{R}^2$ tais que

$$dX_q(V_1) = e_1(q), \quad dX_q(V_2) = e_2(q),$$

então

$$(\omega_i)_q(V_j) = \begin{cases} 1, & \text{se} \quad i = j, \\ 0, & \text{se} \quad i \neq j, \end{cases} \quad 1 \leq i, j \leq 2. \tag{10}$$

De fato, decorre de (8) que

$$e_1 = b_{11} X_u + b_{12} X_v,$$
$$e_2 = b_{21} X_u + b_{22} X_v,$$

onde a matriz b_{ij} é a inversa da matriz a_{ij}. Portanto,

$$V_1 = b_{11} \frac{\partial}{\partial u} + b_{12} \frac{\partial}{\partial v},$$
$$V_2 = b_{21} \frac{\partial}{\partial u} + b_{22} \frac{\partial}{\partial v},$$

onde $\frac{\partial}{\partial u}$ e $\frac{\partial}{\partial v}$ é a base canônica de $\mathbb{R}^2$. Usando (9), obtemos a propriedade (10).

Dizemos que ω_1, ω_2 é o *coreferencial* do triedro móvel associado à superfície e as formas ω_{ij}, $1 \leq i, j \leq 3$, são denominadas *formas de conexão* do triedro. As formas definidas acima satisfazem certas relações que serão obtidas a seguir.

2.2 Proposição. *Seja* e_1, e_2, e_3 *um triedro móvel associado a uma superfície* $X : U \subset \mathbb{R}^2 \to \mathbb{R}^3$. *O coreferencial e as formas de conexão satisfazem*

238   IV. MÉTODO DO TRIEDRO MÓVEL

as seguintes relações:

$$\omega_{ij} = -\omega_{ji}, \quad 1 \le i, j \le 3, \tag{11}$$

$$d\omega_1 = \omega_2 \wedge \omega_{21}, \tag{12}$$

$$d\omega_2 = \omega_1 \wedge \omega_{12}, \tag{13}$$

$$\omega_1 \wedge \omega_{13} + \omega_2 \wedge \omega_{23} = 0, \tag{14}$$

$$d\omega_{12} = \omega_{13} \wedge \omega_{32}, \tag{15}$$

$$d\omega_{13} = \omega_{12} \wedge \omega_{23}, \tag{16}$$

$$d\omega_{23} = \omega_{21} \wedge \omega_{13}. \tag{17}$$

Demonstração. e_1, e_2, e_3 são funções diferenciáveis definidas em U, tais que, para cada $q \in U$, $e_1(q)$, $e_2(q)$, $e_3(q)$ são vetores ortonormais de $\mathbb{R}^3$. Portanto, podemos considerar as funções diferenciáveis em U, definidas por

$$\langle e_i, e_j \rangle = \delta_{ij}, \quad 1 \le i, j \le 3,$$

onde $\delta_{ij} = 1$, se $i = j$, e $\delta_{ij} = 0$, se $i \ne j$. Tomando a diferencial de cada uma dessas funções, obtemos para cada i, j

$$\langle de_i, e_j \rangle + \langle e_i, de_j \rangle = 0,$$

e segue-se de (6) que $\omega_{ij} = -\omega_{ji}$. Em particular, $\omega_{ii} = 0$.

Para provar as relações (12), (13) e (14), observamos que $d(dX) = 0$ (ver (3) da seção anterior). Portanto, decorre de (4) que

$$d(e_1 \, \omega_1 + e_2 \, \omega_2) = 0,$$

isto é,

$$e_1 \, d\omega_1 + de_1 \wedge \omega_1 + e_2 \, d\omega_2 + de_2 \wedge \omega_2 = 0.$$

Substituindo de_1 e de_2 pela relação (5) e considerando (11), obtemos que

$$(d\omega_1 - \omega_2 \wedge \omega_{21}) \, e_1 + (d\omega_2 - \omega_1 \wedge \omega_{12}) \, e_2 - (\omega_1 \wedge \omega_{13} + \omega_2 \wedge \omega_{23}) \, e_3 = 0,$$

2. Triedro Móvel; Equações de Estrutura 239

e concluímos que (12), (13) e (14) são satisfeitas.

Analogamente, como para cada i, $1 \le i \le 3$, $d(de_i) = 0$, obtemos usando (5) que

$$\sum_{j=1}^{3} d(e_j \omega_{ij}) = 0,$$

isto é, para cada i,

$$\sum_{j=1}^{3} de_j \wedge \omega_{ij} + \sum_{j=1}^{3} e_j \, d\omega_{ij} = 0.$$

Substituindo de_j pela relação (5), temos

$$\sum_{j,k=1}^{3} \omega_{jk} \wedge \omega_{ij} \, e_k + \sum_{j=1}^{3} e_k \, d\omega_{ik} = 0.$$

Portanto, para cada i, k, $1 \le i$, $k \le 3$,

$$d\omega_{ik} = \sum_{j=1}^{3} \omega_{ij} \wedge \omega_{jk},$$

e concluímos, usando (11), que as relações (15), (16) e (17) são verificadas.

$\square$

As relações (11) a (17) são ditas *equações de estrutura* e são fundamentais para o estudo da teoria local das superfícies em $\mathbb{R}^3$.

2.3 Exemplo. Consideremos uma superfície de rotação

$$X(u, v) = (f(u) \cos v, \, f(u) \, \operatorname{sen} v, \, g(u)),$$

$f(u) > 0$, e o triedro móvel associado a X, definido por (ver Exemplo 2.1)

$$e_1 = \frac{X_u}{|X_u|}, \quad e_2 = \frac{X_v}{|X_v|}, \quad e_3 = \frac{X_u \times X_v}{|X_u \times X_v|}.$$

240 IV. MÉTODO DO TRIEDRO MÓVEL

Vamos obter o coreferencial ω_1, ω_2 e as formas de conexão ω_{ij} desse triedro móvel. Como

$$\omega_1 = \langle dX, e_1 \rangle = \left\langle X_u\,du + X_v\,dv,\ \frac{X_u}{|X_u|} \right\rangle = |X_u|\,du,$$

concluímos que

$$\omega_1 = \sqrt{(f')^2 + (g')^2}\,du.$$

Analogamente,

$$\omega_2 = \langle dX, e_2 \rangle = |X_v|\,dv,$$

logo,

$$\omega_2 = f\,dv.$$

Vamos determinar as formas de conexão ω_{12}, ω_{13} e ω_{23}.

$$\omega_{12} = \langle de_1, e_2 \rangle = \left\langle d\left(\frac{X_u}{|X_u|}\right),\ \frac{X_v}{|X_v|} \right\rangle =$$

$$= \frac{1}{|X_u||X_v|}(\langle x_{uu}, X_v \rangle\,du + \langle X_{uv}, X_v \rangle\,dv).$$

Portanto,

$$\omega_{12} = \frac{f'}{\sqrt{(f')^2 + (g')^2}}\,dv.$$

Analogamente, obtemos

$$\omega_{13} = \frac{g''f' - g'f''}{\sqrt{(f')^2 + (g')^2}}\,du,$$

$$\omega_{23} = \frac{g'}{\sqrt{(f')^2 + (g')^2}}\,dv.$$

Seja e_1, e_2, e_3 um triedro móvel associado a uma superfície $X : U \subset \mathbb{R}^2 \to \mathbb{R}^3$, ω_1, ω_2 o coreferencial e ω_{ij} as formas de conexão. Já vimos que

2. Triedro Móvel; Equações de Estrutura 241

qualquer 1-forma em U é uma combinação linear de ω_1 e ω_2, portanto, as 1-formas ω_{13} e ω_{23} podem ser expressas por

$$
\begin{aligned}
\omega_{13} &= h_{11}\,\omega_1 + h_{12}\,\omega_2, \\
\omega_{23} &= h_{21}\,\omega_1 + h_{22}\,\omega_2.
\end{aligned}
\tag{18}
$$

Substituindo essas expressões em (14), obtemos

$$
(h_{12} - h_{21})\,\omega_1 \wedge \omega_2 = 0.
$$

Como ω_1 e ω_2 são linearmente independentes, concluímos que

$$
h_{12} = h_{21}.
\tag{19}
$$

A proposição seguinte mostra que ω_{12}, como combinação linear de ω_1 e ω_2, é determinada pelas relações (12) e (13).

2.4 Proposição. *A forma diferencial ω_{12} é determinada pelas equações*

$$
\begin{aligned}
d\omega_1 &= \omega_2 \wedge \omega_{21}, \tag{20} \\
d\omega_2 &= \omega_1 \wedge \omega_{12}. \tag{21}
\end{aligned}
$$

Demonstração. Sejam ω_{12} e $\bar{\omega}_{12}$ 1-formas diferenciais, satisfazendo as equações (20) e (21). Vamos provar que $\omega_{12} = \bar{\omega}_{12}$. De fato, como

$$
\begin{aligned}
d\omega_1 &= \omega_2 \wedge \omega_{21}, \\
d\omega_1 &= \omega_2 \wedge \bar{\omega}_{21},
\end{aligned}
$$

obtemos por subtração

$$
0 = \omega_2 \wedge (\omega_{21} - \bar{\omega}_{21}).
$$

Analogamente, considerando a segunda equação, temos

$$
0 = \omega_1 \wedge (\omega_{12} - \bar{\omega}_{12}).
$$

242   *IV. MÉTODO DO TRIEDRO MÓVEL*

Como $\omega_{12} - \bar{\omega}_{12}$ é uma combinação linear de ω_1 e ω_2, podemos escrever $\omega_{12} - \bar{\omega}_{12} = A\,\omega_1 + B\,\omega_2$. Substituindo esta expressão nas duas últimas equações e usando o fato de que ω_1 e ω_2 são linearmente independentes, obtemos que $A = B = 0$, e concluímos que $\omega_{12} = \bar{\omega}_{12}$.

$\square$

A seguir, vamos desenvolver a teoria apresentada no capítulo anterior, usando um triedro móvel associado a uma superfície.

Consideremos uma superfície $X : U \subset \mathbb{R}^2 \to \mathbb{R}^3$ e q um ponto de U. Já vimos que a primeira forma quadrática I_q em q é uma aplicação que, para cada vetor tangente $w \in T_qX$, associa $I_q(w) = \langle w,\, w \rangle$. Observamos que, como $w \in T_qX$, temos que $w = dX_q(V)$, onde $V \in \mathbb{R}^2$. Portanto,

$$I_q(dX_q(V)) = \langle dX_q(V),\, dX_q(V) \rangle.$$

Isto é, podemos considerar a primeira forma quadrática em q como uma aplicação de $\mathbb{R}^2$ em $\mathbb{R}$, denotada também por I_q, que, para cada $V \in \mathbb{R}^2$, associa

$$I_q(V) = \langle dX_q(V),\, dX_q(V) \rangle. \tag{22}$$

Vamos fazer considerações análogas para a segunda forma quadrática. Sejam $w \in T_qX$ um vetor tangente e $\alpha(t) = X(u(t)),\, v(t))$ uma curva diferenciável da superfície tal que $(u(t_0),\, v(t_0)) = q$, $\alpha'(t_0) = w$. No capítulo anterior, definimos a segunda forma quadrática II_q em q como sendo a aplicação que, para $w \in T_qX$, associa

$$II_q(w) = \langle \alpha''(t_0),\, N(q) \rangle,$$

onde $N(q)$ é o vetor normal a X em q. Para cada t, temos

$$\langle \alpha'(t),\, N(u(t),\, v(t)) \rangle = 0.$$

Portanto,

$$\left\langle \alpha''(t_0),\, N(q) \right\rangle + \left\langle \alpha'(t_0),\, \frac{dN}{dt}(t_0) \right\rangle = 0,$$

2. Triedro Móvel; Equações de Estrutura

e

$$II_q(w) = -\left\langle w, \frac{dN}{dt}(t_0) \right\rangle.$$

Como w é um vetor tangente à superfície em q, temos que $w = dX_q(V)$ para algum vetor V de $\mathbb{R}^2$. Além disso, $\alpha'(t_0) = w$. Da igualdade $dX_q(V) = \alpha'(t_0)$, segue-se que $V = (u'(t_0), v'(t_0))$ e, portanto, $\frac{dN}{dt}(t_0) = dN_q(V)$. Logo,

$$II_q(dX_q(V)) = -\left\langle dX_q(V), dN_q(V) \right\rangle.$$

Isto é, podemos considerar a segunda forma quadrática em q como uma aplicação de $\mathbb{R}^2$ em $\mathbb{R}$, denotada também por II_q, que, para cada $V \in \mathbb{R}^2$, associa

$$II_q(V) = -\left\langle dX_q(V), dN_q(V) \right\rangle. \tag{23}$$

Sejam e_1, e_2, e_3 um triedro móvel associado a uma superfície $X : U \subset \mathbb{R}^2 \to \mathbb{R}^3$ e ω_1, ω_2, ω_{ij}, $1 \le i, j \le 3$, o coreferencial e as formas de conexão do triedro. Como $dX = \omega_1 e_1 + \omega_2 e_2$, segue-se de (22) que a primeira forma quadrática é dada por

$$I = \langle dX, dX \rangle = \omega_1^2 + \omega_2^2,$$

isto é, para cada ponto $q \in U$ e cada vetor $V \in \mathbb{R}^2$,

$$I_q(V) = ((\omega_1)_q(V))^2 + ((\omega_2)_q(V))^2.$$

Analogamente, como e_3 é normal à superfície, segue-se de (23) que a segunda forma quadrática é dada por

$$II = -\langle dX, de_3 \rangle = \omega_1 \omega_{13} + \omega_2 \omega_{23},$$

isto é, para cada ponto $q \in U$ e cada vetor $V \in \mathbb{R}^2$,

$$II_q(V) = (\omega_1)_q(V)(\omega_{13})_q(V) + (\omega_2)_q(V)(\omega_{23})_q(V).$$

244   *IV. MÉTODO DO TRIEDRO MÓVEL*

A seguir, vamos relacionar os coeficientes da primeira e segunda formas quadráticas da superfície X com o coreferencial e as formas de conexão de um triedro móvel associado. Consideremos a matriz $A(q)$ definida por

$$A(q) = \begin{pmatrix} (\omega_1)_q(\dfrac{\partial}{\partial u}) & (\omega_2)_q(\dfrac{\partial}{\partial u}) \\[2ex] (\omega_1)_q(\dfrac{\partial}{\partial v}) & (\omega_2)_q(\dfrac{\partial}{\partial v}) \end{pmatrix}, \quad q \in U,$$

onde $\dfrac{\partial}{\partial u}$ e $\dfrac{\partial}{\partial v}$ é a base canônica de $\mathbb{R}^2$. Como

$$dX = \omega_1\, e_1 + \omega_2\, e_2$$

e $X_u = dX_q(\dfrac{\partial}{\partial u})$, $X_v = dX_q(\dfrac{\partial}{\partial v})$, segue-se, da definição dos coeficientes da primeira forma quadrática, que

$$\begin{pmatrix} E & F \\ F & G \end{pmatrix} = AA^t, \tag{24}$$

onde A^t denota a transposta da matriz A.

Analogamente, como

$$de_3 = -\omega_{13}\, e_1 - \omega_{23}\, e_2,$$

segue-se, das relações (11) a (14) da seção 7 do capítulo anterior, que

$$\begin{pmatrix} e & f \\ f & g \end{pmatrix}(q) = A(q) \begin{pmatrix} (\omega_{13})_q(\dfrac{\partial}{\partial u}) & (\omega_{13})_q(\dfrac{\partial}{\partial v}) \\[2ex] (\omega_{23})_q(\dfrac{\partial}{\partial u}) & (\omega_{23})_q(\dfrac{\partial}{\partial v}) \end{pmatrix}. \tag{25}$$

Finalmente, considerando (18), isto é,

$$\begin{aligned} \omega_{13} &= h_{11}\,\omega_1 + h_{12}\,\omega_2, \\ \omega_{23} &= h_{21}\,\omega_1 + h_{22}\,\omega_2, \end{aligned}$$

2. *Triedro Móvel; Equações de Estrutura* 245

onde $h_{12} = h_{21}$, obtemos de (25) que

$$\begin{pmatrix} e & f \\ f & g \end{pmatrix} = A \begin{pmatrix} h_{11} & h_{12} \\ h_{21} & h_{22} \end{pmatrix} A^t. \tag{26}$$

A partir dessas relações vamos verificar que as curvaturas principais, curvatura média e curvatura gaussiana da superfície são determinadas pelas funções h_{ij}, $1 \leq i, j \leq 2$.

2.5 Proposição. *Com a notação anterior, k é uma curvatura principal da superfície se, e só se, k é solução da equação*

$$\begin{vmatrix} h_{11} - k & h_{12} \\ h_{21} & h_{22} - k \end{vmatrix} = 0.$$

Demonstração. Já vimos na seção 6 do capítulo anterior que k é uma curvatura principal se, e só se,

$$\begin{vmatrix} e - kE & f - kF \\ f - kF & g - kG \end{vmatrix} = 0.$$

Com a notação matricial utilizada acima, decorre de (24) e (26) que

$$\begin{pmatrix} e - kE & f - kF \\ f - kF & g - kG \end{pmatrix} = A \begin{pmatrix} h_{11} - k & h_{12} \\ h_{21} & h_{22} - k \end{pmatrix} A^t$$

e $\det A \neq 0$. Portanto, k é uma curvatura principal se, e só se,

$$\begin{vmatrix} h_{11} - k & h_{12} \\ h_{21} & h_{22} - k \end{vmatrix} = 0.$$

$\square$

Segue-se da Proposição 2.5 que as curvaturas principais são as soluções da equação

$$k^2 - (h_{11} + h_{22})\, k + h_{11}\, h_{22} - h_{12}^2 = 0.$$

246   *IV. MÉTODO DO TRIEDRO MÓVEL*

Como a curvatura gaussiana K é o produto das curvaturas principais e a curvatura média H é a semissoma das curvaturas principais, decorre dessa equação que

$$K = h_{11}h_{22} - h_{12}^2, \tag{27}$$

$$H = \frac{h_{11} + h_{22}}{2}. \tag{28}$$

2.6 Proposição. *Seja* e_1, e_2, e_3 *um triedro móvel associado a uma superfície* X. *Então, as formas diferenciais* ω_1, ω_2 *e* ω_{ij} *satisfazem as seguintes equações:*

$$d\omega_{12} = -\omega_{13} \wedge \omega_{23} = -K\,\omega_1 \wedge \omega_2, \tag{29}$$

$$\omega_1 \wedge \omega_{23} + \omega_{13} \wedge \omega_2 = 2H\,\omega_1 \wedge \omega_2. \tag{30}$$

Demonstração. Considerando as expressões

$$\omega_{13} = h_{11}\,\omega_1 + h_{12}\,\omega_2,$$
$$\omega_{23} = h_{21}\,\omega_1 + h_{22}\,\omega_2,$$

onde $h_{12} = h_{21}$, temos que

$$\omega_{13} \wedge \omega_{23} = (h_{11}\,\omega_1 + h_{12}\,\omega_2) \wedge (h_{21}\,\omega_1 + h_{22}\,\omega_2) =$$
$$= (h_{11}\,h_{22} - h_{12}^2)\,\omega_1 \wedge \omega_2.$$

Portanto, segue-se de (15) e (27) que

$$d\omega_{12} = -\omega_{13} \wedge \omega_{23} = -K\,\omega_1 \wedge \omega_2.$$

Analogamente, temos que

$$\omega_1 \wedge \omega_{23} + \omega_{13} \wedge \omega_2 = (h_{22} + h_{11})\,\omega_1 \wedge \omega_2.$$

Portanto, segue-se de (28) que

$$\omega_1 \wedge \omega_{23} + \omega_{13} \wedge \omega_2 = 2H\,\omega_1 \wedge \omega_2.$$

2. Triedro Móvel; Equações de Estrutura 247

$\square$

A equação (29) é denominada *equação de Gauss* e as equações (16) e (17) são ditas *equações de Codazzi-Mainardi*. Mais adiante, como consequência da Proposição 2.9, veremos que essas equações são precisamente as equações que já vimos no tratamento clássico apresentado no capítulo anterior. Como consequência da equação de Gauss (29), prova-se facilmente o teorema Egregium de Gauss.

2.7 Teorema Egregium de Gauss. *A curvatura gaussiana só depende da primeira forma quadrática.*

Demonstração. Consideremos um triedro ortonormal e_1, e_2, e_3 associado a uma superfície. Já vimos que a primeira forma quadrática é dada por $I = \omega_1^2 + \omega_2^2$. Além disso, pela Proposição 2.4, temos que ω_{12} é determinada pela equações (12) e (13). Segue-se que ω_{12} só depende da primeira forma quadrática e do triedro escolhido. Portanto, considerando a equação de Gauss

$$d\omega_{12} = -K\,\omega_1 \wedge \omega_2,$$

e o fato de que K não depende do triedro (equação (27)), concluímos que K só depende da primeira forma quadrática.

$\square$

A teoria apresentada nessa seção depende da escolha do triedro móvel, principalmente, da escolha de e_1, e_2. Portanto, dados dois triedros móveis e_1, e_2, e_3 e $\bar{e}_1$, $\bar{e}_2$, $\bar{e}_3$ associados a uma superfície X, onde $\bar{e}_3 = e_3$, precisamos saber relacionar as formas diferenciais associadas aos dois triedros. Observamos que estamos considerando triedros tais que $\langle e_3, e_1 \times e_2 \rangle = 1$.

2.8 Proposição. *Seja $X : U \subset \mathbb{R}^2 \to \mathbb{R}^3$ uma superfície. Consideremos dois triedros móveis e_1, e_2, e_3 e $\bar{e}_1, \bar{e}_2, \bar{e}_3$ associados a X e $\theta(u, v)$,*

248   *IV. MÉTODO DO TRIEDRO MÓVEL*

$(u, v) \in U$, *uma função real diferenciável tal que,*

$$\bar{e}_1 = \cos\theta\, e_1 + sen\,\theta\, e_2,$$
$$\bar{e}_2 = -sen\,\theta\, e_1 + \cos\theta\, e_2.$$

Então,

$$\bar{\omega}_1 = \cos\theta\, \omega_1 + sen\,\theta\, e_2,$$
$$\bar{\omega}_2 = -sen\,\theta\, \omega_1 + \cos\theta\, \omega_2,$$
$$\bar{\omega}_{12} = d\theta + \omega_{12},$$
$$\bar{\omega}_{13} = \cos\theta\, \omega_{13} + sen\,\theta\, \omega_{23},$$
$$\bar{\omega}_{23} = -sen\,\theta\, \omega_{13} + \cos\theta\, \omega_{23},$$

onde ω_1, ω_2, ω_{ij} (resp. $\bar{\omega}_1$, $\bar{\omega}_2$, $\bar{\omega}_{ij}$) são as formas diferenciais associadas ao triedro e_1, e_2, e_3 (resp. $\bar{e}_1$, $\bar{e}_2$, $\bar{e}_3$).

Demonstração. Por definição de $\bar{\omega}_1$, temos que

$$\bar{\omega}_1 = \langle dX,\, \bar{e}_1 \rangle.$$

Segue-se de (4) e da expressão de $\bar{e}_1$ que

$$\bar{\omega}_1 = \langle \omega_1\, e_1 + \omega_2\, e_2,\, \cos\theta\, e_1 + sen\,\theta\, e_2 \rangle,$$

e concluímos que

$$\bar{\omega}_1 = \cos\theta\, \omega_1 + sen\,\theta\, \omega_2.$$

Analogamente, como $\bar{\omega}_2 = \langle dX,\, \bar{e}_2 \rangle$, temos que

$$\bar{\omega}_2 = -sen\,\theta\, \omega_1 + \cos\theta\, \omega_2.$$

Por definição de $\bar{\omega}_{12}$, temos que

$$\bar{\omega}_{12} = \langle d\bar{e}_1,\, \bar{e}_2 \rangle.$$

2. Triedro Móvel; Equações de Estrutura

Segue-se da expressão de $\bar{e}_1$ que

$$d\bar{e}_1 = -\,\text{sen}\,\theta\,d\theta\,e_1 + \cos\theta\,d\theta\,e_2 + \cos\theta\,de_1 + \,\text{sen}\,\theta\,de_2.$$

Substituindo essa expressão e $\bar{e}_2$ na relação anterior e usando (6) e (11), concluímos que

$$\bar{\omega}_{12} = d\theta + \omega_{12}.$$

Analogamente, segue-se de $\bar{\omega}_{13} = \langle d\bar{e}_1, e_3 \rangle$ e $\bar{\omega}_{23} = \langle d\bar{e}_2, e_3 \rangle$ que

$$\bar{\omega}_{13} \;=\; \cos\theta\,\omega_{13} + \,\text{sen}\,\theta\,\omega_{23},$$
$$\bar{\omega}_{23} \;=\; -\,\text{sen}\,\theta\,\omega_{13} + \cos\theta\,\omega_{23}.$$

$\square$

A seguir, vamos verificar que as equações (29), (16) e (17) são precisamente as equações de Gauss e Codazzi-Mainardi do Capítulo III. Inicialmente, vamos considerar a seguinte proposição:

2.9 Proposição. *Seja* $X(u, v)$ *uma superfície parametrizada regular, cujas coordenadas são ortogonais. Consideremos o triedro móvel*

$$e_1 = \frac{X_u}{|X_u|}, \qquad e_2 = \frac{X_v}{|X_v|}, \qquad e_3 = e_1 \times e_2.$$

Então,

$$\omega_1 \;=\; \sqrt{E}\,du, \quad \omega_2 = \sqrt{G}\,dv, \tag{31}$$

$$\omega_{12} \;=\; -\frac{(\sqrt{E})_v}{\sqrt{G}}\,du + \frac{(\sqrt{G})_u}{\sqrt{E}}\,dv, \tag{32}$$

$$\omega_{13} \;=\; \frac{1}{\sqrt{E}}(e\,du + f\,dv), \tag{33}$$

$$\omega_{23} \;=\; \frac{1}{\sqrt{G}}(f\,du + g\,dv), \tag{34}$$

onde E, G, e, f, g *são os coeficientes da primeira e segunda formas quadráticas de* X.

250   IV. MÉTODO DO TRIEDRO MÓVEL

Demonstração. As formas ω_1 e ω_2 são dadas por

$$\omega_1 = \langle dX, e_1 \rangle \quad \text{e} \quad \omega_2 = \langle dX, e_2 \rangle.$$

Substituindo $dX = X_u \, du + X_v \, dv$, $e_1 = \dfrac{X_u}{|X_u|}$ e $e_2 = \dfrac{X_v}{|X_v|}$ nas igualdades acima e usando o fato de que X_u e X_v são ortogonais, obtemos (31).

Pela Proposição 2.4, ω_{12} é determinada pelas equações

$$\begin{aligned}
d\omega_1 &= \omega_2 \wedge \omega_{21}, \\
d\omega_2 &= \omega_1 \wedge \omega_{12}.
\end{aligned}$$

Como ω_{12} é da forma $\omega_{12} = a \, du + b \, dv$, substituindo essa expressão nas equações acima e usando (31), temos que

$$\begin{aligned}
-(\sqrt{E})_v \, du \wedge dv &= a \sqrt{G} \, du \wedge dv, \\
(\sqrt{G})_u \, du \wedge dv &= b \sqrt{E} \, du \wedge dv,
\end{aligned}$$

e obtemos que $a = -(\sqrt{E})_v/\sqrt{G}$ e $b = (\sqrt{G})_u/\sqrt{E}$, isto é,

$$\omega_{12} = -\frac{(\sqrt{E})_v}{\sqrt{G}} \, du + \frac{(\sqrt{G})_u}{\sqrt{E}} \, dv.$$

As formas ω_{13} e ω_{23} são obtidas das expressões $\omega_{13} = \langle de_1, e_3 \rangle$ e $\omega_{23} = \langle de_2, e_3 \rangle$. Substituindo $e_1 = \dfrac{X_u}{|X_u|}$ e $e_3 = e_1 \times e_2$ nessas relações, obtemos

$$\begin{aligned}
\omega_{13} &= \frac{1}{\sqrt{E}} \, (e \, du + f \, dv), \\
\omega_{23} &= \frac{1}{\sqrt{G}} \, (f \, du + g \, dv).
\end{aligned}$$

$\square$

2.10 Observação. Nas condições da proposição anterior, considerando

$$\begin{aligned}
\omega_{13} &= h_{11} \, \omega_1 + h_{12} \, \omega_2, \\
\omega_{23} &= h_{21} \, \omega_1 + h_{22} \, \omega_2,
\end{aligned}$$

2. Triedro Móvel; Equações de Estrutura

temos que

$$h_{11} = \frac{e}{E}, \qquad h_{12} = h_{21} = \frac{f}{\sqrt{EG}}, \qquad h_{22} = \frac{g}{G}. \tag{35}$$

De fato, segue-se de (31), (33) e (34) que

$$\omega_{13} = h_{11}\sqrt{E}\,du + h_{12}\sqrt{G}\,dv = \frac{e}{\sqrt{E}}\,du + \frac{f}{\sqrt{E}}\,dv,$$

$$\omega_{23} = h_{21}\sqrt{E}\,du + h_{22}\sqrt{G}\,dv = \frac{f}{\sqrt{G}}\,du + \frac{g}{\sqrt{G}}\,dv.$$

Dessas equações obtemos as relações (35).

Como consequência da Proposição 2.9, vamos verificar que as equações (29), (16) e (17) são as equações de Gauss e Cadazzi-Mainardi do capítulo anterior. De fato, substituindo a derivada exterior de ω_{12} dada pela expressão (32) na equação de Gauss

$$d\omega_{12} = -K\,\omega_1 \wedge \omega_2,$$

e usando (31), obtemos que

$$\left[\left(\frac{(\sqrt{E})_v}{\sqrt{G}}\right)_v + \left(\frac{(\sqrt{G})_u}{\sqrt{E}}\right)_u\right]du \wedge dv = -K\sqrt{EG}\,du \wedge dv.$$

Portanto,

$$K = -\frac{1}{\sqrt{EG}}\left[\left(\frac{(\sqrt{E})_v}{\sqrt{G}}\right)_v + \left(\frac{(\sqrt{G})_u}{\sqrt{E}}\right)_u\right],$$

que é a equação de Gauss clássica, obtida no capítulo anterior (ver Exercício 1 da seção 9.3).

Analogamente, substituindo (31), (32), (33) e a diferencial exterior de ω_{13} e ω_{23} nas equações

$$d\omega_{13} = \omega_{12} \wedge \omega_{23},$$
$$d\omega_{23} = \omega_{21} \wedge \omega_{13},$$

252 IV. MÉTODO DO TRIEDRO MÓVEL

obtemos

$$2EG\,(e_v - f_u) - (Eg + Ge)\,E_v - f(\,EG_u - GE_u) = 0,$$
$$2EG\,(f_v - g_u) + (Eg + Ge)\,G_u - f\,(EG_v - GE_v) = 0,$$

que são as equações de Codazzi-Mainardi, obtidas no capítulo anterior (ver Exercício 1 da seção 9.3).

Ao leitor interessado no estudo de superfícies com abordagem de formas diferenciais, recomendamos a leitura de [3, 7, 15].

2.11 Exercícios

1) Seja $X : U \subset \mathbb{R}^2 \to \mathbb{R}^3$ uma superfície. Verifique que

$$e_1 = \frac{X_u}{|X_u|}, \qquad e_2 = \frac{X_v - \langle X_v, e_1 \rangle\, e_1}{|X_v - \langle X_v, e_1 \rangle\, e_1|}, \qquad e_3 = e_1 \times e_2,$$

formam um triedro móvel associado a X.

2) Se $X : U \subset \mathbb{R}^2 \to \mathbb{R}^3$ é uma superfície regular e e_1, e_2, e_3 é um triedro móvel associado a X, então toda forma diferencial ω em U é dada por $\omega = f_1\,\omega_1 + f_2\,\omega_2$. Verifique a igualdade

$$d\omega = (df_1 + f_2\,\omega_{21}) \wedge \omega_1 + (df_2 + f_1\,\omega_{12}) \wedge \omega_2,$$

onde $\omega_1, \omega_2, \omega_{12}$ são as formas associadas ao triedro móvel.

3) Considere o toro descrito por

$$X(u, v) = ((a + r\cos u)\,\cos v,\ (a + r\cos u)\,\mathrm{sen}\, v,\ r\,\mathrm{sen}\, u).$$

Seja e_1, e_2, e_3 o triedro móvel associado a X, definido por $e_1 = \dfrac{X_v}{|X_v|}$,

2. Triedro Móvel; Equações de Estrutura

253

$$e_2 = \frac{X_u}{|X_u|}, \; e_3 = e_1 \times e_2. \; \text{Verifique que:}$$

$$
\begin{aligned}
\omega_1 &= (a + r\cos u)\, dv, \\
\omega_2 &= r\, du, \\
\omega_{12} &= \operatorname{sen} u\, dv, \\
\omega_{13} &= -\cos u\, dv, \\
\omega_{23} &= -du.
\end{aligned}
$$

4) Considere o plano menos a origem descrito por

$$X(u, v) = (u\cos v, \, u\operatorname{sen} v, \, 0), \quad u \neq 0, \; v \in \mathbb{R}.$$

Obtenha o coreferencial e as formas de conexão do triedro móvel e_1, e_2, e_3 associado a X onde e_1 e e_2 são tangentes às curvas coordenadas. Verifique que as curvatura gaussiana e a curvatura média de X são nulas, usando a Proposição 2.6.

5) Seja $X : U \subset \mathbb{R}^2 \to \mathbb{R}^3$ uma superfície parametrizada regular. Verifique que w é uma direção assintótica de X em $q \in U$ se, e só se, $w = dX_q(V)$ onde o vetor $V \in \mathbb{R}^2$ é tal que

$$(\omega_1)_q(V)\,(\omega_{13})_q(V) + (\omega_2)_q(V)\,(\omega_{23})_q(V) = 0.$$

6) Seja e_1, e_2, e_3 um triedro móvel associado a uma superfície parametrizada regular $X : U \subset \mathbb{R}^2 \to \mathbb{R}^3$. Se ω_1, ω_2, ω_{ij} são o coreferencial e as formas de conexão deste triedro, verifique que:

a) Se $w \in T_q X$, $q \in U$, $w \neq 0$ e $V \in \mathbb{R}^2$ é tal que $dX_q(V) = w$, então a curvatura normal de X em q na direção de w é dada por

$$k_n(w) = (\omega_1)_q(V)\,(\omega_{13})_q(V) + (\omega_2)_q(V)\,(\omega_{23})_q(V).$$

Em particular, $k_n(e_1) = h_{11}$ e $k_n(e_2) = h_{22}$, onde

$$\omega_{13} = h_{11}\,\omega_1 + h_{12}\,\omega_2, \qquad \omega_{23} = h_{12}\,\omega_1 + h_{22}\,\omega_2.$$

254   *IV. MÉTODO DO TRIEDRO MÓVEL*

b) Se $w = \cos\theta\, e_1 + \,\mathrm{sen}\,\theta\, e_2$, então

$$k_n(w) = h_{11}\cos^2\theta + 2h_{12}\,\mathrm{sen}\,\theta\,\cos\theta + h_{22}\,\mathrm{sen}^2\theta.$$

7) Considere um triedro móvel $e_1,\ e_2,\ e_3$ associado a uma superfície parametrizada regular X, tal que $e_1,\ e_2$ são direções principais. Verifique que neste caso

$$\omega_{13} = k_1\omega_1, \qquad \omega_{23} = k_2\omega_2,$$

onde k_1 e k_2 são as curvaturas principais da superfície.

8) Seja $X : U \subset \mathbb{R}^2 \to \mathbb{R}^3$ uma superfície parametrizada regular. Verifique que w é uma direção principal de X em $q \in U$ se, e só se, $w = dX_q(V)$, onde o vetor $V \in \mathbb{R}^2$ é tal que

$$(\omega_1)_q(V)\,(\omega_{23})_q(V) - (\omega_2)_q(V)\,(\omega_{13})_q(V) = 0.$$

9) Seja $e_1,\ e_2,\ e_3$ um triedro móvel associado a uma superfície parametrizada regular $X(u,\,v)$. Considere uma curva diferenciável da superfície $\alpha(s) = X(u(s),\,v(s))$, $s \in I \subset \mathbb{R}$, tal que $\alpha'(s) = e_1(u(s),\,v(s))$. Verifique que α é uma geodésica se, e só se, para todo s, $(\omega_{12})_{q(s)}(V(s)) = 0$, onde $q(s) = (u(s),\,v(s))$ e $V(s) = (u'(s),\,v'(s)) \in \mathbb{R}^2$.

3. Aplicações: Teorema de Bonnet, Teorema de Bäcklund

Como já observamos anteriormente, a teoria local das superfícies pode ser desenvolvida pelo método do triedro móvel. O ponto fundamental deste método consiste em escolher o triedro mais adequado para o problema geométrico que está sendo considerado. A título de ilustração, nesta seção, vamos apresentar dois resultados clássicos: o teorema de Bonnet, que relaciona superfícies de curvatura gaussiana constante positiva com superfícies de curvatura média

3. *Aplicações: Teorema de Bonnet, Teorema de Bäcklund* 255

constante, e o teorema de Bäcklund, que fornece uma transformação entre superfícies de mesma curvatura gaussiana constante negativa.

Inicialmente, vejamos a seguinte caracterização de superfícies parametrizadas regulares.

3.1 Lema. *Uma aplicação diferenciável* $X : U \subset \mathbb{R}^2 \to \mathbb{R}^3$ *é uma superfície parametrizada regular se, e só se, existem funções diferenciáveis* f *e* $\bar{f}$ *de* U *em* $\mathbb{R}^3$ *e 1-formas diferenciais* ω *e* $\bar{\omega}$ *em* U *tais que as seguintes condições são satisfeitas:*

a) $\forall q \in U,\ f(q)$ *e* $\bar{f}(q)$ *são vetores linearmente independentes de* $\mathbb{R}^3$;

b) ω *e* $\bar{\omega}$ *são 1-formas linearmente independentes;*

c) $\forall q \in U,\ dX_q = \omega_q\, f(q) + \bar{\omega}_q\, \bar{f}(q)$.

Neste caso, $f(q)$ *e* $\bar{f}(q)$ *geram o plano tangente à superfície em* q.

Demonstração. Se $X(u, v)$ é uma superfície parametrizada regular, então as funções X_u, X_v e as formas du, dv satisfazem as três condições do lema.

Reciprocamente, suponhamos que $f, \bar{f}, \omega, \bar{\omega}$ satisfazem as condições do lema. Vamos provar que, para todo $q \in U$, dX_q é injetiva, isto é, se V é um vetor de $\mathbb{R}^2$ tal que $dX_q(V) = 0$, então $V = 0$. De fato, se $dX_q(V) = 0$, então, usando a condição c), temos que

$$\omega_q(V)\, f(q) + \bar{\omega}_q(V)\, \bar{f}(q) = 0.$$

Segue-se de a) que

$$\omega_q(V) = \bar{\omega}_q(V) = 0.$$

Portanto,

$$(\omega \wedge \bar{\omega})_q(V,V) = 0,$$

para todo $V \in \mathbb{R}^2$. Em particular, se $V \neq 0$, podemos escolher $\bar{V}$ tal que V e $\bar{V}$ formam uma base de $\mathbb{R}^2$. Como $(\omega \wedge \bar{\omega})_q$ é bilinear, concluímos que $(\omega \wedge \bar{\omega})_q \equiv 0$, o que contradiz b). Portanto, $V = 0$.

256   IV. MÉTODO DO TRIEDRO MÓVEL

Se as propriedades a) e b) são satisfeitas, então decorre trivialmente de c) que $f(q)$ e $\bar{f}(q)$ geram o plano tangente a X em q.

□

3.2 Proposição. *Seja* $X : U \subset \mathbb{R}^2 \to \mathbb{R}^3$ *uma superfície parametrizada regular, de curvatura média* H *e curvatura gaussiana* K. *Consideremos a aplicação* $\bar{X}$ *definida por*

$$\bar{X}(u, v) = X(u, v) + a\, N(u, v), \quad (u, v) \in U,$$

onde $N(u, v)$ *é normal a* X *e a é uma constante tal que* $1 - 2aH + a^2 K \neq 0$. *Então,* $\bar{X}$ *é uma superfície parametrizada regular e as curvaturas* $\bar{H}$ *e* $\bar{K}$ *de* $\bar{X}$ *são dadas por*

$$\bar{H} = \frac{H - aK}{1 - 2aH + a^2 K},$$
$$\bar{K} = \frac{K}{1 - 2aH + a^2 K}.$$

Demonstração. Consideremos um triedro móvel e_1, e_2, e_3 associado a X tal que $e_3 = N$. Como

$$\bar{X} = X + a\, e_3,$$

temos que $\bar{X}$ é diferenciável e

$$d\bar{X} = dX + a\, de_3.$$

Portanto,

$$d\bar{X} = (\omega_1 - a\, \omega_{13})\, e_1 + (\omega_2 - a\, \omega_{23})\, e_2. \tag{36}$$

As 1-formas $\omega_1 - a\, \omega_{13}$ e $\omega_2 - a\, \omega_{23}$ são linearmente independentes, já que

$$(\omega_1 - a\, \omega_{13}) \wedge (\omega_2 - a\, \omega_{23}) = (1 - 2aH + a^2 K)\, \omega_1 \wedge \omega_2.$$

3. *Aplicações: Teorema de Bonnet, Teorema de Bäcklund* 257

Portanto, decorre do Lema 3.1 que $\bar{X}$ é uma superfície parametrizada regular e podemos associar a $\bar{X}$ o triedro móvel

$$\bar{e}_i = e_i, \quad i = 1, 2, 3. \tag{37}$$

Denotemos por $\bar{\omega}_1$, $\bar{\omega}_2$, $\bar{\omega}_{ij}$ as 1-formas deste triedro de $\bar{X}$. Como

$$d\bar{X} = \bar{\omega}_1\,\bar{e}_1 + \bar{\omega}_2\,\bar{e}_2,$$

comparando com (36), temos

$$\begin{aligned} \bar{\omega}_1 &= \omega_1 - a\,\omega_{13}, \\ \bar{\omega}_2 &= \omega_2 - a\,\omega_{23}. \end{aligned} \tag{38}$$

Segue-se de (37) que

$$\bar{\omega}_{ij} = \omega_{ij}, \quad 1 \le i,\, j \le 3. \tag{39}$$

Pela Proposição 2.6, temos que

$$\bar{\omega}_1 \wedge \bar{\omega}_{23} + \bar{\omega}_{13} \wedge \bar{\omega}_2 = 2\bar{H}\,\bar{\omega}_1 \wedge \bar{\omega}_2.$$

Portanto, substituindo (38) e (39) nesta equação e usando a Proposição 2.6 para a superfície X, obtemos que

$$(H - aK)\,\omega_1 \wedge \omega_2 = \bar{H}\,(1 - 2aH + a^2K)\,\omega_1 \wedge \omega_2,$$

e concluímos que

$$\bar{H} = \frac{H - aK}{1 - 2aH + a^2K}.$$

De modo inteiramente análogo, considerando a equação

$$\bar{\omega}_{13} \wedge \bar{\omega}_{23} = \bar{K}\,\bar{\omega}_1 \wedge \bar{\omega}_2,$$

obtemos que

$$K\omega_1 \wedge \omega_2 = \bar{K}(1 - 2aH + a^2K)\omega_1 \wedge \omega_2,$$

258   *IV. MÉTODO DO TRIEDRO MÓVEL*

e concluímos que

$$\bar{K} = \frac{K}{1 - 2aH + a^2K}.$$

$\square$

As superfícies da proposição anterior são ditas *superfícies paralelas*. Como consequência dessa proposição, vamos obter o teorema de Bonnet. Esse teorema mostra que o estudo local das superfícies de curvatura média constante não nula é essencialmente equivalente ao estudo das superfícies de curvatura gaussiana constante positiva. Mais precisamente:

3.3 Corolário. (Teorema de Bonnet) *Para cada superfície de curvatura média constante igual a $c \neq 0$, sem pontos umbílicos e parabólicos, podemos associar duas superfícies paralelas, uma de curvatura gaussiana igual a $4c^2$ e a outra de curvatura média $-c$.*

Reciprocamente, para cada superfície de curvatura gaussiana constante positiva igual a $4c^2$ e sem pontos umbílicos, podemos associar duas superfícies paralelas cujas curvaturas médias são iguais a c e $-c$, respectivamente.

Demonstração. Seja $X(u, v)$ uma superfície parametrizada regular, de curvatura média constante $H(u, v) = c \neq 0$. Consideremos a aplicação

$$\bar{X} = X + \frac{1}{2c}\, e_3,$$

onde $e_3(u, v)$ é diferenciável, unitário, normal a X, para o qual $H(u, v) = c$. Como a superfície X não tem pontos parabólicos, temos que a constante $1/2c$ satisfaz as condições da proposição anterior. Portanto, $\bar{X}$ é uma superfície cuja curvatura gaussiana é dada por $\bar{K} = 4c^2$.

Analogamente, como a superfície X não tem pontos umbílicos, temos

3. Aplicações: Teorema de Bonnet, Teorema de Bäcklund

que a constante $\dfrac{1}{c}$ satisfaz as condições da proposição anterior. Portanto,

$$\bar{X} = X + \frac{1}{c}\, e_3$$

é uma superfície cuja curvatura média é igual a $-c$.

Reciprocamente, seja $X(u,\, v)$ uma superfície parametrizada regular de curvatura gaussiana igual a $4c^2$. Consideremos

$$\bar{X} = X + \frac{1}{2c}\, e_3,$$

$$\bar{\bar{X}} = X - \frac{1}{2c}\, e_3,$$

onde e_3 é normal a X e $c > 0$. Como a superfície X não tem pontos umbílicos, as constantes $\pm\dfrac{1}{2c}$ satisfazem as condições da proposição anterior. Concluímos que as curvaturas médias de $\bar{X}$ e $\bar{\bar{X}}$ são, respectivamente, iguais a $-c$ e c.

$\square$

Observamos que no teorema de Bonnet a exigência de a superfície não ter pontos umbílicos (e parabólicos) é essencial para garantir a existência das superfícies paralelas nas condições acima. Por exemplo, a esfera unitária é uma superfície de curvatura gaussiana $K \equiv 1$, entretanto, uma das "superfícies" paralelas à esfera, a uma distância 1, se reduz a um ponto. No Exercício 2, a seguir, damos um exemplo de superfície cuja curvatura gaussiana $K \equiv 1$, sem pontos umbílicos, à qual se pode aplicar o Teorema de Bonnet.

A seguir, vamos provar o teorema de Bäcklund. Inicialmente, vamos introduzir um novo conceito.

3.4 Definição. Sejam $X : U \subset \mathbb{R}^2 \to \mathbb{R}^3$ e $\bar{X} : \bar{X} \subset \mathbb{R}^2 \to \mathbb{R}^3$ superfícies simples, isto é, superfícies que não têm autointerseção, $S = X(U)$ e $\bar{S} = \bar{X}(\bar{U})$. Uma *congruência pseudoesférica* entre S e $\bar{S}$ é uma aplicação bijetora $\ell : S \to \bar{S}$ tal que $\ell \circ X$ e $\ell^{-1} \circ \bar{X}$ são diferenciáveis e são satisfeitas

260   IV. MÉTODO DO TRIEDRO MÓVEL

as seguintes condições:

a) para todo $p \in S$, os pontos p a $\bar{p} = \ell(p)$ determinam uma tangente a S e $\bar{S}$;

b) a distância de p a $\bar{p}$ é igual a uma constante r que independe de p;

c) o ângulo entre as retas normais de S e $\bar{S}$ em p e $\bar{p}$ é igual a uma constante $\theta \neq 0$ que independe de p.

O teorema de Bäcklund, que veremos a seguir, mostra que congruências pseudoesféricas só existem entre superfícies que têm a mesma curvatura gaussiana constante negativa (o que justifica a denominação de congruência pseudoesférica).

No Exercício 5 a seguir, damos um exemplo de superfícies relacionadas por uma congruência pseudoesférica.

3.5 Teorema de Bäcklund. *Se* ℓ *é uma congruência pseudoesférica entre* S *e* $\bar{S}$, *tal que a distância entre pontos correspondentes é igual à constante* r *e o ângulo entre as normais de pontos correspondentes é igual à constante* $\theta \neq 0$, *então as superfícies têm curvatura gaussiana constante igual a* $-\dfrac{sen^2\theta}{r^2}$.

Demonstração. Seja $X(u, v)$ a superfície simples cujo traço é S. Consideremos

$$e_1(u, v) = \frac{\ell \circ X(u, v) - X(u, v)}{|\ell \circ X(u, v) - X(u, v)|}.$$

Segue-se da definição de congruência pseudoesférica que $e_1(u, v)$ é diferenciável e é tangente a X em (u, v), já que $e_1(u, v)$ está na direção da reta determinada por $X(u, v)$ e $\ell(X(u, v))$. Portanto, a partir de e_1, podemos fixar um triedro móvel e_1, e_2, e_3 associado a X. Além disso, os pontos $\ell \circ X(u, v) \in \bar{S}$ são dados por

$$\bar{X}(u, v) = X(u, v) + r\, e_1(u, v). \tag{40}$$

3. Aplicações: Teorema de Bonnet, Teorema de Bäcklund   261

Como $e_1(u, v)$ é também tangente a $\bar{X}$ em (u, v), considerando o item c) da definição de congruência pseudoesférica, podemos associar a $\bar{X}$ o seguinte triedro móvel

$$\bar{e}_1 = e_1, \tag{41}$$

$$\bar{e}_2 = \cos\theta\, e_2 + \operatorname{sen}\theta\, e_3, \tag{42}$$

$$\bar{e}_3 = -\operatorname{sen}\theta\, e_2 + \cos\theta\, e_3. \tag{43}$$

Vamos denotar por $\omega_1, \omega_2, \omega_{ij}$ (resp. $\bar{\omega}_1, \bar{\omega}_2, \bar{\omega}_{ij}$) as 1-formas associadas ao triedro e_1, e_2, e_3 (resp. $\bar{e}_1, \bar{e}_2, \bar{e}_3$) de X (resp. $\bar{X}$).

Considerando a diferencial de (40), temos

$$d\bar{X} = dX + r\, de_1.$$

Portanto,

$$d\bar{X} = \omega_1\, e_1 + (\omega_2 + r\, \omega_{12})\, e_2 + r\, \omega_{13}\, e_3.$$

Por outro lado,

$$\begin{aligned} d\bar{X} &= \bar{\omega}_1\, \bar{e}_1 + \bar{\omega}_2\, \bar{e}_2 = \\ &= \bar{\omega}_1\, e_1 + \bar{\omega}_2\, (\cos\theta\, e_2 + \operatorname{sen}\theta\, e_3), \end{aligned}$$

onde a última igualdade decorre de (42). Comparando as duas expressões de $d\bar{X}$, obtemos

$$\bar{\omega}_1 = \omega_1,$$

$$\bar{\omega}_2 \cos\theta = \omega_2 + r\, \omega_{12},$$

$$\bar{\omega}_2\ \operatorname{sen}\theta = r\, \omega_{13}.$$

Dessas duas últimas equações, concluímos que

$$\omega_{12} = -\frac{1}{r}\, \omega_2 + \operatorname{cotg}\theta\, \omega_{13}. \tag{44}$$

262   *IV. MÉTODO DO TRIEDRO MÓVEL*

Vamos calcular a curvatura gaussiana K de X, usando a equação de Gauss

$$d\omega_{12} = -\omega_{13} \wedge \omega_{23} = -K\,\omega_1 \wedge \omega_2.$$

Segue-se de (44) e das equações de estrutura que

$$\begin{aligned}
d\omega_{12} &= -\frac{1}{r}\,d\omega_2 + \cotg\theta\,d\omega_{13} = \\
&= -\frac{1}{r}\,\omega_1 \wedge \omega_{12} + \cotg\theta\,\omega_{12} \wedge \omega_{23} = \\
&= \omega_{12} \wedge \left(\frac{1}{r}\,\omega_1 + \cotg\theta\,\omega_{23}\right).
\end{aligned}$$

Substituindo ω_{12} pela expressão (44), obtemos

$$d\omega_{12} = \frac{1}{r^2}\,\omega_1 \wedge \omega_2 + \cotg^2\theta\,\omega_{13} \wedge \omega_{23}.$$

Portanto, usando a equação de Gauss, temos que

$$-K\,\omega_1 \wedge \omega_2 = \left(\frac{1}{r^2} + \cotg^2\theta\,K\right)\,\omega_1 \wedge \omega_2$$

e concluímos que

$$K = -\frac{\sen^2\theta}{r^2}.$$

Analogamente, por simetria, obtemos que a curvatura gaussiana de $\bar{X}$ é igual a $\bar{K} = -\dfrac{\sen^2\theta}{r^2}$.

$\square$

O teorema de Bäcklund mostra que congruências pseudoesféricas só existem entre superfícies de mesma curvatura gaussiana constante negativa. A princípio, poderia parecer que tais congruências são raras, devido às condições exigidas na definição. Entretanto, pode-se provar que, dada uma superfície X de curvatura gaussiana constante negativa, existe uma família a dois parâmetros de superfícies, relacionadas com X através de congruências pseudoesféricas. Esse resultado geométrico clássico é chamado *transformação de Bäcklund*,

3. Aplicações: Teorema de Bonnet, Teorema de Bäcklund 263

e pode ser utilizado no estudo de certas equações diferenciais parciais não lineares (ver, por exemplo, [18, 19]).

3.6 Exercícios

1) Seja X uma superfície parametrizada regular de curvatura média H e curvatura gaussiana K. Verifique que H e K satisfazem uma relação da forma

$$a + 2bH + cK = 0,$$

onde a, b e c são constantes se, e só se, a superfície X é paralela a uma superfície mínima ou uma superfície de curvatura gaussiana constante.

2) Considere a superfície de rotação

$$X(u,\,v) = \left(a\cos u\cos v,\ a\cos u\ \operatorname{sen} v,\ \int_0^u \sqrt{1 - a^2 \operatorname{sen}^2 t}\,dt\right),$$

onde $-\frac{\pi}{2} < u < \frac{\pi}{2}$, $v \in \mathbb{R}$, e a é uma constante tal que $0 < a < 1$. Seja $e_1,\ e_2,\ e_3$ o triedro móvel associado a X tal que $e_1 = X_u$, $e_2 = \dfrac{X_v}{|X_v|}$, $e_3 = e_1 \times e_2$.

a) Verifique que

$$\omega_1 = du, \quad \omega_2 = a\cos u\,dv, \quad \omega_{12} = -a\,\operatorname{sen} u\,dv,$$
$$\omega_{13} = \frac{a\cos u}{\sqrt{1 - a^2 \operatorname{sen}^2 u}}\,\omega_1, \quad \omega_{23} = \frac{\sqrt{1 - a^2 \operatorname{sen}^2 u}}{a\cos u}\,\omega_2.$$

b) Usando a) prove que a superfície não tem pontos umbílicos e a curvatura gaussiana $K \equiv 1$.

c) Obtenha as duas superfícies paralelas a X de curvatura média constante.

3) Considere o helicoide

$$X(u,\,v) = (v\cos u,\ v\,\operatorname{sen} u,\ bu), \qquad b > 0,$$

e a aplicação

$$\bar{X}(u, v) = X(u, v) + a N(u, v),$$

onde N é o vetor normal a X e a é uma constante tal que $0 < a < b$. Verifique que $\bar{X}$ é uma superfície parametrizada regular cujas curvaturas $\bar{K}$ e $\bar{H}$ satisfazem as seguintes relações:

$$0 < -\bar{K} \le \frac{1}{b^2 - a^2}, \quad 0 < \bar{H} \le \frac{a}{b^2 - a^2}.$$

(Use o Exercício 3 da seção 6.7 do capítulo anterior.)

4) Sejam X e $\bar{X} : U \subset \mathbb{R}^2 \to \mathbb{R}^3$ superfícies simples relacionadas por uma congruência pseudoesférica. Considere $w = dX_q(V)$ um vetor tangente a X em q. Verifique que:

a) Se w é uma direção assintótica de X, então $\bar{w} = d\bar{X}_q(V)$ é uma direção assintótica de $\bar{X}$.

b) Se w é uma direção principal de X, então $\bar{w} = d\bar{X}_q(V)$ é uma direção principal de $\bar{X}$.

(Use os Exercícios 5 e 8 da seção anterior.)

5) Considere a pseudoesfera descrita por

$$X(u, v) = (\operatorname{sech} u \cos v, \ \operatorname{sech} u \ \operatorname{sen} v, \ u - \operatorname{tgh} u),$$

$u > 0, 0 < v < 2\pi$, e a superfície

$$\bar{X} = X + \cos \phi \operatorname{cotgh} u \, X_u + \operatorname{sen} \phi \cosh u \, X_v,$$

onde $\phi(u, v)$ é definida por $\operatorname{cotg} \frac{\phi}{2} = -v \operatorname{sech} u$. Verifique que a aplicação ℓ que, para cada $X(u, v)$, associa $\bar{X}(u, v) = \ell(X(u, v))$, é uma congruência pseudoesférica tal que a distância entre pontos correspondentes é igual a 1 e as retas normais em pontos correspondentes são ortogonais.

3. Aplicações: Teorema de Bonnet, Teorema de Bäcklund

A pseudoesfera descrita pela aplicação X do Exercício 5 pode ser visualizada na Figura 58, onde consideramos o domínio da função, $-3 \leq u \leq 3$ e $0 \leq v \leq 2\pi$. Observamos que a curva determinada por $X(0, v)$ é formada por pontos de singularidade, isto é, pontos onde a superfície não é regular.

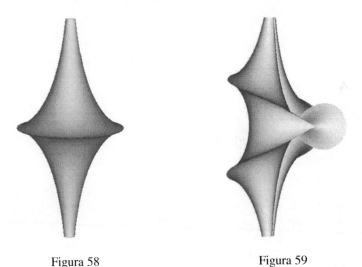

Figura 58   Figura 59

A superfície descrita pela aplicação $\bar{X}$ do Exercício 5 também tem pontos de singularidade, e pode ser visualizada na Figura 59, onde consideramos o domínio da função $-4,5 \leq u \leq 4,5$ e $-4,5 \leq v \leq 4,5$.

O Exercício 5 fornece um exemplo de duas superfícies de mesma curvatura gaussiana constante negativa associadas por uma congruência pseudoesférica. Essas superfícies estão associadas por uma transformação de Bäcklund. O leitor interessado poderá se aprofundar no estudo dessa e de outras transformações entre superfícies que têm propriedades geométricas especiais em [18, 19].

Referências Bibliográficas

[1] ÁVILA, G. *Cálculo das funções de uma variável*. 7. ed. São Paulo: LTC, vol. 1 e 2, 2003, 2004.

[2] ÁVILA, G. *Cálculo das funções de múltiplas variáveis*. 7. ed. São Paulo: LTC, 2006.

[3] CHERN, S.S. *Euclidean differential geometry notes*. University of California, Berkeley, 1975.

[4] COELHO, H. P.; GASPAR, M.T.J.; TENENBLAT, K. *ACOGEO - Apoio computacional à geometria diferencial*. Versão 3.0, 2007. <http://www.mat.unb.br/˜keti/>. Indisponível.

[5] COURANT, R. *Cálculo diferencial e integral*. Porto Alegre: Globo, vol. 1 e 2, 1970.

[6] DO CARMO, M. P. *Geometria diferencial das curvas e superfícies*. SBM, 2005.

[7] DO CARMO, M. P. *Formas diferenciais e aplicações*. 8º Colóquio Brasileiro de Matemática, IMPA, 1971.

[8] EISENHART, L.P. *A treatise on the differential geometry of curves and surfaces*. Kessinger Publishing, 2007.

[9] FIGUEREDO, D.G. de; NEVES, A.F. *Equações diferenciais aplicadas*. Coleção Matemática Universitária, IMPA, 2007.

[10] HILBERT, H.; COHN-VOSSEN, S. *Geometry and imagination*. New York: Chelsea Publishing, 1983.

[11] KLINGENBERG, W. *A course in differential geometry*. New York; Springer Verlag, 1978.

[12] KREYSZIG, E. *Differential geometry*. New York: Dover Publications, 1991.

[13] KREYSZIG, E. *Matemática superior 1*. 2. ed. Rio de Janeiro: LTC, 1983.

[14] LIMA, E.L. *Curso de análise*. 9. ed. IMPA, Projeto Euclides, 2006.

[15] O'NEILL, B. *Elementary differential geometry*. New York: Academic Press, 2006.

[16] STOKER, J.J. *Differential geometry*. New York: John Wiley, 1969.

[17] STRUIK, D.J. *Lectures on classical differential geometry*. 2. ed. New York: Dover Publications, 1988.

[18] TENENBLAT, K. *Transformações de superfícies e aplicações*. 13° Colóquio Brasileiro de Matemática, IMPA, 1981.

[19] TENENBLAT, K. *Transformations of manifolds and applications to differential equations*. Pitman Monographs and Surveys in Pure and Applied Mathematics 93, London: Addison Wesley Longman, 1998.

[20] WILLMORE, T.J. *An introduction to differential geometry*. London: Oxford University Press, 1959.

Índice Alfabético Remissivo

ACOGEO, 212-216, 265
Aplicação linear, 16
   matriz associada, 17
Área, 142, 150
Bäcklund
   teorema de, 260
   transformação de, 262, 265
Bonnet
   teorema de, 258
Base, 4
   dual, 217
   ortonormal, 5
Cardioide, 29, 49
Catenária, 41
Catenoide, 118, 131, 145, 172
Chapeu de Scherlock, 169, 186
Cicloide, 35
Cilindro, 117, 145, 157, 164, 201
Círculo osculador, 48, 98
Comprimento de arco, 38, 58
Cone, 123, 137, 185
Congruências pseudoesféricas, 259, 264
Conjunto,
   aberto, 17
   compacto, 18
   conexo, 18
   fechado, 17
   fecho de, 18
   fronteira de, 18
   limitado, 18

Contato
   de curva e plano, 99
   de curvas, 97
Coreferencial, 237
Curva
   assintótica, 193, 194, 214
   orientação de, 38, 57
   parametrizada, 28, 55
   parâmetro de, 28, 55
   pedal, 36
   plana, 57, 72
   regular, 34, 57
   reparametrização de, 36, 40, 57
   representação canônica, 79
   traço de, 28, 55
Curvas
   congruentes, 88, 95
   coordenadas, 111
   de Bertrand, 96
Curvatura, 61
   centro de, 48, 98, 101
   de curva plana, 43, 46
   gaussiana, 163, 170, 172, 208, 211, 246, 256, 260
   média, 163, 166, 170, 246, 256
   normal, 154, 161, 254
   raio de, 48, 98
Curvaturas principais, 163, 167, 245
Derivada
   direcional, 20
   parcial, 20

Difeomorfismo, 24
Direção assintótica, 192
Direções principais, 163
Elipsoide, 123, 180
Epicicloide, 35
Equações de
  Codazzi-Mainardi, 208, 210, 247, 249
  compatibilidade, 208
  estrutura, 239
  Gauss, 207, 210, 247, 249
Esfera, 113, 127, 156, 163, 171, 196
  osculatriz, 100
Espaço dual, 217
Espiral logarítmica, 41, 54
Evoluta, 48, 51, 106
Fecho, 18
Fólio de Descartes, 36
Formas de conexão, 237
Formas diferenciais de grau 1, 218
  diferencial exterior de, 226
  linearmente independentes, 220
  produto exterior de, 223
  produto tensorial, 220
  soma de, 219
  terno de, 229
Formas diferenciais de grau 2, 225
  terno de, 230
Fórmula
  de Taylor, 15, 23
  de Euler, 164
Fórmulas de Frenet, 66
  de curvas planas, 43
Função
  antípoda, 82
  bijetora, 17
  contínua, 13, 19
  coordenada, 13

Função
  diferencial de, 21
  diferenciável, 13, 21
  injetora, 17
  limite de, 13, 18
  sobrejetora, 17
  vetorial, 12
Gauss
  aplicação normal de, 134
  equação de, 207, 210, 247, 249
  teorema Egregium de, 208, 247
Geodésica, 195, 199-203, 216
Hélice, 74-78
  circular, 56, 202
Helicoide, 124, 140, 145, 171, 195
Hiperboloide, 123, 172
Homeomorfismo, 19
Indicatriz esférica
  binormal, 71
  tangente, 70
Interior, 18
Involuta, 49, 105
Isometria, 144
  de R^3, 82-88
Linha
  assintótica, 193, 194, 214
  de curvatura, 187, 190, 213
Matriz
  associada a aplicação linear, 17
  jacobiana, 22
  posto de, 17
Orientação de bases, 6
Paraboloide
  elítico, 112, 179
  hiperbólico, 115, 125, 158, 169
Plano, 111
  normal, 63
  osculador, 63, 71, 79
  retificante, 63

Plano
    tangente, 132
Ponto
    de acumulação, 18
    elítico, 175, 176
    hiperbólico, 175, 176, 194, 205
    interior, 18
    parabólico, 175
    planar, 175
    umbílico, 179, 183
Posto de matriz, 17
Primeira forma quadrática, 138, 242
    coeficientes da, 139
Pseudoesfera, 172, 264
Referencial de Frenet, 42, 63
Regra da cadeia, 15, 23
Reta, 28
    tangente, 34, 57
    normal, 42, 62
Rotação, 82
Seção normal da superfície, 155
Segunda forma quadrática, 152, 242
    coeficientes da, 153
Sela do macaco, 159, 212-216
Símbolos de Christoffel, 197
Superfície
    de rotação, 116, 131, 143, 152, 172, 239, 263
    de Weingarten, 174
    mínima, 170, 173
    parametrizada regular, 109
    parâmetros de, 109
    região da, 142
    reparametrização de, 126
    simples, 144
    traço de, 109

Superfícies
    isométricas, 144
    paralelas, 258
Teorema
    da função implícita, 25
    da função inversa, 24
    de Bäcklund, 260
    de Bonnet, 258
    Egregium de Gauss, 208, 247
    fundamental das curvas, 52, 91
    fundamental das superfícies, 209
Torção, 64, 79
Toro, 119, 143, 175, 206, 252
Transformação
    linear, 16
    ortogonal, 83-85
Translação, 26, 82-85, 94
Tratriz, 35, 51, 172
Triedro
    de Frenet, 63
    móvel, 233
Vetor
    binormal, 63
    normal, 62, 134
    tangente à curva, 32, 57
    tangente à superfície, 131
Vetores
    ângulo entre, 5, 141
    linearmente dependentes, 2
    linearmente independentes, 3
    ortogonais, 5
    principais, 163
    produto interno de, 5
    produto misto de, 7
    produto vetorial de, 6
Vizinhança, 17